普通高等教育"十二五"系列教材

大学物理实验

第 3 版

主　编　仇志余　冯中营
副主编　王卫星　李淑青
参　编　任全年　景银兰　王爱国　段晓丽
　　　　杨文锦　郑素华　赵婷婷　康睿丹
　　　　韦　仙　赵　佳

机械工业出版社

本书根据教育部高等学校大学物理课程教学指导委员会制定的《理工科类大学物理实验课程教学基本要求》和太原工业学院21世纪大学复合型人才培养计划，结合学院大学物理实验课程教学改革的实践经验编写而成。

全书共8章，内容包括测量误差及数据处理、力学和热学实验、电磁学实验、光学实验、近代物理和综合性实验、仿真实验、选做实验、设计性实验。每章都介绍了常用相关实验仪器的使用，并且在精选经典实验的基础上，充实了一些适合现代社会发展的新的实验内容，强化了模块结构，突出了实践特色。

本书为高等工科院校各专业的物理实验教学用书，也可作为相关专业技术人员的参考书。

图书在版编目（CIP）数据

大学物理实验/仉志余主编；冯中营编著. —3版.
—北京：机械工业出版社，2013.12（2025.8重印）
普通高等教育"十二五"系列教材
ISBN 978 – 7 – 111 – 45192 – 1

Ⅰ.①大… Ⅱ.①仉…②冯… Ⅲ.①物理学 – 实验 – 高等学校 – 教材 Ⅳ.①O4 – 33

中国版本图书馆CIP数据核字（2013）第303025号

机械工业出版社（北京市百万庄大街22号 邮政编码100037）
策划编辑：李永联 责任编辑：李永联 陈崇昱
版式设计：霍永明 责任校对：张莉娟
封面设计：马精明 责任印制：刘 媛
北京富资园科技发展有限公司印刷
2025年8月第3版·第14次印刷
184mm×260mm·16印张·393千字
标准书号：ISBN 978 – 7 – 111 – 45192 – 1
定价：35.00元

电话服务　　　　　　　　　网络服务
客服电话：010 – 88361066　　机 工 官 网：www.cmpbook.com
　　　　　010 – 88379833　　机 工 官 博：weibo.com/cmp1952
　　　　　010 – 68326294　　金 书 网：www.golden-book.com
封底无防伪标均为盗版　　　　机工教育服务网：www.cmpedu.com

第3版前言

本书自2010年第2版修订以来，已经使用了四个循环，在教学应用中收到了良好的效果。由于实验室教学仪器的更新换代和教师教学技能与经验的不断积累，以及培养新型全面人才的新目标新要求，我们再次对教材进行了修订和补充。

本次修订在原有精华和特色的基础上，依然严格按照教育部高等学校大学物理基础课程教学指导委员会《理工科类大学物理实验课程教学基本要求》编写，并且结合了新的课改目标和要求进行补充修订。内容上不仅对专业知识进行了进一步的铺垫和增补，更以培养学生的动手操作和分析、解决问题的能力为原则，秉承了培养学生探索精神和创新意识的指导思想，让学生在学习物理实验知识、掌握实验方法、强化实验能力等方面受到系统的训练。

本书内容体系的构建按照"保证验证性实验、增强综合性、设计性和开放性实验"的要求，分为相对独立的八大模块，分别为"测量误差及数据处理"、"力学和热学实验"、"电磁学实验"、"光学实验"、"近代物理实验和综合性实验"、"仿真实验"、"选做实验"和"设计性实验"。本次修订新增了13个实验项目，其中4个力学实验项目（"落球法测量液体黏度"、"受迫振动与共振实验"、"弦上驻波实验"和"液体表面张力系数的测定"），4个热学实验项目（"冷却法测量金属比热容"、"稳态法测量不良导体的导热系数"、"空气比热容的测定"和"温度传感器温度特性测试实验"），1个电学实验项目（"数字示波器的原理和使用"），2个光学实验项目（"旋光实验"和"空气折射率的测量"），2个近代物理和综合性实验（"测定钨的逸出功"和"电子束的偏转与聚焦"）。同时还修改了4个实验项目（"测定刚体的转动惯量"、"用霍尔元件测磁场"、"动态磁滞回线的测定"和"偏振光的研究"）并删除了原来的部分实验与内容，调整了个别实验的分类，将每一章实验所通用的仪器设备单独列到每章前介绍。全书共安排了55个实验，每个实验2~3学时，不仅满足了普通高校本科各工科专业的选择需求，也适用于同层次的成人教育以及工程技术人员和教师参考使用。

本次修订由仉志余、冯中营任主编，王卫星、李淑青任副主编。责任执笔有仉志余（第一章、第八章）、冯中营（第二章、第四章）、王卫星（第三章、第五章）、李淑青（第六章、第七章），主编负责制订编写方案、全书统稿及对各章内容进行修改等工作。任全年、景银兰、王爱国、段晓丽、杨文锦、郑素华、赵婷婷、康睿丹、韦仙、赵佳等老师也协助主编、副主编参与了本次的修订与校对工作。

在本书编写和修订的过程中，我们参考了许多兄弟院校的实验教材和相关著作，同时也将新仪器设备的使用说明作为编写依据，在此表示衷心感谢。由于我们的水平有限，书中不妥之处在所难免，恳请读者批评指正。

编 者

第 2 版前言

本书自 2006 年出版以来，已经使用了五个循环，收到了预期的效果。随着科学技术的发展、教学仪器设备的更新换代、教师教学经验的不断丰富和应用型大学人才培养理念的不断完善，我们适时对本书进行了修订。

本次修订仍按照教育部高等学校物理基础课程教学指导分委员会《理工科类大学物理实验课程教学基本要求》，继续保留了第 1 版的特色和风格。特别是对于应用型大学在突出实践应用能力和创新能力的培养上又做了些有益的尝试，这主要表现在：

1. 强化模块结构。本书的内容按相对独立性分为"测量误差及数据处理"、"力学和热学实验"、"电磁学实验"、"光学实验"、"近代物理和综合性实验"、"仿真实验"、"选做实验"和"设计性实验"八个模块，更便于不同专业和层次选用。

2. 突出实践特色。即以加强基本训练为主，让学生在学习物理实验知识、掌握实验方法、强化实验能力等方面受到系统的训练。在构建内容体系时，本书进一步注意到了"压缩验证性实验，增强综合性、设计性和开放性实验"的要求。

3. 注重学科发展。本书内容充分考虑到了学科发展的新趋势，使教学更好地适应现代科学技术的发展。例如，在编写"测量误差及数据处理"中，引入了"不确定度"评定测量结果，这是误差分析发展之新方法；在实验内容中引入了传感器、数字存储示波器、超导、计算机采集和数据处理以及虚拟实验等科学技术发展的新成果。

4. 增开综合性实验。本次修订增加了 6 个综合性实验，分别为多普勒效应及声速测量综合实验、光纤通信原理和光纤传感器特性研究、超导磁悬浮演示实验、微波光学综合实验、核磁共振实验、非线性电路混沌实验。本书共安排了 49 个实验，每个实验 2~3 学时，可满足普通高校本科或工科专业选择的需要，同时可供同层次的成人教育以及工程技术人员和教师参考。对于高职高专层次的学生，也可根据教学计划选择本书的部分内容用于教学。

本次修订由仇志余、李淑青任主编，冯中营、王卫星任副主编。责任执笔有仇志余（第一章）、王卫星（实验 1、3、5~9、11~15、21、22、24、25、27、32、35、44~49）、冯中营（绪论、实验 18、23、26、30、31、38、39、40）、李淑青（29、33、34、36、37、41、42、43）、任全年（实验 2、4）、景银兰（实验 10、17）、王爱国（实验 19、20）、李旭彦（实验 16、28）等。主编负责制定编写方案、全书统稿及对各章内容进行修改等工作。

本次修订中，李禄教授审阅了全书并提出了许多中肯的修改意见。我们同时也参考了许多兄弟院校的实验教材和有关著作，在此表示衷心感谢。由于我们水平有限，书中不妥之处在所难免，恳请读者批评指正。

编　者
2010 年 7 月

第1版前言

本书是根据教育部高等学校非物理类专业物理基础课程教学指导分委员会《非物理类理工学科大学物理实验课程教学基本要求》和中北大学分校21世纪大学复合型人才培养计划关于理工交叉渗透的原则，并凝炼作者长期参与教学改革与实践的成果，几经修订编写而成的。

物理实验课是理工科大学开设的一门必修基础课。本教材的内容体系遵照循序渐进的原则，分为"测量误差及数据处理"、"力学和热学实验"、"电磁学实验"、"光学实验"、"近代物理和综合性实验"、"仿真实验"、"选做实验"和"设计性实验"八章。每章的内容均突出了"厚基础"、"重实践"和"强能力"的特色，即以加强基础训练为主，让学生在学习物理实验知识，掌握实验方法，强化实验能力等方面受到系统的训练。在构架内容体系时，我们充分注意到了"压缩验证性实验，增强综合性、设计性和开放性实验"的要求，同时充分考虑到了学科发展的新趋势，使教学更好地适应现代科学技术的发展。例如，在编写"测量误差及数据处理"中，引入了"不确定度"评定测量结果，这是误差分析发展之新方法；在实验内容中引入了传感器、数字存储示波器、数码照相、计算机采集和处理数据以及虚拟实验等科学技术发展的新成果。在实验内容的讲述上，我们充分考虑了与现流行的大学物理教材相匹配，并博采众大学物理实验教材之所长，力图开门见山，深入浅出，通俗易懂，便于操作。

本教材中安排了43个实验，每个实验2~3学时，可满足普通高校本科各工科专业选择的需要，同时也适合同层次的成人教育以及工程技术人员和教师参考使用。对于高职高专层次的学生，也可根据教学计划选择本教材部分内容讲解使用。

本书由仇志余、王卫星任主编、冯中营、李淑青任副主编。责任执笔有仇志余（第一章）、王卫星（实验1、3、5~9、11~15、21、22、24、25、27、32、35、38~43）、冯中营（绪论、实验18、23、26、30、31）、李淑青（实验29、31、34、36、37）、任全年（实验2、4），景银兰（实验10、17）、王爱国（实验19、20）、李旭彦（实验16、28）等。主编负责制定编写方案、全书统稿及对各章内容进行修改等工作。此外，张俊祥、张兴、常锋等老师也为此书的编写做了相应的工作。

在本教材的编写和出版过程中，我们参考了许多兄弟院校的实验教材和有关著作，在此表示衷心感谢。由于我们水平有限，书中不妥之处在所难免，恳请读者批评指正。

编　者
2006年5月

目　　录

第3版前言
第2版前言
第1版前言
绪论 …………………………………………… 1
第一章　测量误差及数据处理 …………… 3
　第一节　测量误差的基本概念 …………… 3
　第二节　直接测量的误差估算和测量结果
　　　　　表示 ……………………………… 7
　第三节　间接测量的误差估算和测量结果
　　　　　表示 ……………………………… 8
　第四节　有效数字及其运算 ……………… 10
　第五节　数据处理的基本方法 …………… 12
第二章　力学和热学实验 ………………… 18
　第一节　长度测量器具 …………………… 18
　第二节　质量测量仪器 …………………… 20
　第三节　时间测量仪器 …………………… 21
　第四节　温度测量仪器 …………………… 22
　实验1　固体密度的测定 ………………… 23
　实验2　用自由落体法测定重力加速度 … 26
　实验3　测定刚体的转动惯量 …………… 28
　实验4　用拉伸法测弹性模量 …………… 31
　实验5　用动态法测弹性模量 …………… 35
　实验6　声速的测量 ……………………… 40
　实验7　用毛细管升高法测液体的表面张力
　　　　　系数 ……………………………… 44
　实验8　用落球法测量液体黏度 ………… 46
　实验9　受迫振动与共振实验 …………… 49
　实验10　弦线上驻波实验 ………………… 51
　实验11　液体表面张力系数的测定 ……… 55
　实验12　冷却法测量金属比热容 ………… 57
　实验13　用稳态法测量不良导体的导热
　　　　　系数 ……………………………… 59
　实验14　空气比热容比的测定 …………… 62
　实验15　温度传感器的温度特性测量
　　　　　实验 ……………………………… 65
第三章　电磁学实验 ……………………… 71
　第一节　电源 ……………………………… 71
　第二节　电表 ……………………………… 73
　第三节　电阻器 …………………………… 75
　第四节　开关 ……………………………… 76
　第五节　示波器 …………………………… 77
　第六节　函数信号发生器 ………………… 82
　第七节　直流电位差计 …………………… 85
　第八节　特斯拉计 ………………………… 86
　实验16　用模拟法测绘静电场 …………… 87
　实验17　测量非线性元件的伏安特性 …… 90
　实验18　用直流单臂电桥测电阻 ………… 93
　实验19　用双臂电桥测低电阻 …………… 96
　实验20　热电偶定标和测温 ……………… 102
　实验21　用电子式冲击电流计测互感 …… 105
　实验22　模拟示波器的原理和使用 ……… 108
　实验23　用霍尔元件测磁场 ……………… 114
　实验24　动态磁滞回线的测定 …………… 118
　实验25　数字示波器的原理和使用 ……… 123
　实验26　非线性电路混沌实验 …………… 126
第四章　光学实验 ………………………… 132
　第一节　读数显微镜 ……………………… 132
　第二节　分光计 …………………………… 132
　第三节　迈克尔逊干涉仪 ………………… 136
　第四节　常用光源 ………………………… 137
　实验27　用牛顿环测平凸透镜的曲率
　　　　　半径 ……………………………… 138
　实验28　测三棱镜材料的折射率 ………… 141
　实验29　光栅实验 ………………………… 143
　实验30　偏振光的研究 …………………… 146
　实验31　迈克尔逊干涉实验 ……………… 152
　实验32　数码照相实验 …………………… 156
　实验33　空气折射率的测量 ……………… 159
　实验34　旋光实验 ………………………… 162
第五章　近代物理和综合性实验 ………… 164
　实验35　用光电效应法测定普朗克
　　　　　常量 ……………………………… 164
　实验36　密立根油滴实验 ………………… 168

实验37 全息照相实验 …………… 174
实验38 夫兰克-赫兹实验 …………… 178
实验39 *RLC* 串联电路的暂态过程 …… 180
实验40 电子束的偏转与聚焦 ………… 186
实验41 测定钨的逸出功 ……………… 191

第六章 仿真实验 …………………… 197
实验42 热膨胀系数仿真实验 ………… 197
实验43 半导体温度计的设计仿真实验 …………… 200

第七章 选做实验 …………………… 205
实验44 多普勒效应及声速测量综合实验 …………… 205
实验45 光纤通信原理和光纤传感器特性研究 ……… 211
实验46 超导磁悬浮演示实验 ………… 217

实验47 微波光学综合实验 …………… 218
实验48 核磁共振 ……………………… 225
实验49 塞曼效应实验 ………………… 229

第八章 设计性实验 ………………… 235
实验50 将微安表改装为多量程电流表并进行初校 …………… 235
实验51 将微安表改装为多量程电压表并进行初校 …………… 235
实验52 热电偶的校准 ………………… 236
实验53 自组望远镜和显微镜 ………… 236
实验54 全息光栅 ……………………… 237
实验55 用劈尖测薄片厚度 …………… 238

附录 …………………………………… 239

参考文献 ……………………………… 247

绪 论

一、物理实验的地位和作用

物理学不仅是一门基础理论科学，而且也是一门实验科学。物理学中概念的确立以及定律和原理的产生与发展，都是以大量的实验事实为依据，并不断受到实验实践检验的。经典的牛顿力学三大定律，近代的相对论和量子论，都是在总结实验事实的基础上建立起来的。所以，物理实验在物理学中的作用是不言而喻的。

一名工程技术人员必须掌握科学的实验研究方法，即通过实践和实验观察，抓住问题的本质，建立数学模型，形成概念或理论，并不断进行新的实验和实践，检验和修正原有的理论或设计、工艺，不断推进技术革新。

一名高等工科院校的大学生，应该成为应用型、开拓型、创新型的工程技术人才，要善于把新技术应用到工程建设中去，并不断创新。同时也要求学校必须加强实践性教学，使学生接受系统的实验技能训练，掌握科学的实验研究方法。物理实验正是为了上述目的而开设的一门重要的基础课。

二、物理实验课的主要任务

1）学习和掌握进行物理实验的基础知识、基本方法和基本技能，了解进行物理实验的主要过程，使学生具有初步的科学实验能力。

2）培养和提高学生观察和分析物理现象的本领，训练学生从实验中归纳物理规律的能力，并使学生学会利用所掌握的物理理论进行实验和设计实验。

3）培养学生严肃认真的工作作风、实事求是的科学态度、勇于探索的钻研精神，克服困难的坚强意志和遵守纪律的优良品德。

三、物理实验课的基本程序

1. 预习实验

由于实验课时间有限，熟悉仪器、测量数据的任务比较繁重，所以学生必须在做实验前做好预习工作。在预习中要以理解实验原理，熟悉实验步骤，了解实验仪器为主，并写出预习报告。预习报告作为正式报告的一部分应包括如下内容：实验名称，实验目的，实验仪器，实验原理，实验步骤，数据记录表格和注意事项等。在实验原理部分应包括必须的文字叙述、原理图、公式及公式推导和公式说明。实验步骤要扼要说明实验的内容、步骤及操作要点。记录数据的表格上要表明文字符号所代表的物理量及单位，以及表格名称。上课时把预习报告交给老师检查。

2. 实验操作

实验课上要认真听指导教师的重点讲解。要严守实验室规则和仪器操作规程，把仪器装置调整到最佳状态。操作实验时精神要集中，观察要仔细，注意分析实验现象，及时排除实验故障，观察后立即准确、如实地记录数据，不得拼凑、涂改或事后追记数据。如果发现数据不合理，应仔细分析其原因，然后重新测量。记录数据要经指导教师审阅签字。做完实验后要将仪器整理复原完毕，方可离开。

3. 课后报告

在做完实验后，要及时写出实验报告。实验报告要在预习报告的基础上对实验测量的原始数据，按照原理、公式进行数据处理、绘制图线，得出结论。分析影响实验结果的因素并作修正，进行误差分析和计算。提出改进实验方法的设想、对实验课的安排提出建议等。回答思考题。预习报告、实验记录和课后报告构成一份完整的实验报告。

四、学生实验守则

1）进入实验室前，务必搞好个人卫生，不得将不洁物品带入室内。

2）进入实验室后，必须遵守实验室的各项规章制度，不得高声喧哗，不得随意串组，不得随意动用实验室的任何物品。

3）实验前必须认真预习实验教材及实验内容，明确实验目的、原理、步骤，写好预习实验报告，并回答实验教师提出的问题，不合格者，须重新预习，待合格后，方能进行实验。

4）实验时要服从教师的指导，认真操作。不得草率从事，抄袭臆造。

5）实验中，要爱护公共财物，严格按照有关操作规程使用仪器，并节约使用各种实验材料。如违犯操作规程或不听从指导而造成设备或器材损坏的，按学校有关规定处理。

6）必须注意人身和设备安全，若发现异常现象或故障隐患，应立即向管理人员报告，不得自行处理。

7）实验完毕，应将仪器、工具及实验场地等进行清理归还，经管理人员验收后，方可离开实验室。

第一章 测量误差及数据处理

测量误差是一门专门的学科。本章只介绍测量误差的一些基本知识。通过本章的学习，学生应掌握误差的基本概念，学会简单估算误差的方法，了解误差分析对做好物理实验的重要意义，并熟练地进行有效数字的计算，学会处理数据的一些基本方法。

第一节 测量误差的基本概念

一、测量

测量就是把待测的物理量与同类标准量（量具）进行比较，得出待测量的量值（量值是指用数和适当的单位表示的量，一般使用国际单位），这个过程称为测量。把测得的量值记录下来就是实验数据。

测量可分为直接测量和间接测量。**直接测量**就是把待测量与标准量（量具、仪器的刻度）直接比较得出结果。如用米尺量度物体的长度、用安培表测量电流等均为直接测量。**间接测量**是借助函数关系由直接测量的结果计算出所要求的物理量。如测量圆柱体的体积 V 时，高度 h 和直径 d 可直接测得，体积 V 则由公式 $V = \pi d^2 h / 4$ 计算而得，这就是间接测量。

此外，根据测量条件可分为等精度测量和非等精度测量。**等精度测量**是指在同一条件下进行的多次测量。反之，若每次测量时的条件不同，这样进行的一系列测量叫**非等精度测量**。物理实验中大多采用等精度测量。

二、误差与偏差

物理量在一定条件下都客观地存在一个确定的值，这个客观真实值称为**真值**。但是，由于实验条件、测量方法、测量仪器和测量者自身判断等原因，任何测量结果即测量值都必然含有误差。**误差**定义为测量值与真值之差，用下式表示：

$$\Delta x = x - x_0 \tag{1-1-1}$$

式中，x_0 为真值；x 为测量值；Δx 称为**测量误差**，又称为**绝对误差**。注意，绝对误差不是误差的绝对值，它有正负之分。

由于客观条件及人们认识的局限性，测量值几乎不可能是真值，只能是近似值，而真值 x_0 又无法预先知道，所以绝对误差也得不到。如果能估计其绝对值的范围为

$$|\Delta x| = |x - x_0| \leq \delta$$

则 δ 称为近似值 x 的**绝对误差限**。

设某物理量真值为 x_0，进行 n 次等精度测量，测量值分别为 x_1，x_2，$\cdots$，x_n，这组测量值的算术平均值 $\bar{x}$ 为

$$\bar{x} = \frac{1}{n}(x_1 + x_2 + \cdots + x_n) = \frac{1}{n}\sum_{i=1}^{n} x_i \tag{1-1-2}$$

这是真值 x_0 的估计值，称 $\bar{x}$ 为**近真值**。

为了估计误差，定义测量值与近真值的差值为**偏差**（或**残差**），即
$$\Delta x_i = x_i - \bar{x} \qquad (1\text{-}1\text{-}3)$$
式中，$i = 1, 2, 3, \cdots, n$ 表示测量次数。

定义**算术平均绝对偏差**为
$$\overline{\Delta x} = \frac{1}{n}(|x_1 - \bar{x}| + |x_2 - \bar{x}| + \cdots + |x_n - \bar{x}|) = \frac{1}{n}\sum_{i=1}^{n}|\Delta x_i|$$

三、误差的分类

根据误差的性质及其产生的原因，将误差分为系统误差、随机误差和粗大误差三大类。

1. 系统误差

系统误差是指在一定条件下多次测量的结果总向某一确定方向偏离或按一定规律变化。系统误差的特征是它的规律的确定性。产生系统误差有以下几方面原因：仪器本身的缺陷（如刻度不准、不均匀或零点没校准等）、理论公式或测量方法的近似性（如伏安法测电阻没有考虑电表的内阻）、环境的改变（如测量过程中温度、压强的变化等）、个人存在的不良测量习惯（如读数总是偏大或偏小）等。

由于系统误差的数值和符号是定值或按某种规律变化，因此系统误差不能通过多次测量来消除或减小。但是，如果能找出产生系统误差的原因，就能采取适当的方法消除或减小它的影响，或对测量结果进行修正。例如在导出单摆周期公式 $T = 2\pi\sqrt{L/g}$ 时，曾假定摆的偏角 θ 甚小，于是 $\sin\theta$ 可用 θ（弧度）代替，如 θ 在 $2°$ 以下，则误差在百万分之一内，若 θ 在 $10°$ 左右，则误差在百分之一内。这种误差可由理论上的修正或改进实验方法加以减小。

2. 随机误差

随机误差是指即使在测量过程中已经减小或消除了系统误差，但在同一条件下对某一物理量进行多次测量，也总存在差异，误差时大时小，时正时负。这种误差是由于许多不可预测的偶然因素共同作用造成的，而且每个因素的作用都很微小。如测量时外界温度、湿度的微小起伏，别处产生的杂散电磁场，不规则的机械振动和电压的随机波动等，使实验过程中的物理现象和仪器的性能时刻发生随机变化，加上人们感官灵敏性的限制，致使每次测量都存在偶然性。这样的误差称为**随机误差**（或**偶然误差**）。对每一次测量来看，随机误差的大小、符号都无法预知，完全出于偶然，但是，当测量次数足够大时，随机误差服从一定的统计规律，也就是正态分布（或高斯分布），其特点是：

（1）单峰性 绝对值小的误差比绝对值大的误差出现的概率大。

（2）对称性 绝对值相等的正负误差出现的概率相等。

（3）有界性 在一定的测量条件下随机误差的绝对值不会超过某一界限。

因此可以用增加测量次数的方法减小随机误差。当测量次数足够大时，测量列的随机误差趋近于零，测量列的算术平均值就趋近于真值。因此，在有限次测量中，我们应取测量列的算术平均值作为真值的估值。

3. 粗大误差

对测量结果产生明显歪曲的、数值比较大的误差称为**粗大误差**。产生粗大误差的原因多是由于人员失误或测量不符合规定的条件造成的。这类误差在处理数据过程中应依照判据加以剔除。

总的来说，误差的大小表示测量结果接近真值的程度。根据误差的分类，测量结果的优

劣可用测量的精密度、正确度和准确度来表示。精密度高是指随机误差小，数据集中；正确度高是指系统误差小，测量的平均值偏离真值小；准确度高是指测量的精密度和正确度都高，数据集中而且偏离真值小，即随机误差和系统误差都小。

四、随机误差的估计

标准偏差 S 是描述服从正态分布的误差其数值分布特征的一个重要参数。因此，常用它来估计随机误差。处理有限次等精度测量的一组实验数据时，可用贝塞尔公式来计算标准偏差的估计值，其过程如下：

设对某一物理量进行了 n 次等精度测量，测量值分别为 x_1，x_2，…，x_n。

1）求出这组测量值的算术平均值 $\bar{x}$，即

$$\bar{x} = \sum_{i=1}^{n} x_i / n$$

式中，$i = 1, 2, 3, …, n$ 表示测量次数。

2）求出各测量值的偏差 Δx_i，即

$$\Delta x_i = x_i - \bar{x}$$

3）用贝塞尔公式来计算标准偏差 S_x 的估计值

$$S_x = \sqrt{\frac{1}{n-1} \sum_{i=1}^{n} (x_i - \bar{x})^2} = \sqrt{\sum_{i=1}^{n} (\Delta x_i)^2 / (n-1)} \tag{1-1-4}$$

S_x 表示该测量列 x_1，x_2，…，x_n 中某次测量的随机误差在 $-S_x \sim +S_x$ 之间的概率为 68.3%。

4）求平均值的标准偏差 $S_{\bar{x}}$

$$S_{\bar{x}} = \frac{S_x}{\sqrt{n}} = \sqrt{\frac{1}{n(n-1)} \sum_{i=1}^{n} (\Delta x_i)^2} \tag{1-1-5}$$

$S_{\bar{x}}$ 表示测量值的平均值的随机误差在 $-S_{\bar{x}} \sim +S_{\bar{x}}$ 之间的概率为 68.3%。

五、不确定度

不确定度是评定测量值附近的一个值域范围包含真值的可能程度，用测量结果附近的一个范围表示。在实际测量中采用不确定度更能显示测量结果的特征，因此，国际计量局和国家计量局均建议或规定采用不确定度作为基准研究、测量和实验工作中的误差数字指标名称，并用不确定度评价测量结果。

1. 不确定度的评定方法

不确定度的评定方法分为两类：A 类不确定度和 B 类不确定度。

（1）A 类不确定度　**A 类不确定度**是指可以采用统计方法（即具有随机误差性质）计算的不确定度。如测量读数具有分散性，测量时温度波动影响等。这类不确定度服从正态分布规律，因此，可以用标准偏差 S 来表征测量结果的 A 类不确定度，即用标准偏差 S_x 或平均值的标准偏差 $S_{\bar{x}}$ 计算被测量的 A 类不确定度。

计算 A 类不确定度，还可以用最大偏差法、极差法、最小二乘法等。用贝塞尔公式计算 A 类不确定度，可以用函数计算器直接读取，十分方便。

（2）B 类不确定度　**B 类不确定度**是指用非统计方法求出或评定的不确定度，如测量仪器不准确，标准不准确，量具老化等。评定 B 类不确定度常用估计方法。估计适当需要确定分布规律，同时要参照标准，更需要估计者的实践经验、学识水平等。本书对 B 类不确

定度的估计只讨论因仪器不准对应的不确定度 σ_B，即

$$\sigma_B = \Delta_{仪} / \sqrt{3} \tag{1-1-6}$$

式中，$\Delta_{仪}$ 称为"**仪器误差**"，它是指在正确使用仪器的条件下，仪器的示值与被测量的实际值之间可能产生的最大误差，又称**示值误差**或**基本误差**，一般在仪器上或说明书上标明。物理实验中部分仪器的仪器误差见本章"附录"。

当 $\Delta_{仪}$ 未知时，也可以根据测量器具的分度值（即仪器的最小刻度）近似地用下式计算，即

$$\sigma_B = 分度值 / \sqrt{12} \tag{1-1-7}$$

如果测量要求不高，也可取仪器分度值的一半来表示，即

$$\sigma_B = 分度值 / 2$$

σ_B 是估计值，它的有效数字一般只保留一位。直接测量值其读数的有效数字最后一位的数位一般应与 σ_B 的有效数字所在数位相同。例如分度值为 1mm 的米尺，可近似地认为

$$\sigma_B = 1/\sqrt{12}mm \approx 0.3mm$$

2. 合成不确定度 σ

$$\sigma = \sqrt{S_x^2 + \sigma_B^2} \tag{1-1-8}$$

或

$$\sigma = \sqrt{S_{\bar{x}}^2 + \sigma_B^2} \tag{1-1-9}$$

式（1-1-8）表示在一列多次测量数据中任一次测量值的误差在 $(-\sigma, +\sigma)$ 之间的概率为 68.3%，是对这组测量数据可靠性的一种评价。而式（1-1-9）则表示测量值的平均值的误差在 $(-\sigma, +\sigma)$ 之间的概率为 68.3%，或者说待测量的真值在 $[\bar{x}-\sigma, \bar{x}+\sigma]$ 范围内的概率为 68.3%，这反映了平均值接近真值的程度，但不要误认为真值一定在 $[\bar{x}-\sigma, \bar{x}+\sigma]$ 之间。

六、测量结果的表示

科学实验中要求表示出的测量结果，既要包含待测量的近真值，又要包含测量结果的不确定度 σ，并写成物理含义深刻的标准表达式，即

$$X = \bar{x} \pm \sigma \quad （单位） \tag{1-1-10}$$

式中，X 为待测量；$\bar{x}$ 为测量的近真值；σ 是合成不确定度，一般保留一位有效数字。这个表达式的物理意义是：该被测量的真值处在区间 $[\bar{x}-\sigma, \bar{x}+\sigma]$ 内的概率为 68.3%。

七、相对误差

上述的算术平均误差 $\overline{\Delta x}$ 与合成不确定度 σ 均是以绝对误差的形式表示测量值的误差，但有时为了全面评价测量的优劣，还需要考虑被测量本身的大小。为此，需引入相对误差的概念。**相对误差**的定义为

$$E_x = \frac{\Delta x}{x} \times 100\% \tag{1-1-11}$$

当 Δx 用算术平均误差或合成不确定度来表示时，相对误差分别为

$$E_x = \frac{\overline{\Delta x}}{\bar{x}} \times 100\% \quad 及 \quad E_x = \frac{\sigma}{\bar{x}} \times 100\%$$

一般说来，在对同一物理量的测量中，相对误差小的精密度高。

当被测量值有公认理论值或标准值时，在数据的处理中还常常把测量值与理论值或标准

值进行比较，并用相对误差来表示

$$E_x = \frac{|X - X_0|}{X_0} \times 100\% \tag{1-1-12}$$

式中，X 表示测量值；X_0 表示理论值（或标准值）。

第二节　直接测量的误差估算和测量结果表示

一、多次等精度直接测量的误差及其表示

设对某一物理量进行了 n 次等精度测量，测量值分别为 x_1，x_2，$\cdots$，x_n，数据处理的简要步骤如下：

1）按式（1-1-2）求出这组测量值的算术平均值 $\bar{x}$

$$\bar{x} = \sum_{i=1}^{n} x_i / n$$

2）按式（1-1-3）求出各测量值的偏差 Δx_i

$$\Delta x_i = x_i - \bar{x}$$

3）按式（1-1-4）求出标准偏差的估计值 S_x

$$S_x = \sqrt{\frac{1}{n-1} \sum_{i=1}^{n} (\Delta x_i)^2}$$

S_x 一般保留一位有效数字。

4）按式（1-1-5）求出平均值 $\bar{x}$ 的标准偏差 $S_{\bar{x}}$

$$S_{\bar{x}} = S_x / \sqrt{n}$$

$S_{\bar{x}}$ 一般保留一位或两位有效数字。

5）按式（1-1-6）或式（1-1-7）估计测量结果的 B 类不确定度分量 σ_B

$$\sigma_B = \Delta_{仪} / \sqrt{3}$$

或

$$\sigma_B = 分度值 / \sqrt{12}$$

6）按式（1-1-8）或式（1-1-9）求出测量结果的总不确定度 σ

$$\sigma = \sqrt{S_x^2 + \sigma_B^2}$$

或

$$\sigma = \sqrt{S_{\bar{x}}^2 + \sigma_B^2}$$

σ 一般保留一位有效数字。

7）按式（1-1-10）写出测量结果的标准表达式

$$X = \bar{x} \pm \sigma \quad （单位）$$

式中，$\bar{x}$ 一般采用国际单位和科学计数法，σ 与 $\bar{x}$ 的单位及数量级均相同，$\bar{x}$ 的有效数字在小数点后的数位要与 σ 取齐。

例：用毫米刻度的米尺测量物体长度 10 次，其测量值分别为：$l = 53.27\text{cm}$，53.25cm，53.23cm，53.29cm，53.24cm，53.28cm，53.26cm，53.20cm，53.24cm，53.21cm，试写出测量结果的标准式。

[解]

1）求长度 l 的近真值

$$\bar{l} = \sum_{i=1}^{n} l_i/n = \frac{1}{10}(53.27 + 53.25 + 53.23 + \cdots + 53.21)\,\text{cm} = 53.24\,\text{cm}$$

2）计算 A 类不确定度

$$S_l = \sqrt{\frac{1}{n-1}\sum_{i=1}^{n}(x_i - \bar{x})^2}$$

$$= \sqrt{\frac{(53.27 - 53.24)^2 + (53.25 - 53.24)^2 + \cdots + (53.21 - 53.24)^2}{10 - 1}}\,\text{cm} = 0.03\,\text{cm}$$

3）计算 B 类不确定度。

米尺的仪器误差 $\Delta_{仪} = 0.05\,\text{cm}$

$$\sigma_B = \Delta_{仪}/\sqrt{3} = 0.05/\sqrt{3}\,\text{cm} = 0.03\,\text{cm}$$

4）合成不确定度

$$\sigma = \sqrt{S_l^2 + \sigma_B^2} = \sqrt{0.03^2 + 0.03^2}\,\text{cm} = 0.04\,\text{cm}$$

5）测量结果的标准表达式为

$$l = 53.24\,\text{cm} \pm 0.04\,\text{cm}$$

或

$$l = (5.324 \pm 0.004) \times 10^{-1}\,\text{m}$$

二、单次测量的误差及其表示

有些测量只需测量一次或者只能测量一次，于是就以该次测量的测量值 x 表示该被测量的 X 值，其不确定度 σ 就用估算出的 B 类不确定度 σ_B 来粗略地表示

$$\sigma \approx \sigma_B$$

测量结果用下式表示

$$X = x \pm \sigma$$

第三节 间接测量的误差估算和测量结果表示

计算间接测量量的近真值，是把各直接测量列中的近真值代入相应的函数关系式进行计算而得到的。由于各直接测量值都存在误差，因此间接测量值也必然有一定的误差。这种由直接测量的误差影响到间接测量值的误差的现象，称为**误差的传递**。所传播的误差与直接测量值误差的大小以及函数关系式的具体形式有关。

设间接测量值 N 与相互独立的有限个直接测量值 $x, y, z, \cdots, u$ 有下列函数关系

$$N = f(x, y, z, \cdots, u) \tag{1-3-1}$$

若已测得

$$x = \bar{x} \pm \sigma_x,\ y = \bar{y} \pm \sigma_y,\ z = \bar{z} \pm \sigma_z,\cdots,u = \bar{u} \pm \sigma_u$$

则间接测量值可表示为

$$N = \bar{N} \pm \sigma_N \tag{1-3-2}$$

式中，$\bar{N}$ 是把各个直接测量值的近真值 $\bar{x}, \bar{y}, \bar{z}, \cdots, \bar{u}$ 代入式（1-3-1）后求出来的值。下面扼要介绍 σ_N 的计算。

可以严格证明，对某间接测量值 $N = f(x, y, z, \cdots, u)$，不确定度的传递公式为

$$\sigma_N = \sqrt{\left(\frac{\partial f}{\partial x}\right)^2 \sigma_x^2 + \left(\frac{\partial f}{\partial y}\right)^2 \sigma_y^2 + \left(\frac{\partial f}{\partial z}\right)^2 \sigma_z^2 + \cdots + \left(\frac{\partial f}{\partial u}\right)^2 \sigma_u^2} \tag{1-3-3}$$

其相对不确定度的传递公式为

$$E_N = \frac{\sigma_N}{N} = \sqrt{\left(\frac{\partial f}{\partial x}\right)^2 \left(\frac{\sigma_x}{f}\right)^2 + \left(\frac{\partial f}{\partial y}\right)^2 \left(\frac{\sigma_y}{f}\right)^2 + \left(\frac{\partial f}{\partial z}\right)^2 \left(\frac{\sigma_z}{f}\right)^2 + \cdots + \left(\frac{\partial f}{\partial u}\right)^2 \left(\frac{\sigma_u}{f}\right)^2} \quad (1\text{-}3\text{-}4)$$

为方便起见，现把一些常用函数的不确定度传递公式列于表 1-1 中。

表 1-1 常用函数不确定度传递公式

函数关系式 $N = f(x, y, z, \cdots, u)$	不确定度传递公式
$N = x + y$	$\sigma_N = \sqrt{\sigma_x^2 + \sigma_y^2}$
$N = x - y$	$\sigma_N = \sqrt{\sigma_x^2 + \sigma_y^2}$
$N = xy$	$\dfrac{\sigma_N}{N} = \sqrt{\left(\dfrac{\sigma_x}{x}\right)^2 + \left(\dfrac{\sigma_y}{y}\right)^2}$
$N = x/y$	$\dfrac{\sigma_N}{N} = \sqrt{\left(\dfrac{\sigma_x}{x}\right)^2 + \left(\dfrac{\sigma_y}{y}\right)^2}$
$N = kx$	$\sigma_N = k\sigma_x,\ \dfrac{\sigma_N}{N} = \dfrac{\sigma_x}{x}$
$N = \sqrt[k]{x}$	$\dfrac{\sigma_N}{N} = \dfrac{1}{k}\dfrac{\sigma_x}{x}$
$N = x^k y^m / z^n$	$\dfrac{\sigma_N}{N} = \sqrt{k^2\left(\dfrac{\sigma_x}{x}\right)^2 + m^2\left(\dfrac{\sigma_y}{y}\right)^2 + n^2\left(\dfrac{\sigma_z}{z}\right)^2}$
$N = \sin x$	$\sigma_N = |\cos x|\sigma_x$
$N = \ln x$	$\sigma_N = \sigma_x / x$

例 1：已知电阻 $R_1 = 50.2\Omega \pm 0.5\Omega$，$R_2 = 149.8\Omega \pm 0.5\Omega$，求它们串联的电阻 R 和合成不确定度 σ_R。

[解] 串联电阻的阻值为

$$R = R_1 + R_2 = (50.2 + 149.8)\Omega = 200.0\Omega$$

合成不确定度

$$\sigma_R = \sqrt{\sum_{i=1}^{2}\left(\frac{\partial R}{\partial R_i}\sigma_{R_i}\right)^2} = \sqrt{\left(\frac{\partial R}{\partial R_1}\sigma_1\right)^2 + \left(\frac{\partial R}{\partial R_2}\sigma_2\right)^2}$$
$$= \sqrt{\sigma_1^2 + \sigma_2^2} = \sqrt{0.5^2 + 0.5^2}\Omega = 0.7\Omega$$

相对不确定度

$$E_R = \frac{\sigma_R}{R} = \frac{0.7}{200.0} \times 100\% = 3.5\%$$

测量结果

$$R = 200.0\Omega \pm 0.7\Omega$$

间接测量的不确定度计算结果保留一位数，相对不确定度保留两位数。

例 2：测量金属圆环的内径 $D_1 = 2.880\text{cm} \pm 0.004\text{cm}$，外径 $D_2 = 3.600\text{cm} \pm 0.004\text{cm}$，厚度 $h = 2.575\text{cm} \pm 0.004\text{cm}$，求圆环的体积 V 的测量结果。

[解] 1）圆环体积的近真值为

$$V = \frac{\pi}{4}h(D_2^2 - D_1^2)$$

$$= \frac{3.1416}{4} \times 2.575 \times (3.600^2 - 2.880^2)\,\text{cm}^3$$

$$= 9.436\,\text{cm}^3$$

2）先将圆环体积公式两边同时取自然对数，然后再求全微分

$$\ln V = \ln\left(\frac{\pi}{4}\right) + \ln h + \ln(D_2^2 - D_1^2)$$

$$\frac{\mathrm{d}V}{V} = 0 + \frac{\mathrm{d}h}{h} + \frac{2D_2\mathrm{d}D_2 - 2D_1\mathrm{d}D_1}{D_2^2 - D_1^2}$$

则相对不确定度为

$$E_V = \frac{\sigma_V}{V} = \sqrt{\left(\frac{\sigma_h}{h}\right)^2 + \left(\frac{2D_2\sigma_{D_2}}{D_2^2 - D_1^2}\right)^2 + \left(\frac{-2D_1\sigma_{D_1}}{D_2^2 - D_1^2}\right)^2}$$

$$= \left[\left(\frac{0.004}{2.575}\right)^2 + \left(\frac{2 \times 3.600 \times 0.004}{3.600^2 - 2.880^2}\right)^2 + \left(\frac{-2 \times 2.880 \times 0.004}{3.600^2 - 2.880^2}\right)^2\right]^{1/2}$$

$$= 0.0081 = 0.81\%$$

3）总合成不确定度为

$$\sigma_V = VE_V = 9.436 \times 0.0081\,\text{cm}^3 = 0.08\,\text{cm}^3$$

4）圆环体积的测量结果

$$V = 9.44\,\text{cm}^3 \pm 0.08\,\text{cm}^3$$

V 的标准式中，$V = 9.436\,\text{cm}^3$ 在小数点后应与不确定度的位数取齐，因此将小数点后的第三位数"6"按数字修约原则进到百分位，故为 $9.44\,\text{cm}^3$。

第四节　有效数字及其运算

当真值 x_0 有多位数时，常常按舍入原则（例如四舍五入原则）得到近似值 x。例如常数 π，其真值 $\pi_0 = 3.14159265\cdots$，若取前三位作为其近似值，得 $\pi = 3.14$，这时绝对误差限不超过 3.14 末位数的半个单位，即 $|\pi_0 - \pi| = |\pi_0 - 3.14| \leq \frac{1}{2} \times 0.01$。

一般地我们有，若近似值（测量值）x 的绝对误差限是 x 某一数位的半个单位，且该位到 x 的左边第一位非零数字共有 n 位，则称 x 为 n 位**有效数字**。或者简单地说，n 位有效数字是由 $n-1$ 位准确数字在前和一位可疑数字在后组成的数字。例如，0.024613m 是五位有效数字，其中前四位"2"，"4"，"6"，"1"均是准确数字，只有末位的"3"是可疑数字。有效数字是测量结果的一种表示，必须按照有效数字及其运算的法则来确定。

一、直接测量的有效数字

用量具或仪器直接读取测量值时所得的数值，都含有准确数字和可疑数字两部分。如图 1-1 所示，用最小刻度为 1mm 的钢直尺测量一物体的长度，该物体的长度 l 在 12.6cm 至 12.7cm 之间，凭经验我们可把读数估计为 12.64cm 或 12.65cm。这两个数据中，12.6 是准确的，而 0.04 或 0.05 是估读出来的，是可疑数字。可疑数字虽不准确，但却是有意义的，

即使估计数是"0",也不能舍去,因此直接读数时必须在仪器的最小刻度后估读一位,即读数由准确数与最后一位可疑数字组成。图中 l = 12.64cm 或 l = 12.65cm,有四位有效数字。

对有效数字作几点说明:

1) 出现在数值中间的"0"与末尾的"0"均为有效数字。如在图 1-1 中若物体的长度是 12.04cm,为四位有效数字。若物体的长度恰好是 12cm,应记为 12.00 cm,仍为四位有效数字。小数点后面的"0"不能随意增减。

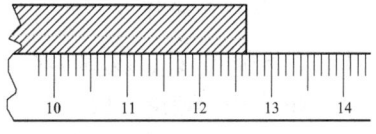

图 1-1

2) 当进行十进制单位变换时,有效数字与小数点的位置无关。例如,物体的长度为 12.64cm,可以表示为 0.0001264km,也可以表示为 $1.264 \times 10^5 \mu m$,它们都是四位有效数字,而不能写成 126400μm,因为后者表示六位有效数字。为此,实验数据最好采用科学计数法,即用有效数字乘以 10 的幂指数的形式表示,这种方法一般小数点前只取一位数字。如 1.264×10^{-4} km 等,幂指数(如 10^{-4})不是有效数字。如果用国际单位词冠表示测量结果,习惯上不用科学计数法。例如,用 1.3kΩ,而不用 $1.3 \times 10^3 \Omega$。

3) 由于有效数字反映了仪器的精度,最末位的可疑数字是有误差的,所以任何测量结果应截取的有效数字位数是由绝对误差决定的,有效数字的最末位应与误差(只取一位)所在位对齐。例如,物体的长度写成 l = 3.45cm ± 0.02cm 是正确的,但写成 l = 3.5cm ± 0.02cm 或 l = 3.452cm ± 0.02cm 都是错误的。

二、有效数字的运算

在计算间接测量的结果时,怎样处理运算过程中的有效数字,使之尽快获得正确的结果,而且也不至于引进新的"误差"呢?下面介绍一些运算方法。

1. 舍入原则

可根据问题的性质选用对可疑数字的舍入原则。常用的是,首先由误差决定测量结果应截取的有效数字位数,然后对运算过程的中间数据,可以保留一位或二位可疑数字;最后结果只能按尾数舍入法保留一位可疑数字;有效数字末位应与误差末位对齐。通用的尾数舍入法是:小于 5 则舍;大于 5 则入;等于 5,则把尾数凑成偶数(不同于通常的四舍五入原则,使得"舍"和"入"的机会均等)。例如,27.7<u>5</u>舍入为 27.<u>8</u>;442.<u>25</u>舍入为 442.<u>2</u>(加下横划为可疑数字)。

2. 特殊常数有效数字的取法

如 $\sqrt{2}$,π 等常数,在计算过程中所取的位数不应小于参加运算的其他数值的有效数字的位数。

3. 有效数字的加减

71.<u>4</u> + 0.75<u>3</u> = 72.1<u>53</u> = 72.<u>2</u>

37.<u>9</u> − 5.6<u>2</u> = 32.<u>28</u> = 32.<u>3</u>

几个数相加减,其和(或差)在小数点后所应保留的位数,跟参与运算的诸数中小数点后位数最少的一个相同。

4. 有效数字的乘除

39.<u>3</u> × 4.0<u>84</u> = 160.<u>5</u> = 16<u>0</u>

52<u>8</u> ÷ 12<u>1</u> = 4.3<u>64</u> = 4.3<u>6</u>

几个数相乘除，所得结果的有效数字位数，一般与诸数中有效数字位数最少的一个相同，有时也可以多一位或少一位。

5. 乘方与开方

某数的乘方（或开方）的有效数字位数，应与其底数的有效数字相同。

$25.25^2 = 637.\underline{6}$；$\sqrt{19.38} = 4.402$

以上的方法，理论上虽不十分严密，但都是实用可行的。理论上严密的方法是先算出绝对误差限，由此定出可疑数字所在数位，最后再确定测量结果的有效数字。

第五节 数据处理的基本方法

在物理实验中，为了使实验结果能清楚明了地表达出来，需对数据进行处理。处理数据的常用方法有列表法、图示法、逐差法和最小二乘法等。这些方法在科学实验中经常用到。

一、列表法

将测量数据或处理数据的结果列成表格，可以及时发现和分析所测数据是否合理，运算是否正确，并有助于找出各物理量间的规律。

列表应该简单明了，一般的要求是：

1) 必须有表题，说明是什么量的关系表。

2) 必须注明表中各符号所表示的物理量名称、单位或数量级，这些不要在每个数据后重复标记，如表 1-2 所示。

3) 表中的数据要正确反映测量值的有效数字。

表 1-2 测量铜的电阻温度系数的 R-t 关系

测量次序	1	2	3	4	5	6	7	8	9	10	11
温度 t/℃	23.1	30.8	40.6	50.2	61.0	71.1	80.6	90.0	92.8	95.0	98.4
电阻 R/Ω	5.093	5.239	5.438	5.615	5.838	6.029	6.218	6.405	6.470	6.515	6.580

二、作图法

通过作图，能够直观地表述出物理量之间的关系，找出它们的变化规律，求出经验公式和得到测量数据之外的数据。

1. 作图规则

作图之前，先将记录的数据列在表中，然后再按下列要求来做。

1) 作图要用坐标纸，图幅的确定应以充分反映测量数据的有效数字和取值范围为原则。图中最小划分格应与所用仪器的分度值相对应。

2) 根据物理量变化的跟随关系，确定横坐标和纵坐标代表的物理量，并表明它们的名称（或通用的字母代号）、单位。例如，若该轴表示的是时间，采用的单位为 ms，则用 "t/ms" 表示。

3) 为了使所作的图线比较对称地充满坐标纸，坐标轴的起点不一定从零点开始。同时坐标轴的比例要选用适当，一般取 1，2，5 等比例。选好比例后，在坐标轴上每隔一定间距表明该物理量的数值（注意，表明有效数字）。

4) 根据数据表中的对应关系，用一定的符号（如 ×，⊙，△等）逐一描点，各种符号的交叉点或中心应为对应数据的最佳值点。

5) 描实验线时，应根据数据点分布的总趋势用直尺或曲线板连成光滑的曲线，若是校准曲线要连成折线。曲线不一定通过所有数据点，但应做到曲线两侧的数据点都很靠近曲线且分布大体均匀。若有个别点远离曲线，则可能该数据有误，最好能通过实验检测。

6) 在图纸下方或空白处写上图名，一般将纵坐标代表的物理量写在前面，横坐标代表的物理量写在后面，中间用"—"连接。图中附上适当的图注，如实验条件等。

图 1-2 为根据表 1-2 画出的图线。

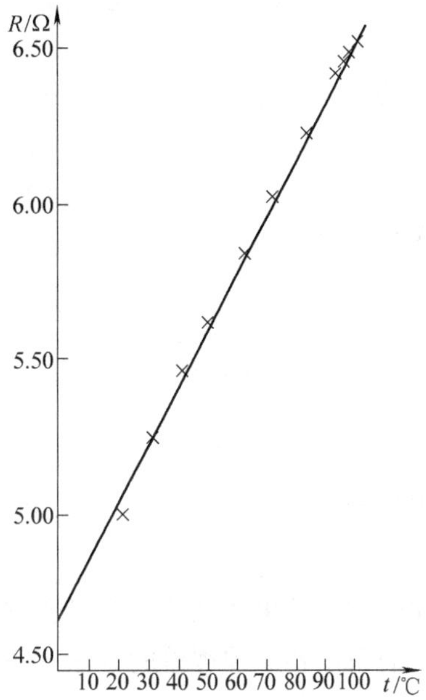

2. 图解法求图线参数

对已作出的图线用解析的方法，可求得图线的一些参数或图线的方程。

(1) 求直线图形的斜率和截距 如果图线是直线，则由解析几何可知，它满足 $y = kx + b$ 关系。在直线上取两点（为减小相对误差，这两点相距尽量远些，但不取原始实验数据点）。把两点坐标值代入直线方程，解得直线斜率为

$$k = \frac{y_2 - y_1}{x_2 - x_1} \quad (1\text{-}5\text{-}1)$$

k 的单位由 x，y 的单位决定。

如果横坐标起点为零，则截距 b 的数值可由图中直接读出。如果横坐标起点不为零，则截距 b 的数值为

图 1-2 R-t 关系图线

$$b = \frac{x_2 y_1 - x_1 y_2}{x_2 - x_1} \quad (1\text{-}5\text{-}2)$$

(2) 外推法或内插法 我们还可以用"外推法"求得测量范围外的数据点。所谓"**外推法**"就是把图线向外延伸，对应于某一自变量 x 值，去求得函数 y 值的方法。例如，测量电阻温度系数时，则可把直线延长外推而求得 0℃时的电阻 R_0。应注意的是，使用"外推法"时，必须假定物理量关系在外延范围内也是成立的。

3. 函数关系的线性化

在实验中，许多物理量之间的关系都不是线性的。但经过适当的变换，可以使这两个函数具有线性关系，这种方法称为函数关系的线性化。如果原来的函数关系是用曲线表示的，则函数关系线性化后可以用直线来表示，这称为"**曲线改直**"，如：

例 1：$y = ax^b$，其中 a 和 b 均为常数。

[解] 两边取对数，得

$$\lg y = \lg a + b \lg x$$

若以 $\lg x$ 为自变量，$\lg y$ 为函数，则得到斜率为 b，截距为 $\lg a$ 的直线。

例 2：$PV = C$，其中 C 为常数。

[解] 把上式改为

$$P = \frac{C}{V}$$

则 P 为 $\frac{1}{V}$ 的线性函数。

三、逐差法

实际中经常遇到自变量是等间距变化的多次测量，若按逐项逐差后求平均值，中间的测量值彼此抵消。为了保持多次测量的优越性，常采用逐项逐差。设有 $x_0, x_1, x_2, \cdots, x_n$ 共 $(n+1)$ 个测量数据，用**逐差法**处理这些数据时，把它们对半分成两组，对应项相减，再求平均值和误差。

例如，设有 $x_0, x_1, x_2, \cdots, x_7$ 共八个数据，把它们对半分为两组，则对应项的差值为

$$\delta_1 = x_4 - x_0, \quad \delta_2 = x_5 - x_1$$
$$\delta_3 = x_6 - x_2, \quad \delta_4 = x_7 - x_3$$

再求平均值

$$\overline{\delta} = \frac{1}{4}\sum_{i=1}^{4}\delta_i = \frac{\delta_1 + \delta_2 + \delta_3 + \delta_4}{4}$$

和算术平均绝对误差

$$\overline{\Delta\delta} = \frac{1}{4}\sum_{i=1}^{4}\left|\delta_i - \overline{\delta}\right|$$

应当注意，$x_0, x_1, x_2, \cdots, x_7$ 相邻测量数据间差值的平均值为

$$\overline{\Delta x} = \overline{\delta}/4$$

这样处理的结果达到了在大量数据中求平均，以减少随机误差的目的。

而采用相邻项逐差的方法（逐项逐差）求其平均值和误差，如

$$\overline{\Delta x} = \frac{1}{7}\big[(x_1 - x_0) + (x_2 - x_1) + (x_3 - x_2) +$$
$$(x_4 - x_3) + (x_5 - x_4) + (x_6 - x_5) + (x_7 - x_6)\big]$$
$$= \frac{1}{7}(x_7 - x_0)$$

即实际上只有首项和末项起作用，中间的测量数据全部被消去。因此，使用逐差法处理数据，一般是采用隔多项逐差的方法。

四、最小二乘法求经验公式

用作图法虽然可求得函数间的关系，但具有较大的任意性。如果我们能从实验数据直接求得经验公式就更为明确。这种从实验数据直接求得经验公式的方法，称为**方程回归法**。为简单起见，这里只介绍一元函数线性回归。

设物理量 x, y 具有线性关系，其测量值（等精度）为

$$x = x_1, x_2, \cdots, x_n$$
$$y = y_1, y_2, \cdots, y_n$$

这些数据一一对应，具有

$$y = ax + b$$

函数关系。现要从 n 组实验数据中求得系数 a, b，其思路如下：

若实验中 x 的测量误差很小，y 的测量误差较大，可假定直线 AB 为所求，如图 1-3 所示，则在这条直线中对应于测量值 x_i 点，就有一点 $y_i' = ax_i + b$ 与之对应，而在实验中与 x_i 对应的测量值为 y_i。一般来说，y_i' 与 y_i 存有偏差。设偏差为

$$\varepsilon_i = y_i - y_i' = y_i - (ax_i + b)$$

对应于任意点，ε_i 的大小、符号不尽相同。但是，如果我们选取的点 y_i' 与实验点 y_i 都尽量接近，则这条直线就为所求。根据**最小二乘法**原理，通过一批点的最佳直线使 $\sum_{i=1}^{n} \varepsilon_i^2$ 为最小的直线。

由数学分析可知，要使 $\sum_{i=1}^{n} \varepsilon_i^2$ 为最小，必须令

$$\frac{\partial \sum_{i=1}^{n} \varepsilon_i^2}{\partial a} = \frac{\partial \sum_{i=1}^{n} [y_i - (ax_i + b)]^2}{\partial a} = 0$$

$$\frac{\partial \sum_{i=1}^{n} \varepsilon_i^2}{\partial b} = \frac{\partial \sum_{i=1}^{n} [y_i - (ax_i + b)]^2}{\partial b} = 0$$

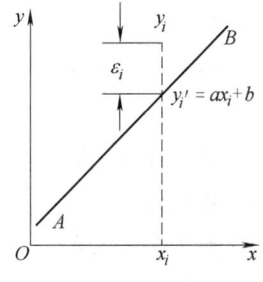

图 1-3　回归直线与测量的偏差

联立解上两式，得

$$a = \frac{n \sum (x_i y_i) - \sum x_i \sum y_i}{n \sum x_i^2 - (\sum x_i)^2} \tag{1-5-3}$$

$$b = \frac{\sum x_i^2 \sum y_i - \sum x_i \sum (x_i y_i)}{n \sum x_i^2 - (\sum x_i)^2} \tag{1-5-4}$$

由上式求出系数 a 和 b，则方程 $y = ax + b$ 可求（这里 "$\sum_{i=1}^{n}$" 简记为 "$\sum$"，下同）。

按下式计算相关系数 r，

$$r = \frac{\sum (\Delta x_i \Delta y_i)}{\sqrt{\sum (\Delta x_i)^2} \sqrt{\sum (\Delta y_i)^2}} \tag{1-5-5}$$

式中，$\Delta x_i = x_i - \bar{x}$；$\Delta y_i = y_i - \bar{y}$。

利用**相关系数** r 检验实验数据是否满足线性关系。若 $r = 0$，则 x，y 为彼此独立的变量，无相关性；若 $r = +1$ 或 -1，则 x 与 y 满足线性关系。因为测量难免会有误差，因此若 r 很接近 1，就可以认为这两个物理量满足良好的线性关系。反之，若 r 接近于 0，则表明这两个物理量无线性关系。

由上述方法从一组实验数据中拟合直线，在理论上比较严格，函数形式也是惟一的。但计算量很大，常用计算机来进行。

例如，有如下一组测量数据：

x	15.0	25.8	30.0	36.6	44.4
y	39.4	42.9	41.0	43.1	49.2

表中

$$\sum x_i = 151.8; \quad \sum y_i = 215.6$$
$$\sum x_i^2 = 5102; \quad \sum x_i y_i = 6690$$

把上述各项和代入式（1-5-3）、式（1-5-4），求得系数

$$a = 0.293, \quad b = 34.2$$

所得方程为

$$y = 0.293x + 34.2$$

【附录】

约定正确使用仪器时的 $\Delta_{仪}$

米尺	$\Delta_x = 0.5\text{mm}$
游标卡尺（二十、五十分度）	$\Delta_x =$ 最小分度值（0.05mm 或 0.02mm）
千分尺	$\Delta_x = 0.004\text{mm}$ 或 0.005mm
分光计（杭光）	$\Delta_x =$ 最小分度值（1′）
读数显微镜	$\Delta_x = 0.005\text{mm}$
各种数字式仪表	$\Delta_x =$ 仪器最小读数
计时器（1s, 0.1s, 0.01s）	$\Delta_x =$ 仪器最小分度（1s, 0.1s, 0.01s）
物理天平（分度值0.1g, 0.05g 和 0.02g）	$\Delta_x = 0.05\text{g}、0.02\text{g}$
电桥（QJ24 型）	$\Delta_x = K \times R$（K 是精确度等级或级别，R 为示值）
转柄电阻箱	$\Delta_x = K \times R$（K 是精确度等级或级别，R 为示值）
电表	$\Delta_{x仪} = \Delta_x = K \times M$（$K$ 是精确度等级或级别，M 为量程）
其他仪器、量具	Δ_x 是根据实际情况由实验室给出示值误差限

【练习题】

1. 下列几种情况属于哪一类误差？
   (1) 游标卡尺零点不准　　(2) 电表接入误差
   (3) 检流计零点漂移　　(4) 电压起伏引起电表读数不准

2. 下列测量结果对吗？试改正之。
   (1) $m = (25.355 \pm 0.107)$ g　　(2) $L = (20500 \pm 4 \times 10^2)$ km

3. 一圆柱体，测得其直径 $d = (2.04 \pm 0.01)$ cm, 高 $h = (4.12 \pm 0.01)$ cm, 质量 $m = (149.10 \pm 0.05)$ g。
   (1) 计算圆柱体的密度；
   (2) 计算密度的相对误差和合成不确定度，写出结果表示式。

4. 根据有效数字运算规则，计算下列各式的结果：
   (1) $98.754 + 1.3$　　(2) $107.50 - 2.5$　　(3) 111×0.100　　(4) $247.4 \div 0.10$

5. 计算以下结果及误差：
   (1) $N = A + 2B + C - 5D$
   式中　　$A = (38.206 \pm 0.001)$cm, $B = (13.248 \pm 0.0001)$cm,
   　　　　$C = (161.25 \pm 0.01)$cm, $D = (1.3242 \pm 0.00010)$cm。
   (2) $N = 4m/(\pi D^2 H)$
   式中　　$m = (236.124 \pm 0.002)$g, $D = (2.345 \pm 0.005)$cm,
   　　　　$H = (18.21 \pm 0.01)$cm。

6. 写出下列函数的误差传递公式（等式右边各量均为直接测量量）:

(1) $V = \pi D^2 H$ (2) $N = \dfrac{(A+B)C}{(D-F)G}$

(3) $N = \dfrac{k}{2}\left(x - \dfrac{1}{3}y^3\right)$, k 为常数

7. 测量一金属条的线胀系数所得数据如下表，用（1）作图法、（2）逐差法、（3）最小二乘法求该金属条的线胀系数 b 及它在 0℃ 时的长度 L_0。[$L = L_0(1+bt)$]。

$t/℃$	L/cm	$t/℃$	L/cm
30.0	60.124	70.0	60.284
40.0	60.162	80.0	60.320
50.0	60.206	90.0	60.366
60.0	60.242	100.0	60.402

第二章 力学和热学实验

力学和热学实验是实验科学的基础。实验都离不开仪器设备，用于定量描述实验现象的测量器具应分为仪器和量具，具有指示器和在测量过程中有可以运动的测量元件的测量工具称为仪器，而没有上述特点的称为量具。表征这些器具主要规格的是量程、分度值和示值误差。学习使用这些测量器具，要掌握它们的构造原理、规格性能、读数规则、使用方法及维护知识等。

第一节 长度测量器具

一、游标卡尺

如图 2-1 所示，尺身为钢制毫米分度尺，在尺身上附有一个可以沿尺身移动的游标 E，利用游标装置对尺身的最小分格再进行分度。当钳口 A，B 靠拢时，游标零线刚好与尺身零线对齐，读数为"0"。测量物体外部尺寸时，把物体放在 A，B 之间，轻轻将物体夹住，其长度可由尺身和游标所示数读出。测内径时，用刀口 A′，B′。测孔深时，用尾尺 C 测量。读数时旋紧螺钉 F，把滑框固定在尺身上。

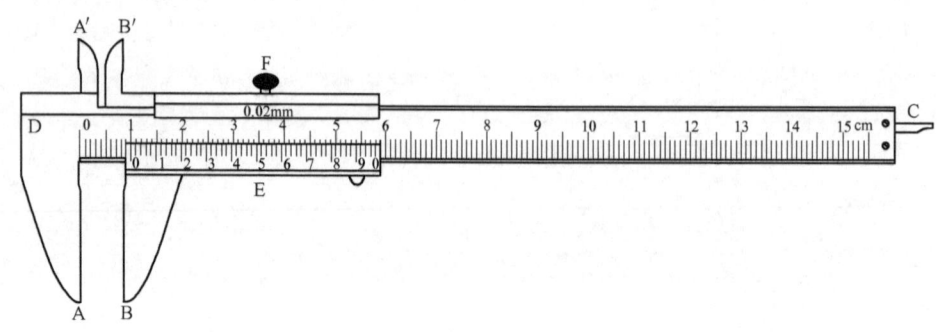

图 2-1 游标卡尺的结构
A，B—外量爪 A′，B′—内量爪 C—测深尺 D—尺身 E—游标 F—紧固螺钉

游标卡尺有 10 分度、20 分度和 50 分度之分；还有弯弧状游标（例如分光计用的弯游标），它们的原理相同。以 50 分度游标为例，游标上 50 格与尺身 49 格（即 49mm）总长度相等，即游标上每格的长度为 49mm/50 = 0.98mm。如以 a 表示尺身每格长度，b 表示游标每格长度，n 表示游标分度数，则

$$b = \frac{(n-1)a}{n}$$

尺身最小分度与游标分度之差为

$$\delta = a - b = a - \frac{(n-1)a}{n} = \frac{a}{n}$$

δ 称为游标卡尺的精度。10 分度游标卡尺的精度为 0.1mm，20 分度游标卡尺精度为 0.05mm，50 分度游标卡尺的精度为 0.02mm。游标卡尺的精度一般刻在滑尺上。

测量时，游标第 k 条刻线与尺身的某条刻线对得最齐，那么尺身上小于尺身最小刻度的那部分长度就为

$$\Delta l = ka - kb = k(a-b) = k\delta = k\frac{a}{n}$$

如图 2-2 所示，游标尺上第 22 条线与尺身对得最齐，所以游标卡尺总读数为

$$l = l_0 + \Delta l = 21.00\text{mm} + 22 \times 0.02\text{mm} = 21.44\text{mm}$$

注意，不要用游标卡尺测量粗糙物体，也不要把夹着的物体强行从量爪拉出，以免损坏卡口，卡口的光滑和平行是游标卡尺准确的关键。

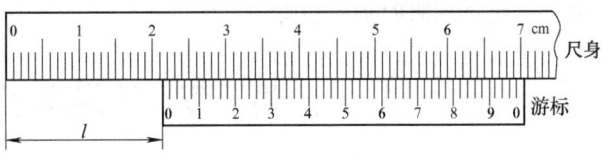

图 2-2　游标卡尺读数示例

二、外径千分尺

外径千分尺也叫螺旋测微计，其结构如图 2-3 所示。测微螺杆 A、微分筒 G 与测力装置 B 相连。当微分筒相对于固定套筒 D 转过一周时，螺杆前进或后退一个螺距。常用的外径千分尺的螺距为 0.5mm。沿微分筒锥面上刻有 50 个分格。固定套筒 D 上横线的一侧刻有毫米刻度线，另一侧刻有 0.5mm 刻线。当微分筒转过 1 格时，螺杆就沿轴线前进或后退了 0.50mm/50 = 0.01mm。这个值也称为外径千分尺的分度值。外径千分尺的仪器误差为 0.004mm。

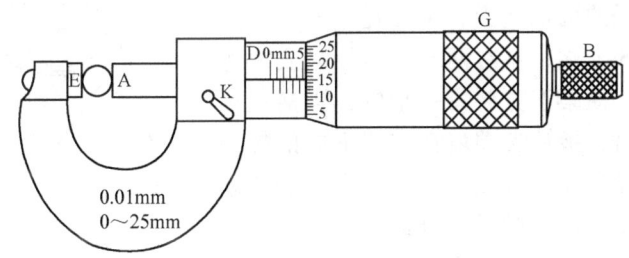

图 2-3　外径千分尺结构图

使用外径千分尺时要注意：

1）检查零点：当螺杆的 A 面刚好接触测砧面 E 时，微分筒锥面上的零线应对准固定套筒上的水平线，其零点读数为 "0"（见图 2-4a）。如果微分筒上的零线在固定套筒水平线之上，零点读数为负（见图 2-4b）；反之，为正（见图 2-4c）。以后测得每个值都要减去该零点读数。

2）读数：先以微分筒锥面上前沿为准线，读出固定套筒的分度数（mm），再以固定套筒的水平线为准线，读出微分筒上的分度数。注意，

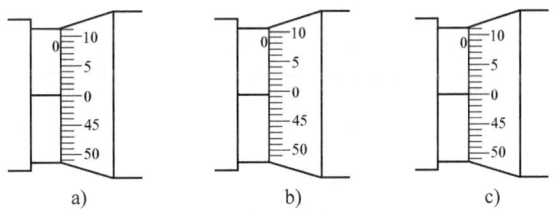

图 2-4　螺旋测微计的零点读数

要估读到最小刻度的十分之一，即 0.001mm。如果微分筒前沿未超过 0.5mm（即下刻度线），测量值等于刻度线的毫米数加上微分筒读数。如果微分筒前沿已超过 0.5mm（即下刻

度线），则测量值等于刻度线的毫米数加上 0.5mm，再加上微分筒上读数。如图 2-5a 为 5.150mm，图 2-5b 为 5.650mm。

3）使用时不要将螺杆压得太紧，以免压坏卡口。因此，必须利用棘轮 B，当发出"咯咯"的声响时，就要停止转动棘轮。棘轮 B 是靠摩擦带动微分筒的，当螺杆以一定的微小压力接触物体时，棘轮会自动打滑，以控制松紧。

4）不要把被测物体强行从测砧与螺杆间拉出。拿尺架时应握住绝热片。仪器用毕，要让测砧与螺杆间留有一定空隙，以免热膨胀时损坏仪器。

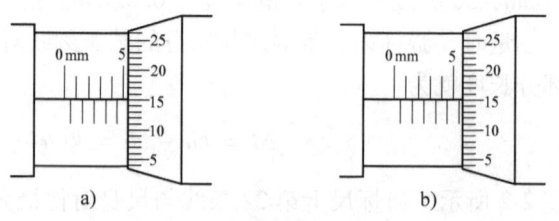

图 2-5　外径千分尺读数示例

第二节　质量测量仪器

物理天平

天平是一种等臂杠杆装置。物理天平的精确度较低，其外形结构如图 2-6 所示。天平的横梁有三个刀口，中间刀口安放在中刀托的玛瑙垫上，中刀托镶嵌在升降杆的上端，左右两端刀口用来安放秤盘。横梁下方装有一指针，当横梁摆动时，指针尖端就在支架下方的标尺度盘前左右摆动。度盘下方有一止动旋钮，可使横梁上升或下降。横梁下降时，止动架就会把它托住，以免磨损刀口。横梁两端有两个平衡螺母，用于天平空载时调整平衡。横梁装有游码，用于 1g 以下的称衡。支架左边有托盘，用来承放不需称衡的物体。

物理天平的规格参量有如下几个：

1）最大称量：是天平允许称衡的最大质量。

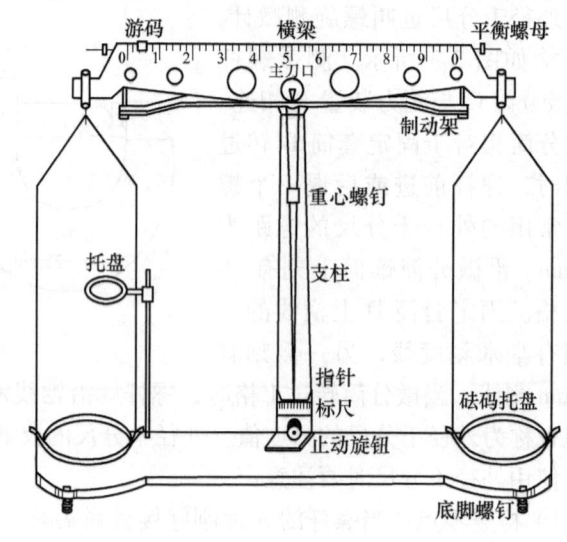

图 2-6　物理天平

2）感量：是指当天平平衡时，为使指针从平衡位置偏转一小分格时在另一端需加的质量。

3）分度值：是横梁上的最小分格。天平的最小分度与感量大致相等。

物理天平的使用方法如下：

1）调支柱铅垂：在使用前，应调天平底脚螺钉，使底座水准仪中的水泡居中，以保证支柱铅垂。

2）调零：天平空载时，应把游码移到零位置，当转动止动旋钮支起横梁时，指针应在刻度盘中央附近对称摆动。否则，应降下横梁，调节横梁两端的平衡螺母，直到支起横梁时指针在中央附近作对称摆动。

3）称衡：将被称物体放在左盘，砝码放在右盘。取放砝码必须用镊子。当左右两盘质量相差较大时，切勿把横梁升满，待到差不多平衡时，再升满。当支起横梁，指针在中央附近对称摆动时，才可读数。

4）在取放砝码、物体、移动游码、调天平平衡以及不用天平时，都必须将横梁放下。

5）天平的秤盘等须按号码放置，也不要与其他天平互换。

物理天平常取其感量为最大误差。

第三节　时间测量仪器

实验室常用的计时仪器是秒表和数字毫秒计，其中秒表又分为电子秒表和机械秒表两种，下面做简单介绍。

一、秒表

1. 电子秒表

电子秒表是数字显示秒表，它是一种较精密的计时器。电子秒表的机芯全部采用电子元件组成，利用石英振荡器的振荡频率作为时间基准，一般采用六位液晶显示器，具有精度高、显示清楚、使用方便、功能较多等优点。有的表还装有太阳能电池，可延长表内电池的使用寿命。

（1）功能　一般电子秒表的功能有基本秒表显示、累加计时、取样和计时等。

（2）主要技术指标　最小测量单位为0.01s，最长可测到59min59.99s。

（3）电子秒表的按钮　电子秒表一般配有三个按钮，控制着不同的显示状态。

2. 机械秒表

（1）功能　一般用于数分钟以内的计时。

（2）主要技术指标

1）分度值：一般有0.1s和0.2s两种。

2）构造及使用：机械秒表表盘上有一个长的秒针和一个短的分针。秒表上端有可旋转的端钮，用来上紧发条和控制秒表的走动及停止。使用前先上紧发条，测量时用手握住秒表，当拇指第一次按下端钮时，指针开始走动，第二次按下端钮时，指针停止走动，再按一次，指针回到零点。有的秒表带有专门的回零按钮，还有的秒表在表的端钮上装有累计按钮，按钮向上推时，秒表即停止走动，向下推时，秒表继续走动，这样可以连续累计计时。由于秒针是跳跃式运动的，所以最小分度以下的估计值是没有意义的。如果秒表不准，会给测量带来系统误差，这时可用数字毫秒计作为标准计时器来进行校准。例如，秒表读数为 x，数字毫秒计读数为 y，校准系数即为 $c = y/x$。当实验测得的秒表读数为 t' 时，真正的时间应为 $t = ct'$。

（3）注意事项

1）使用前先上好发条，不宜过紧，以免损坏发条。

2）检查零点是否正确，若秒表不指零，应记下初数，在测量后进行校正。

3）按端钮时不要用力过猛，也不要摔碰秒表，以免损坏机件。

4）不准在强电磁场环境中使用秒表。

5）实验结束时，应让表继续走动，使发条放松。

二、数字毫秒计

数字毫秒计有更高的计时准确度，它采用石英晶体振荡产生的频率稳定的脉冲信号作为计时标准，最小计时单元很容易达到0.1ms甚至更小。数字毫秒计一般用光电信号来控制计时的起止，仪器误差很小。通过数码管或液晶显示，读取方便。

第四节　温度测量仪器

物理实验中常用的测温仪器有水银温度计、热电偶温度计和集成电路温度传感器。

一、水银温度计

水银温度计的底端有个水银泡，里面盛有水银，其上端的小管道是真空，它是通过物质的热胀冷缩原理来工作的。遇热时，水银膨胀，在温度计中上升，上升的量由温度计外的刻度表示出来，这样就能看到度数了。

使用温度计时，首先要看清它的量程，然后看清它的最小分度值，也就是每一小格所表示的值，要选择合适的温度计来测量被测物体的温度。测量时，温度计的液泡应与被测物体充分接触，且玻璃泡不能碰到被测物体的侧壁或底部。读数时，温度计不要离开被测物体，且眼睛的视线应与温度计内的液面相平。

使用水银温度计还应注意以下事项：

1）使用前应进行校验（可以采用标准液温多支比较法进行校验或采用精度更高的温度计校验）；

2）测量值不能超过该种温度计的最大刻度值；

3）温度计有热惯性，应在温度计达到稳定状态后读数。读数时应在温度凸形弯月面的最高切线方向读取，目光直视；

4）水银温度计应与被测工质流动方向相垂直或呈倾斜状。

二、热电偶温度计

热电偶温度计的测温基本原理是采用两种不同成分的均质导体组成闭合回路，当两端温度不同时，回路中就会产生电势，这种现象称为热电效应。两种不同成分的均质导体为热电极，温度较高的一端为工作端，温度较低的一端为自由端，自由端通常处于某个恒定的温度下。根据热电动势与温度的函数关系制成热电偶分度表；分度表是自由端温度在0℃时的条件下得到的，不同的热电偶具有不同的分度表。在热电偶回路中接入第三种金属材料时，只要该材料两个接点的温度相同，热电偶所产生的热电势将保持不变，即不受第三种金属接入回路中的影响。因此，在采用热电偶测温时，可接入测量仪表，测量热电动势后，即可知道被测介质的温度。热电

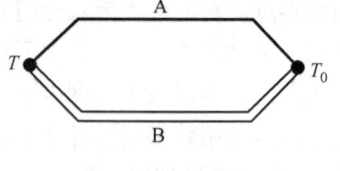

图　2-7

偶温度计的测温原理如图2-7所示，其中，T是热端、工作端或测量端；T_0称为冷端或自由端；A和B称为热电极。

三、集成电路温度传感器

在现代技术中，进行温度测量时更多的是选用集成电路温度传感器。集成电路温度传感器是将包括线性校准、放大等所有测量电路集成在一块芯片中，保证其输出电流或电压与温度具有严格的线性关系。DS1820系列是典型的数字温度传感器，它具有微型化、低功耗、

高性能、抗干扰能力强、易装配微处理器等优点，可将温度直接转化成串行数字信号后由微机处理，并且每片 DS1820 都有唯一的产品号，并可存入其 ROM 中，适合于构成多点温度测控系统。DS1820 的测温范围为 -55 ~ 125℃，测量精度为 ±0.5℃，供电电压为 3 ~ 5.5V，它能提供九位温度读数，无需外围硬件即可方便地构成温度检测系统。

实验 1　固体密度的测定

密度是物质的基本属性之一，在科研和生产中常常通过物质密度的测定而作出成分、纯度等的鉴定。测定固体密度需要进行长度和质量的测量，这两个量是基本物理量，其测量原理和方法在其他测量仪器中经常会用到。

【实验目的】

1）掌握游标卡尺、外径千分尺和物理天平的测量原理及使用方法。
2）测定规则物体的质量。
3）用流体静力称衡法测定不规则物体的密度。
4）练习不确定度的估算方法和正确表示测量结果。

【实验仪器】

游标卡尺、外径千分尺、物理天平。

【实验原理】

若物质的质量是 m，体积是 V，密度为 ρ，则有

$$\rho = \frac{m}{V} \tag{2-1-1}$$

物质的质量 m 可用天平测量，体积 V 则根据情况不同用不同的方法测量。

1. 规则物体密度的测定

对于形状规则的物体，可通过直接测量它的外形尺寸，计算其体积。如直径为 d，高度为 h 的圆柱体体积是

$$V = \frac{1}{4}\pi d^2 h$$

则其平均密度为

$$\rho = \frac{m}{V} = \frac{4m}{\pi d^2 h} \tag{2-1-2}$$

2. 不规则物体密度的测定

对于形状不规则的固体和液体，常用流体静力称衡法和密度瓶法测量其密度。

用流体静力称衡法测量密度大于水的不规则固体的密度：分别测量出物体在空气中的质量 m 和浸入水中的表观质量 m_1（装置见图 2-1-1），则物体在水中受到的浮力为

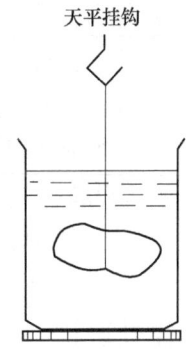

图 2-1-1　静力法称衡物体质量

$$F = (m - m_1)g$$

根据阿基米德原理：浮力的大小等于物体排开同体积水的重量，即

$$F = \rho_0 V g$$

联立上两式，得物体体积 V 为

$$V = \frac{m - m_1}{\rho_0}$$

由此式可得物体的密度

$$\rho = \frac{m}{V} = \frac{m}{m - m_1}\rho_0 \tag{2-1-3}$$

式中，ρ_0 为水在 t（℃）时的密度。m 和 m_1 均作单次测量。

【实验内容】

1. 测定规则物体（金属圆柱体）的密度

1）用游标卡尺测量圆柱体的高度（h）3 次。
2）用外径千分尺测量圆柱体的直径（d）3 次（上、中、下各部位）。
3）调整天平，并称出圆柱体的质量 m。
4）利用式(2-1-2)求出圆柱体的密度 ρ，再求不确定度 δ，并写出测量结果的标准表达式。

2. 测定不规则物体（玻璃块）的密度

1）将待测玻璃块用细线挂于天平上，称出在空气中的质量 m。
2）将待测玻璃块浸入水杯中，并用天平托盘托住水杯，称出在水中的表观质量 m_1。
3）利用式（2-1-3）求出不规则玻璃块的密度 ρ，再求不确定度 δ，并写出测量结果的标准表达式。

【数据记录】

1. 金属圆柱体各量测定

次数	h/m	Δh/m	d/m	Δd/m	m/kg
1					
2					
3					
平均值					

50 分度游标卡尺 $\Delta_卡 = 0.02\,\text{mm}$，千分尺的 $\Delta_千 = 0.005\,\text{mm}$，物理天平（分度值 0.05g 或 0.02g）$\Delta_{天平} = 0.05\,\text{g}$ 或 $\Delta_{天平} = 0.02\,\text{g}$。

2. 不规则玻璃块各量测定

环境温度_____℃   水的密度_____kg/m²

空气中的质量 m/kg	水中的质量 m_1/kg

【数据处理】

1. 金属圆柱体的数据处理

1）质量 m：$\delta_m = \Delta_{天平} = $ kg $m = m_测 \pm \delta_m = $ kg

2）高度 h：$S_h = \sqrt{\dfrac{\sum\limits_{i=1}^{n} \Delta h_i^2}{n-1}} = \qquad$ m $\qquad \Delta_卡 = 0.02\text{mm} = 2 \times 10^{-5}\text{m}$

$\sigma_h = \sqrt{S_h^2 + \Delta_h^2} \qquad\qquad h = \bar{h} \pm \sigma_h = \qquad$ m

3）直径 d：$S_d = \sqrt{\dfrac{\sum\limits_{i=1}^{n} (d_i - \bar{d})^2}{n-1}} = \qquad$ m $\qquad \Delta_千 = 0.005\text{mm} = 5 \times 10^{-6}\text{m}$

$\sigma_d = \sqrt{S_d^2 + \Delta_d^2} = \qquad$ m $\qquad d = \bar{d} \pm \sigma_d = \qquad$ m

4）密度：$\bar{\rho} = \dfrac{4\bar{m}}{\pi \bar{d}^2 \bar{h}} = \qquad$ kg/m³

5）密度的相对不确定度：

$$E_\rho = \sqrt{\left(\dfrac{\sigma_m}{m}\right)^2 + \left(\dfrac{2\sigma_d}{d}\right)^2 + \left(\dfrac{\sigma_h}{h}\right)^2}$$

6）密度间接测量结果的合成不确定度：

$$\sigma_\rho = \bar{\rho} E_\rho = \qquad \text{kg/m}^3$$

7）密度测量结果标准表达式：

$$\rho = \bar{\rho} \pm \sigma_\rho = \qquad \text{kg/m}^3$$

2. 不规则玻璃块的数据处理

1）密度：$\rho = \dfrac{m}{V} = \dfrac{m}{m - m_1}\rho_0 = \qquad$ kg/m³

2）密度的相对不确定度：

$$E_\rho = \sqrt{\left(\dfrac{1}{m} - \dfrac{1}{m-m_1}\right)^2 \delta_m^2 + \left(\dfrac{1}{m-m_1}\right)^2 \delta_{m_1}^2}$$

3）密度间接测量结果的合成不确定度：

$$\sigma_\rho = \bar{\rho} E_\rho = \qquad \text{kg/m}^3$$

4）密度测量结果标准表达式：

$$\rho = \bar{\rho} \pm \sigma_\rho = \qquad \text{kg/m}^3$$

【思考题】

1）量角器的最小刻度只有 $0.5°$，现在打算用游标将其精确度提高到 $1'$，问游标应该怎样刻度？画出示意图说明刻度情况。

2）使用外径千分尺时，为什么不可直接转动套筒？棘轮起什么作用？

3）一个物体长度约 3cm，若用米尺、游标卡尺、外径千分尺测量，问分别能读出几位有效数字？

4）物理天平的两臂如果不相等，砝码是标准的，应该怎样称衡才能消除不等臂对测量结果的影响？

实验 2　用自由落体法测定重力加速度

【实验目的】

1) 学习用自由落体法测定重力加速度。
2) 学习光电门和数字毫秒计的使用方法，并用它们来测量时间。
3) 学习用逐差法处理数据的方法。

【实验原理】

自由落体运动的开始时刻很难测定，因此，在实际测量时，先使自由落体运动一段距离，从它到达某处 A 点开始计时，测出它继续自由下落通过一段路程 s 而到达 B 点时所用的时间 t，根据牛顿运动定律，这种初速度不为零的自由落体运动方程为

$$s = v_0 t + \frac{1}{2} g t^2 \qquad (2\text{-}2\text{-}1)$$

式中，v_0 是该自由落体通过 A 点时的速度。上式可写为如下形式，即

$$\frac{s}{t} = v_0 + \frac{1}{2} g t \qquad (2\text{-}2\text{-}2)$$

令 $y = \frac{s}{t}$，则

$$y = v_0 + \frac{1}{2} g t \qquad (2\text{-}2\text{-}3)$$

由此可知 $y(t)$ 是一个一元线性函数。若 s 取一系列给定值，分别测出对应的 t 值，然后作 $y\text{-}t$ 实验曲线，根据直线的斜率 $k = \frac{1}{2} g$，可求出重力加速度 g。亦可根据最小二乘法求出重力加速度 g 的最佳值。

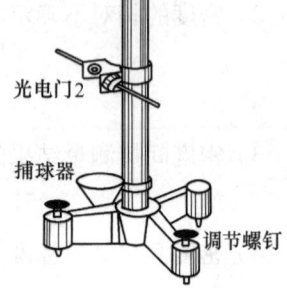

图 2-2-1

【实验仪器】

自由落体仪

由支柱、电磁铁吸球器、光电门和捕球器组成（见图 2-2-1）。支柱上有刻度尺，电磁铁吸球器和两个可上下移动的光电门也装在其上。光电门由一对红外发光和接收二极管组成，二极管与计时器相连，管间产生一束纤细的红外线，当小球下落通过第一个光电门挡住红外线时，产生的光电信号触发计时器开始计时，通过第二个光电门时，触发计时器停止计时。计时器显示出小球通过两光电门之间距离的时间。

【实验内容】

1) 利用铅垂线把支柱调铅垂。将重锤线的螺钉拧入电磁铁吸球器螺钉孔内。调节三角支架的螺栓，使重锤线处于上下两对光敏管正中。

2）将光电门 1 置于支柱上 20cm 处，光电门 2 置于 45cm 处。重复测量 3 次，将测量数据填入表格。

3）将光电门 2 每下移 25cm，共对五种行程进行测量。

【数据记录与处理】

1. 普通作图法处理数据

1）将原始记录数据按下表进行处理。

实验数据记录表

S_i					
t_i					
第一次					
第二次					
第三次					
平均值 $\bar{t}_i$					
$y_i = S_i/\bar{t}_i$					

2）在坐标纸上作 y-t 曲线。并检查各测值点在本实验的测量误差范围内是否分布在一直线上。

3）用两点式求该直线的斜率，并计算重力加速度 g 值。根据当地重力加速度的标准值计算实验的测量误差。

4）将该实验曲线向左延长找出与 y 轴交点的坐标，确定 v_0。

2. 用最小二乘法处理数据

令 $b = \dfrac{1}{2}g$，则式（2-2-3）变为

$$y = v_0 + bt$$

应用最小二乘法原理，可从上述五组测量值（S_i，t_i）中得出 v_0 和 b 的最佳值，即

$$b = \frac{\sum[(t_i - \bar{t})(y_i - \bar{y})]}{\sum(t_i - \bar{t})^2} = \frac{1}{2}g \tag{2-2-4}$$

$$v_0 = \bar{y} - b\bar{t} \tag{2-2-5}$$

式中 $\bar{t} = (\sum t_i)/n$，$\bar{y} = (\sum y_i)/n$，$n = 5$。再根据

$$g = 2b$$

计算出重力加速度 g 的最佳值，并根据当地的重力加速度的标准值计算其测量误差。

3. 检验 y、t 的相关性

线性相关系数 r 的判别式为

$$r = \frac{\sum(\Delta t_i \Delta y_i)}{\sqrt{\sum(\Delta t_i)^2} \cdot \sqrt{\sum(\Delta y_i)^2}} \tag{2-2-6}$$

式中 $\Delta t_i = t_i - \bar{t}$；$\Delta y_i = y_i - \bar{y}$。利用相关系数 r，检验实验数据 y，t 是否满足线性关系。

【思考题】

1) 如果用空心的小铁球（质量非常小）来代替实心的小铁球，试问实验所得的 g 的值是否不同？通过怎样的实验来证明你的答案？

2) 试分析本次实验产生误差的主要原因，并讨论如何减小重力加速度的测量误差。

实验3 测定刚体的转动惯量

转动惯量是描述刚体转动中惯性大小的物理量，它与刚体的质量分布及转轴位置有关。正确测定物体的转动惯量，在工程技术中具有十分重要的意义。用三线摆法测定刚体的转动惯量是高校理工科物理实验教学大纲中的一个重要基本实验。

【实验目的】

1) 学习用激光光电传感器精确测量三线摆扭转运动的周期。
2) 学习用三线摆法测量物体的转动惯量，测量相同质量的圆盘和圆环绕同一转轴扭转的转动惯量，并说明转动惯量与质量分布的关系。
3) 验证转动惯量的平行轴定理。

【实验仪器】

新型转动惯量测定仪平台、米尺、游标卡尺、计数计时仪、水平仪、样品为圆盘、圆环及圆柱体3种。

【实验原理】

三线摆是将一个匀质圆盘，以等长的三条细线对称地悬挂在一个水平的小圆盘下面构成的。每个圆盘的三个悬点均构成一个等边三角形。如图 2-3-1 所示，当下圆盘 B 调成水平时，三线等长，圆盘 B 可以绕垂直于它并通过两盘中心的轴线 O_1O_2 作扭转摆动，扭转的周期与下圆盘（包括其上物体）的转动惯量有关，三线摆法正是通过测量它的扭转周期来求已知质量物体的转动惯量的。

我们已知，当摆角很小，三条悬线很长且相等时，悬线张力相等，上、下圆盘平行，且在只绕 O_1O_2 轴扭转的条件下，下圆盘 B 对 O_1O_2 轴的转动惯量 J_0 为

$$J_0 = \frac{m_0 g R r}{4\pi^2 H} T_0^2 \qquad (2\text{-}3\text{-}1)$$

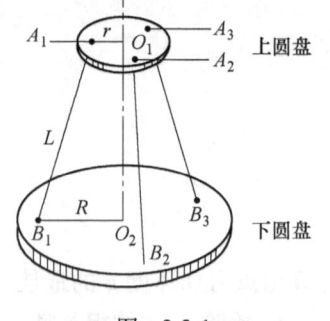

图 2-3-1

式中，m_0 为下圆盘 B 的质量；r 和 R 分别为上圆盘 A 和下圆盘 B 上线的悬点到各自圆心 O_1 和 O_2 的距离（注意 r 和 R 不是圆盘的半径）；H 为两盘之间的垂直距离；T_0 为下圆盘扭转的周期。

若测量质量为 m 的待测物体对于 O_1O_2 轴的转动惯量为 J，只须将该待测物体置于圆盘上，设此时扭转周期为 T，对于 O_1O_2 轴的转动惯量为

$$J_1 = J + J_0 = \frac{(m+m_0)gRr}{4\pi^2 H}T^2 \tag{2-3-2}$$

于是得到待测物体对于 O_1O_2 轴的转动惯量为

$$J = \frac{(m+m_0)gRr}{4\pi^2 H}T^2 - J_0 \tag{2-3-3}$$

上式表明，各物体对同一转轴的转动惯量具有叠加的关系，这是三线摆方法的优点。为了将测量值和理论值进行比较，在安置待测物体时，一定要使其质心恰好和下圆盘 B 的轴心重合。

本实验还可以用来验证平行轴定理。如把一个已知质量的小圆柱体放在下圆盘中心，质心在 O_1O_2 轴，测得其直径 $D_{小柱}$，由 $J_2 = \frac{1}{8}mD_{小柱}^2$ 算得其转动惯量 J_2，然后把其质心移动距离 d，为了不使下圆盘倾翻，可用两个完全相同的圆柱体对称地放在圆盘上，如图 2-3-2 所示。设两圆柱体的质心离开 O_1O_2 轴的距离均为 d（即两圆柱体的质心间距为 $2d$），它们对于 O_1O_2 轴的转动惯量为 J_2'，设一个圆柱体的质量为 m_2，则由平行轴定理可得

$$m_2 d^2 = \frac{J_2'}{2} - J_2 \tag{2-3-4}$$

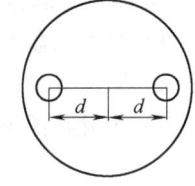

图 2-3-2

将由此算出的 d 值和用长度器测得的值比较，在实验误差允许范围内如果两者相符的话，就验证了转动惯量的平行轴定理。

【实验内容】

1. 调节三线摆

1）调节上悬盘（启动盘）水平：将圆形水平仪放到旋臂上，调节底板上的调节脚，使其水平。

2）调节下悬盘水平：将圆形水平仪放至悬盘中心，调节摆线锁紧螺栓和摆线调节旋钮，使悬盘水平。

2. 调节激光器和计时仪

1）先将光电接收器放到一个适当位置，然后调节激光器位置，使其和光电接收器在一个水平线上。此时可打开电源，将激光束调整到最佳位置，即激光恰好能打到光电接收器的小孔上，计数计时仪右上角的低电平指示灯状态为暗。注意此时切勿直视激光光源。

2）再调整启动盘，使一根摆线靠近激光束（此时也可轻轻旋转启动盘，使其在 5°角内转动起来）。

3）设置计时仪的预置次数（20 或 40，即半周期数）。

3. 测量下悬盘的转动惯量 J_0

1）如图 2-3-3 所示，$r = \frac{\sqrt{3}}{3}a$，利用这个方法分别算出上、下悬盘悬点到各自盘心的距离 r 和 R，用游标卡尺测量下悬盘的直径 D_1。

2）用米尺测量上、下悬盘之间的距离 H。

3）测量下悬盘的质量 m_0。

4）测量下悬盘的摆动周期 T_0。为了尽可能消除下悬盘的扭转振动之外的运动，三线摆仪的上悬盘 A 可绕 O_1O_2 轴作水平转动。测量时，先使下悬盘静止，然后转动上悬盘，通过三条等长悬线的张力使下悬盘随着作单纯的扭转振动。轻轻旋转启动盘，使下悬盘作扭转摆动（摆角 <5°），记录 10 或 20 个周期的时间。

5）算出下悬盘的转动惯量 J_0。

4. 测量下悬盘加圆环的转动惯量 J_1

1）在下悬盘上放置圆环并使它的中心对准下悬盘中心。

2）测量下悬盘加圆环的扭转摆动周期 T_1。

3）测量并记录圆环质量 m_1，圆环的内、外直径 $D_内$ 和 $D_外$。

4）算出下悬盘加圆环的转动惯量 J_1，圆环的转动惯量 J_{m1}。

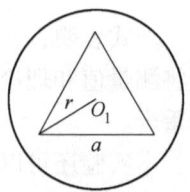

图 2-3-3

5. 测量下悬盘加圆盘的转动惯量 J_3

1）在下悬盘上放置圆盘并使它的中心对准下悬盘中心。

2）测量下悬盘加圆盘的扭转摆动周期 T_3。

3）测量并记录圆盘质量 m_3，直径 $D_{圆盘}$。

4）算出下悬盘加圆盘的转动惯量 J_3，圆盘的转动惯量 J_{m3}。

6. 比较三者的关系

圆环和圆盘的质量接近，比较它们的转动惯量，得出质量分布与转动惯量的关系。将测得的下悬盘、圆环、圆盘的转动惯量值分别与各自的理论值比较，算出百分误差。

7. 验证平行轴定理

1）将两个相同的圆柱体按照下悬盘上的刻线，对称地放在下悬盘上，相距一定的距离 $2d = D_槽 - D_{小柱}$。

2）测量扭转摆动周期 T_2。

3）测量圆柱体的直径 $D_{小柱}$，下悬盘上刻线直径 $D_槽$ 及圆柱体的总质量 $2m_2$。

4）算出两圆柱体质心离开 O_1O_2 轴距离均为 d（即两圆柱体的质心间距为 $2d$）时，它们对于 O_1O_2 轴的转动惯量 J'_2。

5）由 $J = \dfrac{1}{8}mD^2$ 算出单个小圆柱体处于轴线上并绕其转动的转动惯量 J_2。

6）对由式（2-3-4）算出的 d 值和用长度器实测的 d' 值进行比较，算百分误差。

【数据记录】

表 2-3-1　各周期的测定

测量项目		悬盘质量 $m_0 = 614.93$g	圆环质量 $m_1 = 231.32$g	圆柱体总质量 $m_2 = 239.95$g	圆盘质量 $m_3 = 234.38$g
10T 时间 t/s	1				
	2				
	3				
	4				
平均值 $\bar{t}$/s					
平均周期 $T_i = \bar{t}/10$					

表 2-3-2　上、下圆盘几何参数及其间距

测量项目/cm		D_1	H	a	b	$R=\dfrac{\sqrt{3}}{3}a$	$r=\dfrac{\sqrt{3}}{3}b$
次 数	1						
	2						
	3						
平均值							

表 2-3-3　圆环、圆柱体几何参数

测量项目/cm		$D_内$	$D_外$	$D_{圆盘}$	$D_{小柱}$	$D_槽$	$2d=D_槽-D_{小柱}$
次 数	1						
	2						
	3						
平均值							

【数据处理】

1）算出下悬盘、圆环、圆盘的转动惯量，比较相同质量的圆盘和圆环绕同一转轴扭转的转动惯量，并说明转动惯量与质量分布的关系。

①由实验计算出转动惯量值。

②理论计算值：

下悬盘的转动惯量、圆环的转动惯量、圆盘的转动惯量。

结论：圆环和圆盘质量接近时，圆环的转动惯量要大于圆盘，说明质量分布离转轴越远的，其转动惯量越大。

③误差分析。

2）平行轴定理的验证。

【思考题】

1）试分析式（2-3-1）成立的条件。实验中应如何保证待测物的转轴始终和 O_1O_2 轴重合？

2）将待测物体放到下圆盘（中心一致）测量转动惯量，其周期 T 一定比只有下圆盘时大吗？为什么？

实验 4　用拉伸法测弹性模量

【实验目的】

1）掌握用光杠杆装置测量微小长度变化的原理和方法。

2）学习用拉伸法测弹性模量的方法。
3）学会用逐差法处理数据。

【实验仪器】

弹性模量测定仪（附光杠杆装置），望远镜及支架，米尺，外径千分尺。

【实验原理】

长度为 L，截面积为 S 的金属丝，在拉力 F 作用下的形变量为 ΔL，根据胡克定律，其应力 $\dfrac{F}{S}$ 与应变 $\dfrac{\Delta L}{L}$ 成正比，即

$$\frac{F}{S} = E \frac{\Delta L}{L} \qquad (2\text{-}4\text{-}1)$$

式中，E 称为弹性模量，也称为杨氏模量，其单位为 $\mathrm{N/m^2}$，它是表征材料抗应变能力的一个固定参量，由材料的材质决定，与几何形状无关。

由于 ΔL 很小，常采用光杠杆放大法进行测量，图 2-4-1 为其原理图。

假设是理想状态，初始时，平面镜面 M 的法线水平，标尺上的 n_0 在 M 的法线上。当金属丝伸长 ΔL，光杠杆的后足尖随金属丝下落 ΔL，带动 M 转过角度 θ 至 M'，法线也转过 θ 角。根据光的反射定律，On_0 和 On 的夹角为 2θ。

如果反射镜面到标尺的距离为 D，后足尖到两前足尖间连线的垂直距离为 b，则有

$$\tan\theta = \frac{\Delta L}{b} \qquad \tan 2\theta = \frac{n - n_0}{D}$$

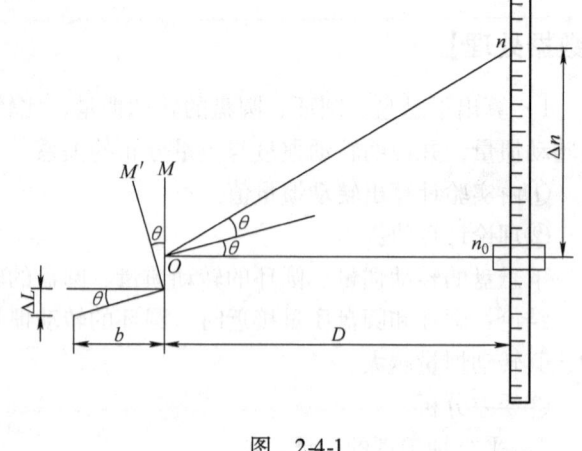

图 2-4-1

由于 θ 很小，所以有

$$\theta \approx \frac{\Delta L}{b} \qquad 2\theta \approx \frac{n - n_0}{D}$$

消去 θ，得

$$\Delta L = \frac{(n - n_0)b}{2D} = \frac{b}{2D}\Delta n \qquad (2\text{-}4\text{-}2)$$

式中，$n - n_0 = \Delta n$。

伸长量 ΔL 是难测的微小长度，但是当取 D 远大于 b 后，经光杠杆转换后的量 Δn 却是较大的量，$2D/b$ 决定了光杠杆的放大倍数。这就是光杠杆的放大原理，它已被应用在很多精密测量仪器中。

将式（2-4-2）代入式（2-4-1），并因本实验使钢丝伸长的力 F 是砝码作用在钢丝上的重力 mg，因此可得弹性模量的测量公式为

$$E = \frac{8mgLD}{\pi d^2 b} \frac{1}{\Delta n} \tag{2-4-3}$$

式中，d 为钢丝的直径。Δn 与 m 有对应关系，若 m 是几个砝码的质量，Δn 应是负荷重量增加（或减少）几个砝码时所引起的光标偏移量。

【实验步骤】

1. 仪器调整

1）调整弹性模量仪的底脚螺钉，使仪器铅垂（即底座上水准器的气泡处于正中）。

2）先加上 2kg 砝码（此砝码不计入所加作用力内），将钢丝拉直。

3）将光杠杆的前、后足尖分别放在平台上和钢丝的下夹头上，并使三个足尖处在水平面上，反射镜与之垂直。

4）将标尺支架放在距反射镜约 1.2m 处，望远镜筒调整水平，标尺垂直于镜筒。

5）将望远镜瞄准反射镜，用眼睛从望远镜外侧沿镜筒轴线方向看到平面镜中标尺的像。如未见到，应左右移动望远镜支架。

6）调节望远镜：调节目镜使叉丝最清晰；调节物镜直到能看清楚标尺的像，要求看到的标尺像大致在红黑相间部位，如不在，可适当调节标尺的位置。

2. 数据测量

1）记录开始时望远镜中与叉丝横线相重合的标尺初读数 n_0。

2）每增加一个砝码，记录相应的读数 n_i，然后逐个取下，再记录相应的读数 n_i。

3）依次测量 L（钢丝上、下夹头间的长度）、D（反射镜至标尺的距离）、b（将光杠杆放在纸上，压出三个足迹，后足痕到前两足痕的垂直距离）值。

4）用千分尺在钢丝的不同部位测量直径 d 五次。

【数据记录与处理】

1. 测量钢丝微小伸长量的放大量 Δn

序号	砝码质量 m/kg	光标示值 n_i/cm			光标偏移量 $\Delta n = (n_{i+4} - n_i)$/cm	标准偏差 $S_{\Delta n}$
		增荷时	减荷时	平均值		
0						
1						
2						
3						$\sqrt{\dfrac{\sum_{i=1}^{n}(\Delta n_i - \overline{\Delta n})^2}{n-1}} =$
4						
5					$\overline{\Delta n} =$	
6						
7						

Δn 的 A 类不确定度即为标准偏差 $S_{\Delta n}$

Δn 的 B 类不确定度：$\Delta_{标尺} = \dfrac{1}{\sqrt{12}} = \quad\quad$ mm

Δn 的合成不确定度：$\sigma_{\Delta n} = \sqrt{[S_{\Delta n}]^2 + \Delta_{标尺}^2} =$

Δn 的测量结果：$\Delta n = \overline{\Delta n} \pm \sigma = ($ _____ $\pm$ _____ $)$ cm

2. 测量钢丝直径 d

测量次数	1	2	3	4	5	平均值
d/mm						

$S_d = \sqrt{\dfrac{\sum_{i=1}^{n}(d_i - \overline{d})^2}{n-1}} = \quad\quad\quad \Delta_千 =$

$\sigma_d = \sqrt{S_d^2 + \Delta_d^2}$

$d \pm \sigma_d = \quad\quad$ cm

3. 测量 L，D，b 值

$L = ($ _____ $\pm \Delta_L)$ cm $\quad\quad \Delta_L = 0.2$ cm

$D = ($ _____ $\pm \Delta_D)$ cm $\quad\quad \Delta_D = 0.2$ cm

$b = ($ _____ $\pm \Delta_b)$ cm $\quad\quad \Delta_b = 0.05$ cm

4. 逐差法处理数据

为了保证中间各次测量值不抵消，发挥多次测量的优越性，可把数据分成前后两组：一组是 n_0，n_1，n_2，n_3；另一组是 n_4，n_5，n_6，n_7；取对应项的差值后再求平均值得

$$\overline{\Delta n} = \dfrac{1}{4}[(n_4 - n_0) + (n_5 - n_1) + (n_6 - n_2) + (n_7 - n_3)]$$

5. 测量钢丝的弹性模量 E

弹性模量：$\overline{E} = \dfrac{8mgLD}{\pi \overline{d}^2 b} \dfrac{1}{\overline{\Delta n}} = \quad\quad$ N/m^2

相对不确定度：$E_Y = \sqrt{\left(\dfrac{\sigma_D}{D}\right)^2 + \left(\dfrac{\sigma_L}{L}\right)^2 + \left(\dfrac{\sigma_b}{b}\right)^2 + \left(\dfrac{2\sigma_d}{d}\right)^2 + \left(\dfrac{\sigma_{\Delta n}}{\Delta n}\right)^2} =$

不确定度：$\sigma_Y = E \times E_y = \quad\quad$ N/m^2

弹性模量测量结果标准式：$E = \overline{E} \pm \sigma_Y = \quad\quad$ N/m^2

【思考题】

1) 为什么对 D，L，b 只作单次测量，而对 d 要作多次测量？

2) 根据光杠杆原理，怎样提高光杠杆测量微小长度变化的灵敏度？

3) 如果以所加砝码的重量为横坐标，望远镜中标尺读数为纵坐标作图，图形应是什么形状？如何求弹性模量？

4) 本实验中为什么采用逐差法处理数据？

实验 5 用动态法测弹性模量

弹性模量是反映固体材料对弹性形变的抵抗能力的物理量，对它的测量有许多方法，其中动态法（即动力学法）测弹性模量是国家标准总局所推荐，该方法比静态法测量精度高，使用范围广。动态法一般有悬挂法或支撑法两种。

【实验目的】

1）用动态悬挂法或支撑法测量金属材料的弹性模量。
2）增强综合应用物理实验仪器的能力。

【实验原理】

一根细长棒作弯曲振动（又称横振动）时，根据牛顿第二定律，应满足下列动力学方程

$$\frac{\partial y^4}{\partial x^4} + \frac{\rho S}{EJ}\frac{\partial^2 y}{\partial t^2} = 0 \tag{2-5-1}$$

棒的轴线沿 x 方向，式中，y 为棒在 x 处截面上的位移；E 为该材料的弹性模量；ρ 为材料的密度；S 为棒的横截面积；J 为某横截面对中性层的惯性矩（$J = \int y^2 dS$）。用分离变量法求解式（2-5-1）：

设 $y(x,t) = X(x)T(t)$，代入式（2-5-1）得

$$\frac{1}{X}\frac{d^4 X}{dx^4} = -\frac{\rho S}{EJ}\frac{1}{T}\frac{d^2 T}{dt^2}$$

等式两边分别是 x 和 t 的函数，只有等式两端都等于一个任意常数时等式才可能成立。设此常数为 K^4，于是有

$$\frac{d^4 X}{dx^4} - K^4 X = 0$$

$$\frac{d^2 T}{dt^2} + \frac{K^4 EJ}{\rho S}T = 0$$

设棒中各点都作简谐振动，这两个线性常数微分方程的通解分别为

$$X(x) = B_1 \cosh Kx + B_2 \sinh Kx + B_3 \cos Kx + B_4 \sin Kx$$

$$T(t) = A\cos(\omega t + \varphi)$$

于是，横振动方程式（2-5-1）的通解为

$$y(x,t) = (B_1 \cosh Kx + B_2 \sinh Kx + B_3 \cos Kx + B_4 \sin Kx)A\cos(\omega t + \varphi) \tag{2-5-2}$$

式中

$$\omega = \left(\frac{K^4 EJ}{\rho S}\right)^{\frac{1}{2}} \tag{2-5-3}$$

式（2-5-3）称为频率公式，它对任意形状截面、不同边界条件的试样都是成立的，只要用

特定的边界条件定出常数 K，代入特定截面的惯量矩 J，就可以得到具体条件下的关系式。

对于用细线悬挂起来的棒，如果悬挂点是棒的节点（处于共振状态的棒中，位移恒为零的位置）（如图 2-5-1 中 JJ' 所示位置）附近，则棒的两端处于自由状态，此时，边界条件为：两端横向作用力 F 和力矩 M 均为零，即 $F = -\dfrac{\partial M}{\partial x} = -EJ\dfrac{\partial^3 y}{\partial x^3} = 0$，$M = EJ\dfrac{\partial^2 y}{\partial x^2} = 0$，所以有

$$\left.\frac{d^3 X}{dx^3}\right|_{x=0} = 0 \qquad \left.\frac{d^3 X}{dx^3}\right|_{x=l} = 0$$

$$\left.\frac{d^2 X}{dx^2}\right|_{x=0} = 0 \qquad \left.\frac{d^2 X}{dx^2}\right|_{x=l} = 0$$

将通解代入边界条件，得

$$\cos Kl \cdot \cosh Kl = 1 \tag{2-5-4}$$

可用图解法和数值解法求得本征值 K 和试样长 l 应满足

$$K_n l = 0,\ 4.730,\ 7.835,\ 10.996,\ 14.173,\ \cdots$$

由于其中 $K_0 l = 0$ 的根对应于静态状态，因此将 $K_1 l = 4.730$ 当做第一个根，它所对应的频率称为基频频率。在上述 $K_n l$ 值中，第 1，3，5，…个数值对应着"对称形振动"；第 2，4，6，…个数值对应着"反对称形振动"。最低级次的对称形和反对称形振动的波形如图 2-5-1 所示。由图 2-5-1a 可见，试样在作基频振动时，存在两个节点，根据计算，这两个节点的位置分别在距离棒端面 $0.224l$ 处和 $0.776l$ 处。

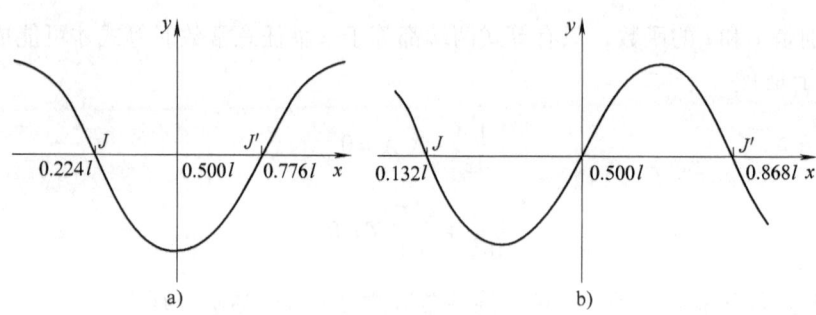

图 2-5-1

将第一个本征值 $K_1 = 4.730/l$ 代入式（2-5-3），可得自由振动的固有频率（基频）

$$\omega = \left[\frac{(4.730)^4 EJ}{\rho l^4 S}\right]^{\frac{1}{2}}$$

解出弹性模量 E

$$E = 1.997 \times 10^{-3} \frac{\rho l^4 S}{J} \omega^2 = 7.880 \times 10^{-2} \frac{l^3 m}{J} f^2$$

对于圆棒，惯量矩 $J = \int y^2 \mathrm{d}S = S\left(\frac{d}{4}\right)^2$ 代入上式，得

$$E = 1.6067 \frac{l^3 m}{d^4} f^2 \qquad (2\text{-}5\text{-}5)$$

式中，m 为棒的质量；d 为直径；f 为基频固有频率；E 的单位为 N·m^{-2}。式（2-5-5）使用的条件是 $d \ll l$（径长比一般取 0.03～0.04）。这样，只需要测出试样的直径 d、长度 l、质量 m 和弯曲振动的共振频率 f，即可由式（2-5-5）算出弹性模量 E。

实验中所测的是试样的共振频率 $f_{共}$，试样的固有频率 $f_{固}$ 和共振频率 $f_{共}$ 是两个不同的概念，它们之间的关系是

$$f_{固} = f_{共} (1 + 1/4Q^2)^{1/2}$$

式中，Q 为试样的品质因数，当用悬挂法测量弹性模量时，一般 Q 的最小值约为 50，$f_{共}$ 与 $f_{固}$ 相比只偏低 0.005%，因此，在一般测试中，可用 $f_{共}$ 替代 $f_{固}$。

理论上，样品作基频共振时，悬点应置于节点处。但是，在这种情况下，棒的振动无法激发。欲激发棒的振动，悬点必须偏离节点位置，这样又与理论条件不一致，势必产生系统误差，悬点偏离节点越大，试样的共振信号越强，但系统误差越大。故实验时采用如下方法：在节点附近不同位置测出一组共振频率，画出共振频率与悬点位置的关系曲线，即 f-x 曲线，然后由图用内插法（将图线由外向内延伸）确定节点位置的基频共振频率。

实际测量时，由于不能 $d \ll l$，式（2-5-5）应乘以一个修正系数 K，即

$$E = 1.6067 \frac{l^3 m}{d^4} f^2 \cdot K$$

K 由 d/l 的不同数值和材料的泊松比查表得到（见表 2-5-1）。

表 2-5-1

d/l	0.01	0.02	0.03	0.04	0.05
K	1.002	1.008	1.019	1.033	1.051

【实验装置】

动态弹性模量实验仪由测量仪和振动装置两部分组成，可以用悬挂法和支撑法两种方法测量金属棒的弹性模量。

1. 悬挂法

悬挂法又称悬丝耦合弯曲共振法，其实验装置示意图如图 2-5-2 所示。频率计用以测量信号频率。由信号发生器输出的声频信号加到激振器上转换成机械振动，该振动通过悬丝（细棉线为好）传给试样测试棒，并激起它的振动。试样另一端的悬丝，把试样的受迫横向振动传给拾振器，又将机械振动转变成电信号。该信号经放大器放大后，送到拾振电压表上或示波器上显示。当激振信号频率不等于试样的固有频率时，试样不发生共振，拾振电压表

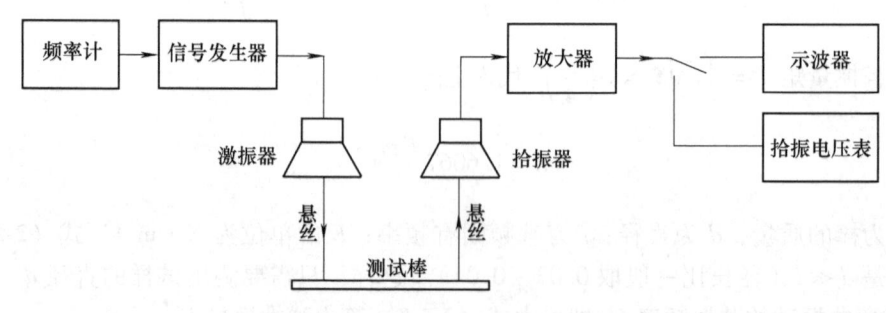

图 2-5-2　悬挂法实验装置示意图

上显示的数值较小，示波器上没有电信号或波形很小。当信号发生器产生的激振信号频率正好等于试样的固有频率时，试样产生共振，拾振电压表上观察到数值突然增大，示波器也可以观察到波形突然增大。记录下此时波幅极值时所对应的频率值，就得到该温度下试样的固有频率。

2. 支撑法

其实验装置示意图如图 2-5-3 所示。测试棒通过特殊材料搭在两个换能器上，无需捆绑。由于该方法存在一定的压力，产生的信号很强，系统误差也较大，但作 f-x 曲线推求节点上试样的共振频率还是可行的。支撑法较悬挂法在离节点较近时产生相对大的信号，可用此法作预估共振频率的测量。

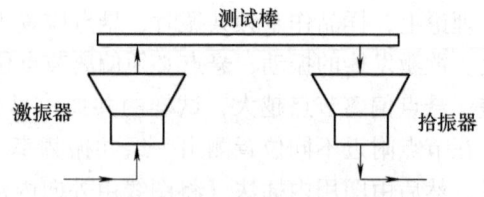

图 2-5-3　支撑法实验装置示意图

【实验内容】

1）将测量仪的"激振输出"和"拾振输入"分别与激振器和拾振器相连接，测量仪的"示波器"接口与示波器的"CH"通道相连接。选择开关打向"示波器"一边。"激振电压"调到适中。

2）在不同部位测量三次样品的长度 l、直径 d 及质量 m。

3）将试样放置水平，悬点要牢固。调节两个换能器间的距离，使悬点对称且悬丝铅垂。

4）测量样品的弯曲振动基频频率：在基频节点（即距棒的两端面分别为 $0.224l$ 和 $0.776l$ 处）处 ±30mm 范围内，同时改变两悬点位置，每隔 5mm 测一次共振频率。画出共振频率与悬点位置的关系曲线，即 f-x 曲线，然后由图用内插法或外延法确定节点位置的基频共振频率。

调节频率时，先用"粗调"，然后缓慢地用"细调"调节，使系统出现共振，即示波器波形幅值突然增到最大或拾振电压数值突然增到最大。记录此时波幅极值时所对应的频率，即为共振频率。

5）利用式（2-5-5）计算动态弹性模量 E。

【数据记录】

离两端面距离	10mm	15mm	20mm	25mm	30mm	35mm	40mm
共振频率							

【思考题】

1）试样的固有频率和共振频率有何不同？有何关系？
2）悬挂时捆绑的松紧、悬丝的长短、粗细、材质、刚性对实验结果有何影响？
3）实验中发现，当大范围调节频率时，示波器上显示出不止一个峰值，如何解释这一现象？

【补充说明】

共振频率的判断

实验中，由于激发接收换能器、悬丝、支架等部件都有自己的共振频率，都可能以其本身的基频或高次谐波频率发生共振。因此，往往会出现几个共振峰，致使真假难分。可以用以下几种方法判别：

1. 共振频率估算法

测试前根据试样的材质、尺寸、质量通过式（2-5-3）估算出共振频率，先用支撑法，在该频率附近进行寻找，然后再详细测量。

2. 峰宽判别法

1）试样发生共振需要一个孕育过程，切断信号源后信号亦会逐渐衰减，它的共振峰有一定频宽，信号亦较强。而其余假共振会很快消去。

试样共振时，可用一细金属丝沿纵向轻碰试样，这时按图 2-5-1 的规律会发现波腹、波节。用细硅胶粉撒在试样上，可在波节处发生明显聚集。也可用听诊器沿试样纵向移动，能明显按图 2-5-1 的规律听出波腹处声大，波节处声小。对一些细长杆状试样，有时能直接看到波腹和波节。

2）测量时尽可能采用较弱的信号激发，这样发生虚假信号的可能性较小。

3. 撤偶判别法

1）换能器或悬丝等发生共振时可通过对这些部件施加负荷（例如用力夹紧），使该共振信号变化或消失。

2）用打火机烧悬丝或试样，属于悬丝共振能很快消失，属于试样共振频率会发生偏移。

3）在共振频率附近进行频率扫描时，共振频率两侧信号相位会有突然变化导致李萨如图在 y 轴左右明显摆动。

4）如试样材质不均匀或呈椭圆形，就会有多个共振频率出现，只能通过更换合格试样解决。

实验6 声速的测量

声波是一种在弹性媒质中传播的纵波。频率在 20Hz～20kHz 的声波可被人听到，称为可闻声波，简称声波；频率低于 20Hz 的声波称为次声波；频率高于 20kHz 的称为超声波。声速是声波在弹性媒质中的传播速度，声速的大小仅取决于介质的性质，而与声波的频率无关。由于超声波具有方向性好、功率大、不可闻、抗干扰性强等优点，因此，一般采用在超声波段测量声速。通过测量声速，可以了解媒质的特性及其状态的变化，如可进行气体成分的分析，液体密度和浓度的测定，固体弹性模量的测定等。这里只研究声波在空气中的传播速度。

【实验目的】

1）加深对声波的产生、传播和相干等知识的理解。
2）学习测量空气中声速的方法。
3）了解压电换能器的性能。

【实验仪器】

SM—IA 声速测量仪（包括电声换能器、信号发生器），双踪示波器。

【实验原理】

声波在空气中的传播速率为

$$v = \sqrt{\frac{\gamma RT}{M}} \tag{2-6-1}$$

式中，$\gamma = c_p/c_V$ 为比热容比，即空气比定压热容与比定容热容之比值；R 为摩尔气体常数；M 为气体摩尔质量；T 为热力学温度。由式（2-6-1）可见，温度是影响空气中声速的主要因素。如果忽略空气中水蒸气和其他杂物的影响，在 0℃ 时声速为

$$v_0 = \sqrt{\frac{\gamma RT}{M}} = 331.5 \text{m} \cdot \text{s}^{-1}$$

在 t℃ 时声速为

$$v = v_0 \sqrt{1 + \frac{t}{T_0}} = 331.5 \sqrt{1 + \frac{t}{273.15}} (\text{m} \cdot \text{s}^{-1}) \tag{2-6-2}$$

式（2-6-2）为在标准状况下空气中声速的理论值。

由波动理论知道，波速 v、波长 λ 和频率 f 之间有以下关系

$$v = \lambda f \tag{2-6-3}$$

本实验由交流信号发生器直接读出波动频率 f，用驻波法或相位差法测定波长 λ，然后利用式（2-6-3）可求得声速。

1. 驻波法

实验装置如图 2-6-1 所示，将两个电声换能器 S_1 和 S_2 沿同一轴线相对放置，当信号发生器发出的交流信号接入 S_1 后，S_1 作为声源发出平面简谐波沿 x 轴正方向传播，接受器 S_2

在接受声波的同时还反射一部分声波，这样，由 S_1 发出的声波和由 S_2 反射的声波在 S_1，S_2 之间形成干涉而出现驻波共振现象。

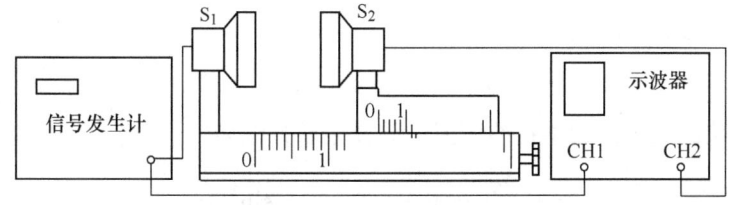

图 2-6-1　声速测量实验装置图

设沿 x 方向入射波的方程为

$$y_1 = A\cos 2\pi f\left(t - \frac{x}{v}\right)$$

沿 x 负方向反射波的方程为

$$y_2 = A\cos 2\pi f\left(t + \frac{x}{v}\right)$$

在两波相遇处产生干涉，空间某点的合振动方程为

$$y = y_1 + y_2 = \left(2A\cos 2\pi \frac{x}{\lambda}\right)\cos 2\pi ft \tag{2-6-4}$$

此式为驻波方程。

当 $\left|\cos 2\pi \dfrac{x}{\lambda}\right| = 1$，即在 $x = n\dfrac{\lambda}{2}$（$n = 1,2,\cdots$）处，声振动振幅最大为 $2A$，称为波幅。

当 $\left|\cos 2\pi \dfrac{x}{\lambda}\right| = 0$，即在 $x = (2n+1)\dfrac{\lambda}{4}$（$n = 1,2,\cdots$）处，声振动振幅为零，这些点静止不动，称为波节。其余各点的振幅在零和最大值之间。两相邻波幅（或波节）间的距离为 $\lambda/2$。

当移动 S_2 使 S_1 与 S_2 之间的距离 l 为半波长的整数倍时，即

$$l = n\frac{\lambda}{2},(n = 1,2,3,\cdots) \tag{2-6-5}$$

才能在 S_1 和 S_2 之间的空气柱中发生稳定的驻波共振现象，驻波的幅度达到极大。在示波器上显示的电压信号也相应极大，相邻两次极大值（或极小值）之间 S_2 移动的距离为 $\lambda/2$。由式（2-6-5）可知，只要测得多组声压极大值之间 S_2 的位置，即可算出波长 λ。

由于声波在传输过程中的衍射和其他损耗（非平面波及介质吸收等因素），使声压极大值随着距离 l 的增大而逐渐减小，但二峰值间的距离总是 $\lambda/2$。

2. 相位差法

一般来说，在同一时刻，发射器处的声波相位与接受器处的声波相位是不同的，由波动理论可知，发射波和接收波之间产生相位差

$$\Delta \varphi = \varphi_2 - \varphi_1 = 2\pi \frac{x}{\lambda} \tag{2-6-6}$$

因此，可以通过测量两列波在声场中某点的相位差 $\Delta \varphi$ 来求出波长，从而算出声速。

设输入示波器 x 轴的入射波的振动方程为

$$x = A_1\cos(\omega t + \varphi_1)$$

输入示波器 y 轴的接收波的振动方程为

$$y = A_2\cos(\omega t + \varphi_2)$$

则同频率不同相位的两个互相垂直的谐振动的合振动方程为

$$\frac{x^2}{A_1^2} + \frac{y^2}{A_2^2} - \frac{2xy}{A_1A_2}\cos(\varphi_2 - \varphi_1) = \sin^2(\varphi_2 - \varphi_1) \tag{2-6-7}$$

此方程的轨迹为椭圆，椭圆的方位由相位差 $\Delta\varphi$ 决定，如图 2-6-2 所示。

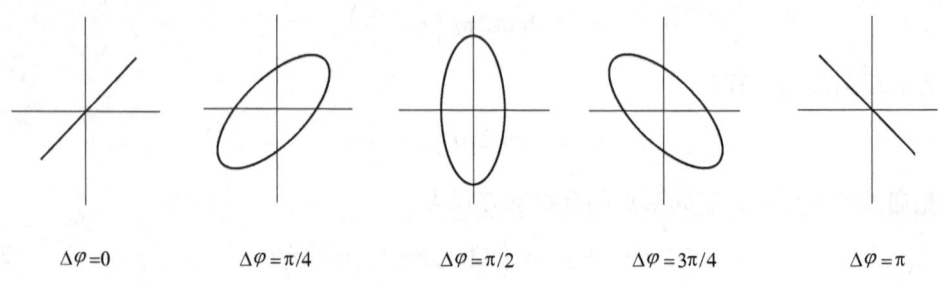

$\Delta\varphi=0$　　　$\Delta\varphi=\pi/4$　　　$\Delta\varphi=\pi/2$　　　$\Delta\varphi=3\pi/4$　　　$\Delta\varphi=\pi$

图 2-6-2　李萨如图形

由式（2-6-6）知，每改变半个波长的距离，相位差 $\varphi_2 - \varphi_1 = \pi$。移动 S_2 时，随着各点振动的相位差从 $0 \sim \pi$ 的变化，李萨如图形会依次按图 2-6-2 变化。当示波器相邻两次显示正、负斜率直线时，S_2 移动了半波长 $\lambda/2$。

【实验内容】

1. 准备工作

S_1，S_2 分别与测量仪背面的"发射"、"接收"接口相连。"频率调节"在 40kHz 附近。控制开关处在"内置"状态（即按入）。

2. 驻波法测量声速

1）示波器工作在"扫描—Y"（即"TIME/DIV"扫描速率选择离开"X-Y"）方式，测量仪的"接收输出"端与示波器的"CH₂"通道相连，同时将示波器的通道选择键均设在 CH_2 处，调出稳定的波形。

2）调节螺杆移动 S_2，使 S_1，S_2 相距约 1cm。然后缓慢增大 S_1 和 S_2 的距离，同时观察示波器上信号幅度的变化，当幅度达到最大时，记录 S_2 的位置 l_1，并填入表 2-6-1 中。

3）继续增大 S_1 和 S_2 的距离，依次记录示波器上信号幅度最大时 S_2 的位置 l_2, l_3, …, l_{10}。$l_2 - l_1$ 或 $l_3 - l_2$…为被测声波的半波长，即

$$l_2 - l_1 = l_3 - l_2 = \cdots = \frac{\lambda}{2}$$

4）记录实验时的频率 f 和室温 t。

3. 相位差法测量声速

1）示波器工作在"$X\text{-}Y$"（即"TIME/DIV"扫描速率选择至"$X\text{-}Y$"）方式，将测量仪的"发射信号"端与示波器的"CH_1"通道相连，"接收输出"端仍与示波器的"CH_2"通道相连，调出李萨如图形。

2）使 S_1，S_2 相距约 2cm，然后缓慢增大 S_1 和 S_2 的距离，同时观察示波器上椭圆方位的变化，当出现一条直线（见图 2-6-2）时，记录 S_2 的位置 l_1，参照表 2-6-1 设计表格。

3）继续增大 S_1 和 S_2 的距离，依次记录示波器上出现相反斜率的直线（见图 2-6-2）时 S_2 的位置 l_2，l_3，…，l_{10}，则 $l_2 - l_1$ 或 $l_3 - l_2$…为被测声波的半波长。

【数据处理】

1）用逐差法求波长（参考表格见表 2-6-1）。
2）计算两种方法求得的声速
  ① 驻波法　$v = f\lambda =$ _____ m/s
  ② 相位差法　$v = f\lambda =$ _____ m/s
3）计算声速的理想值

$$v = v_0 \sqrt{1 + \frac{t}{T_0}} = 331.5 \sqrt{1 + \frac{t}{273.15}} =$$

4）计算声速测量的相对误差 E。

表 2-6-1　温度 $t =$ _____ ℃，频率 $f =$ _____ Hz

序号	l_i/mm	$(l_{i+5} - l_i)$ /mm	$\overline{l_{i+5} - l_i}$	$\dfrac{\overline{\lambda}}{2} = \overline{l_{i+5} - l_i}/5$	$\overline{\lambda}$
1					
2					
3					
4					
5					
6					
7					
8					
9					
10					

【思考题】

1）产生驻波的条件是什么？

2）用相位差法测量波长时，为什么用直线而不用椭圆作为 S_2 移动 $\lambda/2$ 距离的片段数据？

3）实验中能否固定发射器与接受器之间的距离，利用改变频率来测量声速？其实验方法会有什么实际应用？

【补充说明】

压电换能器

通常采用电声转换的方法（如扬声器）产生持续而频率单一的声波，在超声频段，采用压电换能器。

压电超声波换能器是由压电陶瓷片和轻、重两种金属组成，压电陶瓷片（如钛酸钡、锆钛酸铅）是一种多晶结构的压电材料。在一定温度下经极化处理后，具有压电效应，即受到与极化方向一致的应力T时，在极化方向上产生一定的电场强度E，且有线性关系：$E=gT$；反之，当与极化方向一致的外加电压V加在压电材料上时，材料的伸缩形变S与V也有线性关系：$S=dV$。d为压电常数，与材料有关。由于E与T，S与V间有简单的线性关系，因此就可以将正弦的交流电信号变成压电材料纵向长度的伸缩，从而成为超声波的波源，同样也可以使声压变化转变为压电的变化，用来接收信号。

压电陶瓷换能器的头部用轻金属做成喇叭形，尾部用重金属做成锥形或柱形，中部为压电陶瓷圆环，螺钉穿过环的中心。这种结构增大了辐射面积，增强了振子与介质的耦合作用，由于振子是以纵向长度的伸缩直接影响头部轻金属作用同样的纵向长度伸缩振动（对尾部金属作用小），这样所发射的波方向性强，平面性好。

实验7 用毛细管升高法测液体的表面张力系数

【实验目的】

1）掌握用毛细管升高法测液体表面张力系数的原理和方法。
2）学习用读数显微镜测量微小长度。

【实验原理】

液体表面层（其厚度等于分子的作用半径，约10^{-8}cm）内的分子所处的环境跟液体内部的分子不同。液体内部每一个分子四周都被同类的其他分子所包围，它所受到的周围分子的作用力，合力为零。由于液面上方的气相层的分子数很少，表面层内每一个分子受到的向上的引力比向下的引力小，合力不为零。这个合力垂直于液面并指向液体内部。所以分子有从液面挤入液体内部的倾向，并使得液体表面自然收缩，直到处于动态平衡，即在同一时间内脱离液面挤入液体内部的分子数跟因热运动而到达液面的分子数相等时为止。

由于液面收缩而产生的沿切线方向的力称为表面张力，利用它能够说明物质的液体状态所特有的许多现象，如泡沫的形成、润湿和毛细现象等。在工业技术上，如浮选技术和液体输送技术等方面都要对表面张力进行研究。如果液面是水平的，则表面张力也是水平的；如果液面是曲面，则表面张力沿着跟液面相切的方向，结果弯曲的液面对液体内部施以附加的压强。在凸面的情形下，这个附加压强为正；在凹面的情形下，这个附加压强为负。这两种情形明显地表现在所谓毛细管现象中。

把一根毛细管插入液体中，如果液体不能润湿管壁（如玻璃毛细管插入水银中），则液面呈凸球面形，管中液面将低于水银容器中的液面；如果液体能润湿管壁（如玻璃毛细管插入水或酒精中），则液面呈凹球面形，管中液面将高于水或酒精容器中的液面。本实验研究玻璃毛细管插在水（或酒精）中的情形。

如图 2-7-1 所示，f 为表面张力，其方向沿着凹球面的切线方向，大小跟周界长 $2\pi r$（r 为毛细管的半径）成正比，即 $f = \sigma 2\pi r$。σ 是比例常数，称为表面张力系数，数值上等于作用在周界单位长度上的力。φ 是接触角，它与液体和管壁材料的性质有关。例如，对于纯水和清洁的玻璃，$\varphi = 0°$；对于不纯的水和普通玻璃，$\varphi = 25°$。

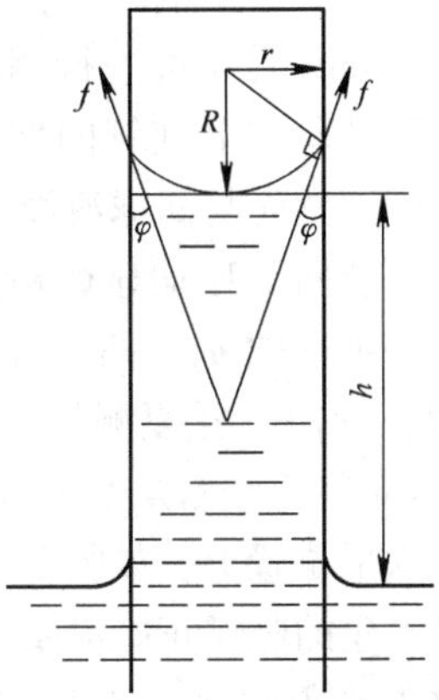

若设凹球面的半径为 R，则由图 2-7-1 可得 $\cos\varphi = r/R$。于是，由表面张力产生的、垂直向上提高液面的力为 $f\cos\varphi = 2\pi r^2 \sigma/R$，这个力与高为 h 的液柱的重量平衡，即

$$2\pi r\sigma\cos\varphi = \frac{2\pi r^2 \sigma}{R} = \pi r^2 \rho g h$$

所以
$$\sigma = \frac{r\rho g h}{2\cos\varphi} = \frac{R\rho g h}{2} \qquad (2\text{-}7\text{-}1)$$

图 2-7-1 玻璃毛细管插在水（或酒精）中的情形

式中，ρ 是液体的密度；g 是重力加速度。

如玻璃管壁和水（或酒精）都非常清净，则 $\varphi = 0$，$R = r$，而式（2-7-1）变为

$$\sigma = \frac{r\rho g h}{2} \qquad (2\text{-}7\text{-}2)$$

式中，h 是毛细管内凹球面下端至容器内液面的高度。

在推导式（2-7-2）时，我们忽略了凹球面下端以上的液体的重量，因这部分体积约等于半径为 r、高为 r 的圆柱体和半径为 r 的半球体体积之差，即等于 $\pi r^3 - \frac{2}{3}\pi r^3 = \frac{1}{3}\pi r^3$，故忽略的液体重量为 $\frac{1}{3}\pi r^3 \rho g$。考虑了这一修正项后，得到比式（2-7-2）更精确的计算公式

$$\sigma = \frac{1}{2}r\rho g\left(h + \frac{r}{3}\right) = \frac{1}{4}d\rho g\left(h + \frac{d}{6}\right) \qquad (2\text{-}7\text{-}3)$$

只要精确测定毛细管的内径 d 和液柱高度 h，就可算出表面张力系数 σ。σ 的单位为 $N \cdot m^{-1}$。

【实验仪器】

1) 玻璃毛细管：内径在 0.2~1.0mm 之间，长度约 20cm 的玻璃管多支。
2) 玻璃容器：直径 5~6cm 的烧杯。
3) 读数显微镜：其结构和用法请参阅第四章第一节中的内容。
4) 支架等。

【实验内容】

实验之前，要了解读数显微镜的结构和用法。

1）将玻璃容器进行清洁处理后，装满蒸馏水。

2）将洗净的干燥玻璃毛细管用夹头固定，调节夹头在杆上的位置，使毛细管插入玻璃容器中，并用吊线重锤检验它是否在铅垂位置。为了充分润湿管壁，可插深一些，然后稍微提起。

3）因为毛细管内径越小，凹球液面到达平衡位置所需要的时间越长，插入液体至少需要 2～3min 后才可进行测量。调节显微镜，使镜中能清楚地看见叉丝和毛细管的像，再将显微镜筒自上而下缓慢移动，横叉丝先与凹球液面的下端点相切时记录一个读数 h_1，然后继续向下移动显微镜筒，横叉丝与水平液面重合时再记录一个读数 h_2，两个读数的差值即为液柱的高度，即 $h = |h_2 - h_1|$。重复测量3次，求出 h 的平均值。

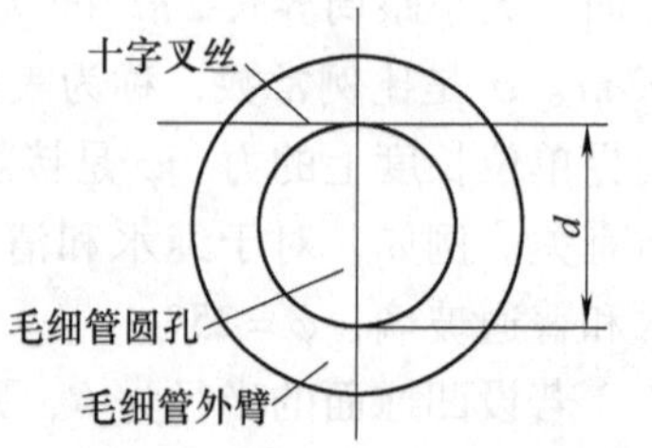

4）将毛细管从水中取出，甩掉其中的水珠，用夹子固定在水平位置上。如图 2-7-2 所示，调节显微镜镜筒，使其十字叉丝的竖丝正好沿着毛细管的直径移动，横丝与孔的内圆相切。在上下两个相切点上的读数之差 $d = |d_2 - d_1|$，即为毛细管的内径。转动毛细管，在不同方位测量三次，以其平均值作为毛细管的内径 d。

图 2-7-2 测毛细管直径示意图

5）测量并记下水的温度。按式（2-7-3）计算水的表面张力系数 σ。

6）用不同直径的毛细管，重复以上的步骤，可得到 σ 的平均值。将实验得到的 σ 平均值与该温度下 σ 的标准值比较，估算实验的相对误差。如果误差较大，则应分析其原因。

【注意事项】

1）使用的毛细管、玻璃容器的表面和液体等必须十分洁净，否则测量结果将大不相同。实验前，一般按照 NaOH 溶液、酒精和水的顺序进行清洁处理，然后放在清洁的环境中待十分干燥后再使用。毛细管的测量端不得用手触摸。

2）在测量液柱高度 h 时，应当记住读数显微镜中所看到的是物体的倒像。

【思考题】

1）现有米尺、小型橡胶制注入器、少量水银和分析天平（带砝码），试问你能用这些用具将毛细管的内径（假定内径处处相等）测定出来吗？请推出计算毛细管内径的公式，并简要地说明实验的步骤。

2）为了使气压计测得的结果误差最小，气压计中应当灌入哪一种液体呢？为什么？

实验 8　用落球法测量液体黏度

不同液体具有不同程度的黏滞性，当液体流动时，平行于流动方向的各层流体的速度都不相同，即存在着相对滑动，于是在各层之间就有摩擦力产生，这一摩擦力称为黏滞力，它的方向平行于接触面，其大小与速度梯度及接触面积成正比，比例系数 η 称为黏度，它是表征液体黏滞性强弱的重要参数，一般采用间接方法进行测量，如落球法、毛细管法、转筒法等。本实验主要介绍落球法。

【实验目的】

1）学习用激光光电传感器测量时间和物体运动速度的实验方法。
2）利用斯托克斯公式采用落球法测量油的黏度。
3）观测落球法测量液体黏度的实验条件是否满足，必要时进行修正。

【实验仪器】

落球法黏度测定仪、小钢球、蓖麻油、米尺、千分尺、游标卡尺、液体密度计、电子分析天平、激光光电计时仪、温度计以及比重瓶等。

【实验原理】

当金属小球在黏性液体中下落时，它受到三个铅直方向的力：小球的重力 mg（m 为小球质量）、液体作用于小球的浮力 $\rho g V$（V 是小球体积，ρ 是液体密度）和黏滞阻力 F（其方向与小球运动方向相反）。如果液体无限深广，则在小球下落速度 v 较小的情况下，有

$$F = 6\pi \eta r v \tag{2-8-1}$$

上式称为斯托克斯公式，其中，r 是小球的半径；η 称为液体的黏度，其单位是 Pa·s。

小球开始下落时，由于速度尚小，所以阻力也不大；但随着下落速度的增大，阻力也随之增大。最后，三个力达到平衡，即

$$mg = \rho g V + 6\pi \eta v r$$

于是，小球作匀速直线运动，由上式可得

$$\eta = \frac{(m - V\rho)g}{6\pi v r}$$

令小球的直径为 d，并将 $m = \frac{\pi}{6}d^3\rho'$，$v = \frac{l}{t}$，$r = \frac{d}{2}$ 代入上式得

$$\eta = \frac{(\rho' - \rho)gd^2 t}{18l} \tag{2-8-2}$$

式中，ρ' 为小球材料的密度；l 为小球匀速下落的距离；t 为小球下落 l 距离所用的时间。

实验时，待测液体必须盛于容器中（如图 2-8-1 所示），故不能满足无限深广的条件。实验证明，若小球沿筒的中心轴线下降，式（2-8-2）须作如下改动方能符合实际情况

$$\eta = \frac{(\rho' - \rho)gd^2 t}{18l} \cdot \frac{1}{\left(1 + 2.4\dfrac{d}{D}\right)\left(1 + 1.6\dfrac{d}{H}\right)} \tag{2-8-3}$$

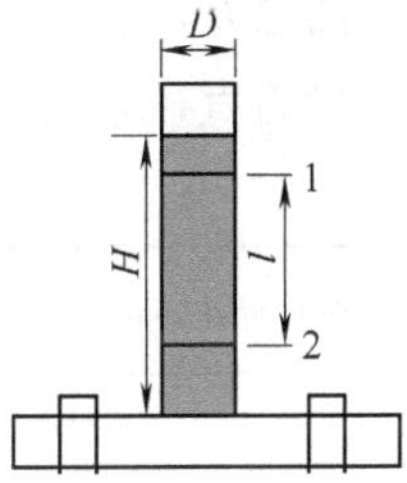

图 2-8-1 实验装置

式中，D 为容器内径；H 为液柱高度。

【实验内容】

1. 调整黏度测定仪及实验准备

1）调整底盘水平，在横梁中间放重锤部件，调节底盘旋钮，使重锤对准底盘的中心

圆点。

2）将实验架的上、下两激光器接通电源，可看见其发出红光。调节上、下两激光器，使其红色激光束平行地对准锤线。

3）收回重锤部件，将盛有被测液体的量筒置于实验架的底盘中央，并保持其位置不变。

4）在实验架上放钢球导管。用乙醚与酒精的混合液将小球清洗干净，并用滤纸吸干残液，备用。

5）将小球放入铜质球导管，观察其是否能阻挡光线，若不能，则适当调整激光器位置。

2. 测量油温

用温度计测量油温，在全部小球下落完后再测量一次油温，取平均值作为实际油温。

3. 测其他物理量

用电子分析天平测 10~20 颗小钢球的质量 m，用比重瓶法测其体积，计算小钢球的密度 ρ'。用液体密度计测蓖麻油的密度 ρ。用游标卡尺测筒的内径 D，用钢尺测油柱深度 H。

4. 用秒表测量下落小球的匀速运动速度

1）测量上、下两个激光束之间的距离。

2）用千分尺测量小球直径，将小球放入导管，当小球落下，阻挡上面的红色激光束时，光线受阻，此时用秒表开始计时，到小球下落到阻挡下面的红色激光束时，计时停止，读出下落时间，重复测量 6 次以上。最后计算蓖麻油的黏度。

5. 测量液体的黏度

用激光光电门与电子计时仪器代替电子秒表，测量液体的黏度（注意：激光束必须通过玻璃圆筒中心轴），将测量结果与公认值进行比较。

【实验数据】

待测液体是蓖麻油，用激光光电传感器测量全程和半程时间。

油温 θ = _____ ℃；小球密度 ρ' = _____ kg/m^3；油的密度 ρ = _____ kg/m^3。

量筒直径 ϕ = _____ cm；全程距离 s_2 = _____ cm；近似半程距离 s_1 = _____ cm。

表 2-8-1　小球下落平均速度数据

小球直径 d/mm	半程时间 t_1/s	全程时间 t_2/s	半程速度 v_1/（cm·s^{-1}）	全程速度 v_2/（cm·s^{-1}）

考虑到实验并不在无限深广的情况下进行，因此需要对测量结果进行修正，将实验测得数据代入式（2-8-3），计算得 η 值。

【思考题】

1）如何判断小球在作匀速运动？

2）用激光光电开关测量小球下落时间的方法在测量液体黏度上有何优点？

实验9 受迫振动与共振实验

【实验目的】

1）研究音叉振动系统在周期外力作用下振幅与强迫力频率的关系，测量及绘制它们的关系曲线，并求出共振频率和振动系统振动的锐度（其值等于 Q 值）。

2）测量音叉双臂振动与对称双臂质量关系，求音叉振动频率 f（即共振频率）与附在音叉双臂一定位置上相同物块质量 m 的关系公式。

3）利用测量共振频率的方法测量一对附在音叉上质量未知的物块的质量 m_x。

4）在音叉增加阻尼力情况下，测量音叉共振频率及锐度，并与阻尼力小情况进行对比。

【实验仪器】

电磁激振线圈、音叉、压电换能片、阻尼片、加载质量块（成对）、支座、音频信号发生器、交流数字电压表（0~1.999V）、示波器、电子天平等。

【实验原理】

1. 简谐振动与阻尼振动

许多振动系统如弹簧振子的振动、单摆的振动、扭摆的振动等，在振幅较小而且在空气阻尼可以忽视的情况下，都可按简谐振动处理。即此类振动满足简谐振动方程

$$\frac{d^2x}{dt^2} + \omega_0^2 x = 0 \tag{2-9-1}$$

式（2-9-1）的解为

$$x = A\cos(\omega_0 t + \varphi) \tag{2-9-2}$$

式中，A 为系统振动的最大振幅；ω_0 为圆频率；φ 为初相位。

弹簧振子的振动圆频率为

$$\omega_0 = \sqrt{\frac{K}{m + m_0}}$$

式中，K 为弹簧劲度；m 为振子的质量；m_0 为弹簧的等效质量。

弹簧振子的周期 T 满足

$$T^2 = \frac{4\pi^2}{K}(m + m_0) \tag{2-9-3}$$

但实际的振动系统存在各种阻尼因素，因此，式（2-9-1）左边必须增加阻尼项。在小阻尼情况下，阻尼与速度成正比，表示为 $2\beta\dfrac{dx}{dt}$，则相应的阻尼振动方程为

$$\frac{d^2x}{dt^2} + 2\beta\frac{dx}{dt} + \omega_0^2 x = 0 \tag{2-9-4}$$

式中，β 为阻尼系数。

2. 受迫振动与共振

阻尼振动的振幅会随时间衰减，最后会停止振动。为了使振动持续下去，外界必须施加给系统一个周期性变化的强迫力。一般采用的是随时间作正弦函数或余弦函数变化的强迫力，在强迫力作用下，振动系统的运动满足下列方程

$$\frac{d^2x}{dt^2} + 2\beta\frac{dx}{dt} + \omega_0^2 x = \frac{F}{m'}\cos\omega t \qquad (2\text{-}9\text{-}5)$$

式中，$m' = m + m_0$ 为振动系统的质量；F 为强迫力的振幅；ω 为强迫力的圆频率。

式（2-9-5）为振动系统作受迫振动的方程，它的解包括两项：第一项为瞬态振动，由于阻尼存在，振动开始后振幅不断衰减，最后衰减为零；第二项为稳态振动的解，其为

$$x = A\cos(\omega t + \varphi)$$

式中，$A = F/m'/\sqrt{(\omega_0^2 - \omega^2)^2 + 4\beta^2\omega^2}$。

当强迫力的圆频率 $\omega = \omega_0$ 时，振幅 A 出现极大值，此时称为共振。显然，β 越小，x-ω 关系曲线的极值就越大。描述曲线陡峭程度的物理量被称为锐度，其值等于

$$Q = \frac{\omega_0}{\omega_2 - \omega_1} = \frac{f_0}{f_2 - f_1}$$

3. 可调频率音叉的振动周期

一个可调频率音叉一旦起振，它将产生某一基频振动而无谐频振动。音叉的双臂是对称的，以致双臂的振动是完全反向的，从而在任一瞬间对中心杆都有等值反向的作用力。中心杆的净受力为零而不振动，从而紧紧握住它是不会引起振动衰减的。同理，音叉的两臂不能同向运动，因为同向运动将对中心杆产生震荡力，这个力将使振动很快衰减掉。

可以通过将相同质量的物块对称地加在两臂上来减小音叉的基频（音叉两臂所载的物块必须对称）。对于以这种方式加载的音叉，其振动周期 T 由下式给出 ［与式（2-9-3）相似］

$$T^2 = B(m + m_0) \qquad (2\text{-}9\text{-}6)$$

式中，B 为常数，它依赖于音叉材料的力学性质、大小及形状；m_0 为与每个振动臂的有效质量有关的常数。利用式（2-9-6）可以制成各种音叉传感器，如液体密度传感器、液位传感器等。通过测量音叉的共振频率可求得音叉管内液体密度或液位高度。

【实验内容】

1）仪器接线：用屏蔽导线把低频信号发生器的输出端与激振线圈的电压输入端相接；用另一根屏蔽线将压电换能片的信号输出端与交流数字电压表的输入端连接。

2）接通电子仪器的电源，使仪器预热15min。

3）测定共振频率 ω_r 和振幅 A_r。将低频信号发生器的输出信号频率，由低到高缓慢调节，观察交流数字电压表的读数，当交流电压表读数达到最大值时，记录音叉共振时的频率 f_0 和共振时交流电压表的读数 A_r。

4）测量共振频率 f_0 两边的数据。在信号发生器输出信号保持不变的情况下，频率由低到高，测量数字电压表示值 A 与驱动力频率 f 之间的关系，注意在共振频率附近应多测几个点，总共须测 16～20 个数据。

5）绘制 A-f 关系曲线，求两个半功率点 f_2 和 f_1，计算音叉的锐度（Q 值）。

6）在电子天平上称出不同质量块的质量值，记录测量结果。

7）将不同质量块分别加载到音叉双臂的指定位置上，并用螺钉旋紧。测出音叉双臂对称加载相同质量物块时，相对应的共振频率，记录 m-f 关系数据。

8）作周期平方 T^2 与质量 m 的关系图，求出直线的斜率 B 和在 m 轴上的截距 m_0。

9）用一对未知质量的物块 m_x 替代已知质量物块，测出音叉的共振频率，求出未知质量的物块 m_x。

10）在音叉一臂上用双面胶将一块阻尼片贴在臂上，用电磁力驱动音叉。测量在增加空气阻尼的情况下，音叉的共振频率和锐度（Q 值）。

11）用示波器观测激振线圈的输入信号和压电换能片的输出信号，并测量它们的相位关系。

实验 10 弦线上驻波实验

振幅、频率、振动方向都相同、相位差恒定的两列波在同一直线上相向传播时叠加而形成的一种看起来停滞不前的波形，称为驻波。波的叠加引起的驻波是一种重要的振动现象，它广泛存在于自然现象之中，如管、弦、板、膜的振动都可形成驻波。

弦振动可视为一维的波动，绷紧的弦线上的某一点作横向受迫振动，会导致横波沿弦线传播并在其端点发生反射，前进波与反射波干涉便产生了驻波。

【实验目的】

1）观察在弦上形成的驻波，了解驻波的性质。
2）振动频率不变时，验证驻波波长与张力的关系。
3）弦线张力不变时，验证弦线振动时驻波波长与振动频率的关系。
4）学习对数作图或利用最小二乘法进行数据处理。

【实验仪器】

弦线上驻波实验仪。

【实验原理】

在一根拉紧的弦线上，张力为 F，线密度为 μ，则沿弦线传播的横波满足下述运动方程：

$$\frac{\partial^2 y}{\partial t^2} = \frac{F}{\mu}\frac{\partial^2 y}{\partial x^2} \tag{2-10-1}$$

式中，x 为波在传播方向（与弦线平行）的位置坐标；y 为振动位移。

将式（2-10-1）与典型的波动方程

$$\frac{\partial^2 y}{\partial t^2} = v^2 \frac{\partial^2 y}{\partial x^2}$$

相比较，即可得到波的传播速度

$$v = \sqrt{\frac{F}{\mu}} \tag{2-10-2}$$

若波源的振动频率为 f，横波波长为 λ，由于波速 $v = f\lambda$，故波长与张力及线密度之间的关系为

$$\lambda = \frac{1}{f}\sqrt{\frac{F}{\mu}} \tag{2-10-3}$$

为了用实验证明式（2-10-3）成立，将该式两边取对数，得

$$\log\lambda = \frac{1}{2}\log F - \frac{1}{2}\log\mu - \log f \tag{2-10-4}$$

使频率 f 及线密度 μ 不变，而改变张力 F，并测出各相应波长 λ，作 $\log\lambda$-$\log F$ 图，若得一直线，计算其斜率值（如为 1/2），则证明了 $\lambda \propto F^{1/2}$ 的关系成立。同理，使线密度 μ 及张力 F 不变，而改变振动频率 f，测出各相应波长 λ，作 $\log\lambda$-$\log f$ 图，如得一斜率为 -1 的直线就验证了 $\lambda \propto f^{-1}$。

【实验内容】

1. 验证横波的波长与弦线中的张力的关系

固定一个波源振动的频率（一般取为 100Hz，若振动振幅太小，可将频率取小些，比如 90Hz），在砝码盘上添加不同质量的砝码，以改变同一弦上的张力 F。每改变一次张力（即增加一次砝码），均要左、右移动可动刀口支架（保持在第一波节点）和可动刀口的位置，使弦线出现振幅较大而稳定的驻波。用实验平台上的标尺测量 L 值，记录振动频率、砝码质量、产生整数倍半波长的弦线长度及半波波数，根据 $L = n\frac{\lambda}{2}$ 算出波长 λ，作 $\log\lambda$-$\log F$ 图，并求其斜率。

2. 验证横波的波长与波源振动频率的关系

在砝码盘上放 3 块质量为 45g 的砝码，以固定弦线上所受的张力 F 改变波源振动的频率 f，用驻波法测量各相应波长，作 $\log\lambda$-$\log f$ 图，求其斜率，最后总结弦线上波传播的规律。

【数据记录与处理】

1. 验证横波波长 λ 与弦线中张力 F 的关系

1）f 为波源振动频率，m_0 为挂钩的质量，L 为产生驻波的弦线长度，n 为在 L 长度内半波的波数，将实验结果填入表 2-10-1 中。

表 2-10-1　给定频率的实验数据记录表

$f =$ _____ Hz, $m_0 = 42.46$ g

m/g					
$m + m_0$/g					
L/cm					
n					
λ/cm					
F/N					
$\log\lambda$					
$\log F$					

2）在坐标纸上作 $\log\lambda$-$\log F$ 曲线图并用最小二乘法拟合出 $\log\lambda$-$\log F$ 的斜率及相关系数，验证横波的波长 λ 与弦线中张力 F 的关系。

2. 验证横波的波长 λ 与波源振动频率 f 的关系

1）砝码加上挂钩的总质量 $m = 177.47 \times 10^{-3}$ kg，重力加速度 $g = 9.8$ m/s²，张力 $F = 177.47 \times 10^{-3} \times 9.8 = 1.739$ N，将实验结果填入表 2-10-2 中。

表 2-10-2　给定张力的实验数据记录表

f/Hz					
L/cm					
n					
λ/cm					
$\log\lambda$					
$\log f$					

2）在坐标纸上作 $\log\lambda$-$\log f$ 图并用最小二乘法拟合出 $\log\lambda$-$\log f$ 的斜率及相关系数，验证横波的波长 λ 与波源振动频率 f 的关系。

【注意事项】

1）须在弦线上出现振幅较大且稳定的驻波时，再测量驻波波长。
2）计算张力时要考虑砝码与砝码盘的质量，砝码盘的质量用分析天平称量。
3）实验时，发现波源发生机械共振时，应减小振幅或改变波源频率，以便调节出振幅大且稳定的驻波。

【思考题】

1）求 λ 时为何要测几个半波长的总长？
2）为了使 $\log\lambda$-$\log F$ 图上的数据点分布地比较均匀，砝码盘中的砝码质量应如何改变？
3）为何波源的簧片振动频率应尽可能避开振动源的机械共振频率？
4）弦线的粗细和弹性对实验各有什么影响，应如何选择？

【补充说明】

1. FD-SWE-Ⅱ弦线上驻波实验仪

如图 2-10-1 所示，金属弦线的一端系在能作水平方向振动的可调频率数显机械振动源的振动簧片上，频率变化范围为 0~200Hz 连续可调，频率最小变化量为 0.01Hz，弦线一端通过固定滑轮 7 悬挂一砝码盘 8；在振动装置（振动簧片）的附近有可动支架 4，在实验装置上还有一个可沿弦线方向左右移动并撑住弦线的可动刀口支架 5。滑轮 7 固定在实验平台 10 上，其产生的摩擦力很小，可忽略不计。若弦线下端所悬挂的砝码（包含砝码盘）的质量为 m，则张力 $F=mg$。当波源振动时，即在弦线上形成向右传播的横波；当波传播到可动刀口支架与弦线相交点时，由于弦线在该点受到刀口两壁阻挡而不能振动，波在切点被反射形成了向左传播的反射波。传播方向相反的两列波叠加即形成驻波。当振动端簧片与弦线固定点至可动刀口支架 5 与弦线交点的长度 L 等于半波长的整数倍时，即可得到振幅较大且稳定的驻波，振动簧片与弦线固定点为近似波节，弦线与可动刀口相交点为波节。它们的间距为 L，则

$$L = n\frac{\lambda}{2}$$

式中，n 为任意正整数。利用上式即可测量弦上横波波长。由于簧片与弦线固定点在振动时不易测准，实验也可将最靠近振动端的波节作为 L 的起始点，并用可动支架 4 指示读数，求出该点离弦线与可动刀口支架 5 相交点距离 L。

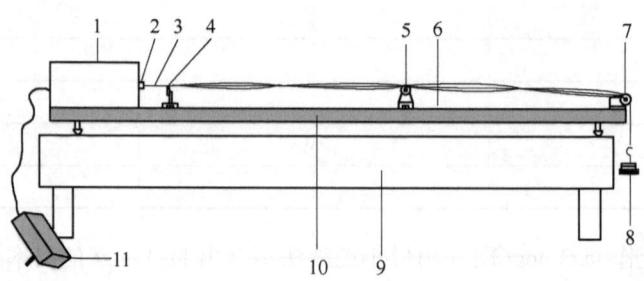

图 2-10-1 仪器结构图

1—可调频率数显机械振动源　2—振动簧片　3—弦线　4—可动支架
5—可动刀口支架　6—标尺　7—固定滑轮　8—砝码与砝码盘
9—实验桌　10—实验平台　11—变压器

2. 可调频率的数显机械振动源的使用

1）实验时，将变压器（黑色壳）输入插头与 220V 交流电源接通，输出端（五芯航空线）与主机上的航空座相连接。打开数显振动源面板上的电源开关 1（振动源面板如图 2-10-2 所示）。面板上数码管 5 显示振动源振动频率×××.××Hz。根据需要按频率调节 2 中的▲（增加频率）或▼（减小频率）键，改变振动源的振动频率，调节面板上幅度调节旋钮 4，使振动源有振动输出；当不需要振动源振动时，可按面板上的复位键 3 复位，这时数码管显示全部清零。

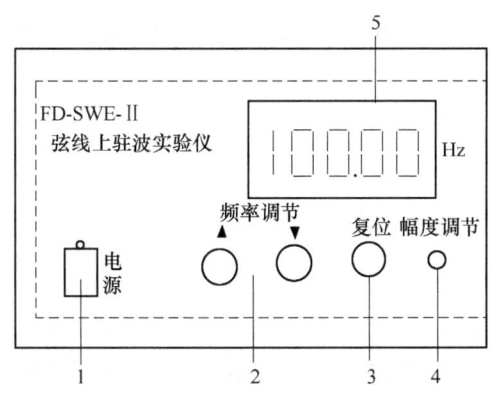

图 2-10-2 振动源面板图
1—电源开关　2—频率调节　3—复位键　4—幅度调节　5—频率指示

2）在某些频率（60Hz）附近，由于振动簧片共振使振幅过大，此时应逆时针旋转面板上的旋钮4以减小振幅，便于实验进行。不在共振频率点工作时，可调节幅度旋钮4到输出最大位置。

实验 11　液体表面张力系数的测定

液体具有尽可能缩小其表面的趋势，宏观上液体表面像一张拉紧了的弹性膜，液体表面相邻两部分之间单位长度分界线上的相互拉力叫做液体的表面张力，其方向沿液体表面的切线方向，并与分界线相垂直。测定液体表面张力的方法很多，如毛细管法、拉脱法、滴重法、最大气泡压力法等。本实验采用拉脱法。

【实验目的】

1）用砝码对硅压阻力敏传感器进行定标，计算传感器的灵敏度，学习传感器的定标方法。

2）观察拉脱法测液体表面张力的物理过程和物理现象，并用物理学基本概念和定律进行分析和研究，加深对物理规律的认识。

3）测量纯水和其他液体的表面张力系数。

【实验仪器】

液体表面张力系数测定仪（由实验装置和数字电压表组成）、实验调节装置、镊子、砝码等。

【实验原理】

一个金属环固定在传感器上，将该环浸没于液体中，并渐渐拉起圆环，当它在液面被拉脱的瞬间，传感器受到的拉力差值 F 为

$$F = \pi(D_1 + D_2)\alpha \tag{2-11-1}$$

式中，D_1 和 D_2 分别为圆环的外径和内径；α 为液体表面张力系数；g 为重力加速度。所以液体表面张力系数为

$$\alpha = \frac{F}{[\pi(D_1+D_2)]} \quad (2\text{-}11\text{-}2)$$

实验中，液体表面张力可以由下式得到

$$F = \frac{(U_1-U_2)}{B} \quad (2\text{-}11\text{-}3)$$

式中，B 为力敏传感器灵敏度，单位 V/N；U_1 和 U_2 分别为即将拉断水柱时数字电压表的读数以及拉断时数字电压表的读数。

【实验内容】

1) 开机预热。

2) 清洗玻璃器皿和吊环。

3) 在玻璃器皿内放入被测液体并将其安放在升降台上（玻璃器皿底部可用双面胶与升降台面贴紧固定）。

4) 将砝码盘挂在力敏传感器的钩上。

5) 若整机已预热 15min 以上，则可对力敏传感器定标，在加砝码前应首先对仪器调零，安放砝码时应尽量轻拿轻放。

6) 换吊环前应先测定吊环的内、外直径，然后再挂上吊环，在测定液体表面张力系数的过程中，可观察到液体产生的浮力与张力的情况与现象，当顺时针转动升降台大螺母时，液体液面上升，当环下沿部分均已浸入液体中时，改为逆时针转动该螺母，这时液面往下降（或者说相对吊环往上提拉），观察环浸入液体中及从液体中拉起时的物理过程和现象。应特别注意，吊环即将拉断液柱前一瞬间数字电压表的读数为 U_1，拉断时瞬间数字电压表的读数为 U_2，记下这两个数值。

【数据记录与处理】

1. 硅压阻力敏传感器定标

力敏传感器上分别加各种质量的砝码，测出相应的电压输出值，实验结果见表 2-11-1。

表 2-11-1 力敏传感器定标

物体质量 m/g	0.500	1.000	1.500	2.000	2.500	3.000	3.500
输出电压 V/mV							

经最小二乘法拟合得仪器的灵敏度 $B =$ _____ mV/N，拟合的线性相关系数 $r =$ _____。取重力加速度 $g = 9.794 \text{m/s}^2$。

2. 水或其他液体表面张力系数的测量

用游标卡尺测量金属圆环：外径 $D_1 = 3.496$ cm，内径 $D_2 = 3.310$ cm，调节上升架，记录环在即将拉断水柱时数字电压表的读数 U_1，拉断时数字电压表的读数 U_2，结果见表 2-11-2。

表 2-11-2 纯水的表面张力系数测量

测量次数	U_1/mV	U_2/mV	ΔU/mV	F/($\times 10^{-3}$N)	α/($\times 10^{-3}$N/m)
1					
2					
3					
4					
5					
6					

其他液体表格自行设计。

【注意事项】

1）吊环须严格处理干净。可用 NaOH 溶液洗净油污或杂质后，再用清洁的水冲洗干净，并用热吹风烘干。

2）吊环水平须调节好，注意偏差为 1°，测量结果引入误差为 0.5%；偏差为 2°，则误差为 1.6%。

3）仪器开机前需预热 15min。

4）在旋转升降台时，尽量使液体的波动要小。

5）工作室的风力不宜过大，以免吊环摆动致使零点波动，造成所测系数不正确。

6）若液体为纯净水，则在使用过程中应防止灰尘、油污及其他杂质的污染。特别是注意手指不要接触被测液体。

7）力敏传感器使用时用力不宜大于 0.098N。过大的拉力易造成传感器损坏。

8）实验结束后要将吊环用清洁纸擦干，并包好放入干燥缸内。

【思考题】

1）比较水的表面张力系数与酒精溶液的表面张力系数，哪种液体的表面张力系数更大？

2）随着溶液浓度的升高，液体的表面张力将会有怎样的变化？为什么？

实验 12　冷却法测量金属比热容

单位质量的物质，其温度升高或降低 1K（1℃）时所需的热量，叫做该物质的比热容。根据牛顿冷却定律（对流换热时，单位时间内物体单位表面积与流体交换的热量，同物体表面温度与流体温度之差成正比），用冷却法测定金属的比热容是量热学中常用方法之一。

【实验目的】

1）学会用铜-康铜热电偶测量物体的温度，学会用冷却法测量金属比热容。

2）已知铜在 100℃下的比热容，用冷却法测量铁和铝在 100℃下的比热容。

【实验仪器】

冷却法金属比热容测量仪、天平、秒表。

【实验原理】

若已知标准样品在不同温度的比热容，通过作冷却曲线可测量各种金属在不同温度时的比热容。本实验以铜为标准样品，测定铁、铝样品在100℃或200℃时的比热容。将质量为 m_1 的金属样品加热后，放到较低温度的介质（如室温的空气）中，样品将会逐渐冷却，其单位时间的热量损失（$\Delta Q/\Delta t$）与温度下降的速率成正比，于是得到下述关系式：

$$\frac{\Delta Q}{\Delta t} = c_1 m_1 \frac{\Delta \theta_1}{\Delta t} \tag{2-12-1}$$

式中，c_1 为该金属样品在温度 θ_1 下的比热容；$\frac{\Delta \theta_1}{\Delta t}$ 为金属样品在 θ_1 下的温度下降速率。根据冷却定律有

$$\frac{\Delta Q}{\Delta t} = a_1 S_1 (\theta_1 - \theta_0)^k \tag{2-12-2}$$

式中，a_1 为热交换系数；S_1 为该样品外表面的面积；k 为常数；θ_1 为金属样品的温度；θ_0 为周围介质的温度。由式（2-12-1）和式（2-12-2），可得

$$c_1 m_1 \frac{\Delta \theta_1}{\Delta t} = a_1 S_1 (\theta_1 - \theta_0)^k \tag{2-12-3}$$

同理，对质量为 m_2，比热容为 c_2，样品外表面的面积为 S_2 的另一种金属样品，有同样的表达式

$$c_2 m_2 \frac{\Delta \theta_2}{\Delta t} = a_2 S_2 (\theta_2 - \theta_0)^k \tag{2-12-4}$$

由式（2-12-3）和式（2-12-4），可得

$$\frac{c_2 m_2 \frac{\Delta \theta_2}{\Delta t}}{c_1 m_1 \frac{\Delta \theta_1}{\Delta t}} = \frac{a_2 S_2 (\theta_2 - \theta_0)^k}{a_1 S_1 (\theta_1 - \theta_0)^k}$$

所以

$$c_2 = c_1 \frac{m_1 \frac{\Delta \theta_1}{\Delta t} a_2 S_2 (\theta_2 - \theta_0)^k}{m_2 \frac{\Delta \theta_2}{\Delta t} a_1 S_1 (\theta_1 - \theta_0)^k}$$

如果两样品的形状尺寸都相同，即 $S_1 = S_2$，两样品的表面状况也相同（如涂层、色泽等），而周围介质（空气）的性质当然也不变，则有 $a_1 = a_2$。于是，当周围介质温度不变（如室温 θ_0 恒定而样品又处于相同温度 $\theta_1 = \theta_2 = \theta$）时，上式可以简化为

$$c_2 = c_1 \frac{m_1 \left(\frac{\Delta \theta}{\Delta t}\right)_1}{m_2 \left(\frac{\Delta \theta}{\Delta t}\right)_2} \tag{2-12-5}$$

如果已知标准金属样品的比热容 c_1 和质量 m_1 以及待测样品的质量 m_2 和两样品在温度 θ 下的冷却速率之比，就可以求出待测的金属材料的比热容 c_2。

几种金属材料的比热容见表 2-12-1：

表 2-12-1

比热容/[J/(g·℃)] 温度/℃	c_{Fe}	c_{Al}	c_{Cu}
100℃	0.110	0.230	0.0940

【实验内容】

1）用铜-康铜热电偶测量温度，而热电偶的热电势采用温漂极小的放大器和三位半数字电压表，经信号放大后输入数字电压表，显示的满量程为 20mV，读出的 mV 数查表即可换算成温度。

2）选取长度、直径、表面光洁度尽可能相同的三种金属样品（铜、铁、铝）用物理天平或电子天平称出它们的质量 m_0。再根据 $m_{Cu} > m_{Fe} > m_{Al}$ 这一特点，把它们区别开来。

3）使热电偶热端的铜导线与数字表的正极相连；冷端铜导线与数字表的负极相连。当数字电压表读数为某一定值如 200℃时，切断电源移去电炉，样品继续安放在与外界基本隔绝的金属圆筒内自然冷却（筒口须盖上盖子）。当温度降到接近 102℃时开始记录，测量样品由 102℃下降到 98℃所需要的时间 Δt_0。按铁、铜、铝的次序分别测量其温度下降相同范围时所需时间，每一样品要重复测量 5 次。因为各样品的温度下降范围相同（$\Delta\theta = 102℃ - 98℃ = 4℃$），所以式（2-12-5）可以简化为 $c_2 = c_1 \dfrac{m_1(\Delta t)_2}{m_2(\Delta t)_1}$，根据该公式，计算铁和铝在 100℃下的比热容，求出不确定度，写出测量结果，并与标准值进行比较。

【注意事项】

1）实验过程中防止烫伤。

2）实验过程中应尽量避免接触加热器和加热器电源线，以免发生触电。

【思考题】

1）测量三种金属的冷却速率，并在图纸上绘出冷却曲线，如何求出它们在同一温度点的冷却速率？

2）能否利用本实验中的方法来测量金属在任意温度下的比热容？

实验 13　用稳态法测量不良导体的导热系数

导热系数是表征物质热传导性质的物理量。材料结构的不同与所含杂质的不同对材料导热系数的数值都会有明显的影响，因此，材料的导热系数常常需要由实验来具体测定。本实验应用稳态法测量不良导体（橡皮样品）的导热系数，主要介绍利用物体散热速率来求传导速率的实验方法。

【实验目的】

1）测量不良导体的导热系数。
2）学习用物体散热速率求热传导速率的实验方法。

【实验仪器】

导热系数测定仪（由电加热器、铜加热盘、橡皮样品圆盘、铜散热盘、支架及调节螺钉、温度传感器以及控温与测温器组成）、千分尺、游标卡尺。。

【实验原理】

1898 年 C. H. Lees 首先使用平板法测量了不良导体的导热系数，这是一种稳态法，在实验中将样品制成平板状，使其上端面与一个稳定的均匀发热体充分接触，下端面与一均匀散热体相接触。由于平板样品的侧面积比平板平面小很多，因此可以认为热量只沿着上下方向垂直传递，横向由侧面散去的热量可以忽略不计，即可以认为，样品内只有在垂直样品平面的方向上有温度梯度，而在同一平面内，各处的温度相同。

设稳态时，样品的上、下平面温度分别为 θ_1 和 θ_2，根据傅里叶传导方程，在 Δt 时间内通过样品的热量 ΔQ 满足下式：

$$\frac{\Delta Q}{\Delta t} = \lambda \frac{\theta_1 - \theta_2}{h_B} S \tag{2-13-1}$$

式中，λ 为样品的导热系数；h_B 为样品 B 的厚度；S 为样品的平面面积。实验中样品为圆盘状，设圆盘样品的直径为 d_B，则由式（2-13-1）得

$$\frac{\Delta Q}{\Delta t} = \lambda \frac{\theta_1 - \theta_2}{4 h_B} \pi d_B^2 \tag{2-13-2}$$

实验装置固定于底座的三个支架上，上面支撑着一个铜散热盘，散热盘可以借助底座内的风扇，达到稳定有效的散热效果。散热盘上安放面积相同的圆盘样品，样品上放置一个圆盘状加热盘，其面积也与样品的面积相同，加热盘是由单片机控制的自适应电加热，并可以设定加热盘的温度。

当传热达到稳定状态时，样品上、下表面的温度 θ_1 和 θ_2 不变，这时可以认为加热盘通过样品传递的热流量与散热盘向周围环境发出的散热量相等。因此，可以通过散热盘在稳定温度 θ_2 下的散热速率来求出热流量 $\frac{\Delta Q}{\Delta t}$。

实验时，当测得稳态时的样品上、下表面温度 θ_1 和 θ_2 后，将样品 B 抽去，让加热盘与散热盘接触，当散热盘的温度上升到高于稳态时的 θ_2 值 20℃ 或者 20℃ 以上时，移开加热盘，让散热盘在电扇作用下冷却，记录散热盘温度 θ 随时间 t 的下降情况，求出散热盘在 θ_2 下的冷却速率 $\frac{\Delta \theta}{\Delta t}\bigg|_{\theta = \theta_2}$，则散热盘在温度 θ_2 下的散热速率为

$$\frac{\Delta Q}{\Delta t} = mc \frac{\Delta \theta}{\Delta t}\bigg|_{\theta = \theta_2} \tag{2-13-3}$$

式中，m 为散热盘的质量；c 为其比热容。

在达到稳态的过程中，盘的上表面并未暴露在空气中，而物体的冷却速率与它的散热表面积成正比，为此，稳态时铜盘的散热速率的表达式应作面积修正：

$$\frac{\Delta Q}{\Delta t} = mc \frac{\Delta \theta}{\Delta t}\bigg|_{\theta=\theta_2} \frac{(\pi R_P^2 + 2\pi R_P h_P)}{(2\pi R_P^2 + 2\pi R_P h_P)} \quad (2\text{-}13\text{-}4)$$

式中，R_P 为散热盘的半径；h_P 为其厚度。

由式（2-13-4）和式（2-13-4）可得

$$\lambda \frac{\theta_1 - \theta_2}{4h_B} \pi d_B^2 = mc \frac{\Delta \theta}{\Delta t}\bigg|_{\theta=\theta_2} \frac{(\pi R_P^2 + 2\pi R_P h_P)}{(2\pi R_P^2 + 2\pi R_P h_P)} \quad (2\text{-}13\text{-}5)$$

所以样品的导热系数 λ 为

$$\lambda = mc \frac{\Delta \theta}{\Delta t}\bigg|_{\theta=\theta_2} \frac{(R_P + 2h_P)}{(2R_P + 2h_P)} \frac{4h_B}{(\theta_1 - \theta_2)} \frac{1}{\pi d_B^2} \quad (2\text{-}13\text{-}6)$$

【实验内容】

1）取下固定螺钉，将橡皮样品放在加热盘与散热盘中间，橡皮样品要求与加热盘、散热盘完全对准；要求上下绝热薄板对准加热和散热盘。调节底部的三个微调螺钉，使样品与加热盘、散热盘接触良好，但注意不宜过紧或过松。

2）插好加热盘的电源插头；再将两根连接线的一端与机壳相连，有传感器的一端则插在加热盘和散热盘小孔中，要求传感器完全插入小孔中，并在传感器上抹一些硅油或者导热硅脂，以确保传感器与加热盘和散热盘接触良好。在安放加热盘和散热盘时，还应注意使放置传感器的小孔上下对齐（注意：加热盘和散热盘两个传感器要一一对应，不可互换）。

3）接上导热系数测定仪的电源，开启电源后，左边表头首先显示"FDHC"，然后显示当时的温度，当转换至"$b==\cdot=$"时，用户可以设定控制温度。设置完成按"确定"键，加热盘即开始加热。右边显示散热盘的当时温度。

4）当加热盘的温度上升到设定温度值时，开始记录散热盘的温度，可每隔1min记录一次，等待10min或更长的时间，直到加热盘和散热盘的温度值基本不变，此时可以认为已经达到稳定状态了。

5）按"复位"键停止加热，取走样品，调节三个螺钉使加热盘和散热盘接触良好，再设定温度为80℃，加快散热盘的温度上升，使散热盘温度上升到高于稳态时的 θ_2 值20℃左右即可。

6）移去加热盘，让散热圆盘在风扇作用下冷却，每隔10s（或者30s）记录一次散热盘的温度示值，由临近 θ_2 值的温度数据中计算冷却速率 $\frac{\Delta \theta}{\Delta t}\bigg|_{\theta=\theta_2}$。也可以根据记录数据画出冷却曲线，用镜尺法作曲线在点 θ_2 的切线，再根据切线斜率计算冷却速率。

7）根据测量得到的稳态时的温度值 θ_1 和 θ_2 和在温度 θ_2 下的冷却速率，由式（2-13-6）计算不良导体样品的导热系数。

【数据记录与处理】

1）室温：_____℃，散热盘比热容（紫铜）：$c = 385$ J/（kg·K），散热盘质量：$m =$

891.42g，测量散热盘厚度 h_P、散热盘直径 D_P、橡皮样品厚度 h_B 和橡皮样品直径 d_B。

2）稳态时（10min 内温度基本保持不变），样品上表面的温度示值 θ_1，样品下表面温度示值 θ_2；每隔 10s 记录一次散热盘冷却时的温度示值，并将冷却曲线在表格中描述出来。

3）取临近 θ_2 温度的测量数据求出冷却速率 $\left.\dfrac{\Delta\theta}{\Delta t}\right|_{\theta=\theta_2}$ = _____ ℃/s。（或者用镜尺法求出冷却速率）。将以上数据代入式（2-13-6）计算得到 λ = _____ W/(m·K)。

【注意事项】

1）为了准确测定加热盘和散热盘的温度，实验中应该在两个传感器上涂些导热硅脂或者硅油，以使传感器和加热盘、散热盘充分接触；另外，加热橡皮样品的时候，为达到稳定的传热效果，调节底部的三个微调螺钉，使样品与加热盘、散热盘紧密接触，注意不要中间有空气隙；也不要将螺钉旋太紧，以影响样品的厚度。

2）导热系数测定仪铜盘下方的风扇可以强迫对流换热，减小样品侧面与底面的放热比，增加样品内部的温度梯度，从而减小实验误差，所以实验过程中，风扇一定要打开。

【思考题】

1）应用稳态法是否可以测量良导体的导热系数？如果可以，对实验样品会有什么要求？实验方法与测不良导体又有什么区别？

2）什么是镜尺法？用镜尺法画切线利用的是什么原理？

实验14 空气比热容比的测定

气体的比热容比 γ 是气体的比定压热容 c_p 与比定容热容 c_V 之比，即 $\gamma = c_p/c_V$，它是绝热过程中一个很重要的参数。γ 的测定对研究气体的内能、气体分子的运动和分子内部运动规律都是很重要的。

【实验目的】

1）用绝热膨胀法测定空气的比热容比。
2）观测热力学过程中的状态变化及基本物理规律。
3）学习气体压力传感器和电流型集成温度传感器的原理及使用方法。

【实验仪器】

空气比热容比测定仪（主要由三部分组成：机箱（含数字电压表两只）、储气瓶、传感器两只（电流型集成温度传感器 AD590 和扩散硅压力传感器各一只）。

【实验原理】

理想气体的比定压热容 c_p 和比定容热容 c_V 之关系由下式表式：

$$c_p - c_V = R \tag{2-14-1}$$

式中，R 为摩尔气体常数。气体的比热容比 γ 为

$$\gamma = \frac{c_p}{c_V} \tag{2-14-2}$$

γ 值经常出现在热力学方程中，以储气瓶内空气作为研究的热学系统，进行如下实验过程：

1) 先打开放气阀，使贮气瓶与大气相通，再关闭放气阀，让瓶内充满与周围空气同温同压的气体，即状态，(p_0, V_2, T_0)。（其中，p_0 为环境大气压强、T_0 为室温，V_2 表示贮气瓶体积）

2) 打开充气阀，用充气球向瓶内打气，充入一定量的气体，然后关闭充气阀。此时瓶内空气被压缩，压强增大，温度升高。待内部气体温度稳定，且达到与环境温度相等时，气体处于状态 (p_1, V_2, T_0)。

3) 迅速打开放气阀，使瓶内空气与大气相通，当瓶内压强降至 p_0 时，立刻关闭放气阀，将有体积为 ΔV 的气体喷泄出贮气瓶。将瓶中保留的气体作为研究对象，由于放气过程较快，瓶内剩下的气体来不及与外界进行热交换，故可以认为是一个绝热膨胀过程。在此过程进行之后，瓶中剩下的气体由状态 I (p_1, V_1, T_0) 转变为状态 II (p_0, V_2, T_1)，其中，V_1 为瓶中保留气体在状态 I (p_1, T_0) 时所占的体积。

4) 由于瓶内气体温度 T_1 低于室温 T_0，所以瓶内气体慢慢从外界吸热，直至达到室温 T_0 为止，此时瓶内气体压强也随之增大为 p_2，气体状态变为 III (p_2, V_2, T_0)。从状态 II 至状态 III 的过程可以看做是一个等容吸热的过程。总之，由状态 I 至状态 II 至状态 III 的过程如图 2-14-1a、b 所示。

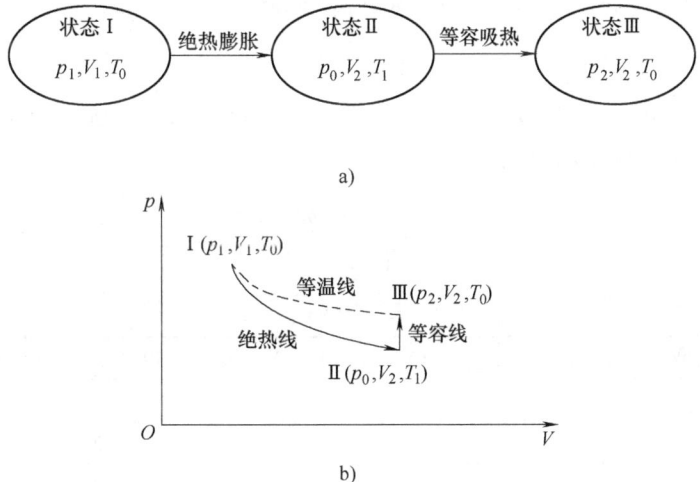

图 2-14-1 实验过程状态分析

状态 I 至状态 II 是绝热过程，由绝热过程方程得

$$p_1 V_1^{\gamma} = p_0 V_2^{\gamma} \tag{2-14-3}$$

状态 I 和状态 III 的温度均为 T_0，由气体状态方程得

$$p_1 V_1 = p_2 V_2 \tag{2-14-4}$$

合并式 (2-14-3)、(2-14-4)，消去 V_1, V_2 得

$$\gamma = \frac{\ln p_1 - \ln p_0}{\ln p_1 - \ln p_2} = \frac{\ln(p_1/p_0)}{\ln(p_1/p_2)} \tag{2-14-5}$$

由式 (2-14-5) 可以看出，只要测得 p_0、p_1、p_2 就可求得空气的 γ。

【实验内容】

1) 接好仪器的电路，注意温度传感器 AD590 的正、负极请勿接错。用 Forton 式气压计测定大气压强 p_0，用水银温度计测环境室温 θ_0。开启电源，将电子仪器部分预热 20min，然后用调零电位器调节零点，把三位半数字电压表示值调到零，记录反映温度的电压值 T_0'。

2) 关闭放气阀，打开充气阀，用打气球把空气稳定地徐徐压入储气瓶内，分别用压力传感器和温度传感器 AD590 测量空气的压强和温度（都是以电压值表示），记录瓶内压强均匀稳定时的压强 p_1' 和温度值 T_1'（T_1' 近似为 T_0'，但往往高于 T_0'）。

3) 突然打开放气阀，当储气瓶的空气压强降低至环境大气压强 p_0 时（这时放气声消失），迅速关闭放气阀。

4) 当储气瓶内空气的温度上升至室温 θ_0 时，记录下储气瓶内气体的压强 p_2'（因实验过程中室温可能有所变化，故只需等瓶内压强 p_2' 稳定即可记录，此时瓶中温度 T_2' 近似为 T_0'）。用式 (2-14-5) 进行计算，求得空气的比热容比。

【数据记录】

$$p_1 = p_0 + p_1'/2000$$

$$p_2 = p_0 + p_2'/2000$$

式中，p_0 的单位为 Pa；p_1' 和 p_2' 的单位为 mV；$p_1'/2000$ 和 $p_2'/2000$ 的单位为 1×10^5Pa（200mV 读数相当于 1.000×10^4Pa）。

$$\gamma = \frac{\ln(p_1/p_0)}{\ln(p_1/p_2)}$$

表 2-14-1

p_0($\times 10^5$Pa)	p_1'/mV	T_1'/mV	p_2'/mV	T_2'/mV	p_1/($\times 10^5$Pa)	p_2/($\times 10^5$Pa)	γ
1.0248							

$\gamma =$ _____，理论值 $\gamma =$ _____，相对误差 $E_\gamma =$ _____（注意：放气时间太长或太短都将引入较大误差）。

【注意事项】

1) 在打开放气阀放气时，当听到放气声结束时应迅速关闭活塞，提早或推迟关闭放气

阀，都将影响实验结果，并引入误差。由于数字电压表显示滞后，若用计算机实时测量，发现此放气时间约为零点几秒，并有可能与放气声消失很一致，所以关闭放气阀时用听声的方式更可靠些。

2）本实验要求环境温度基本不变，如发生环境温度不断下降的情况，可在远离实验仪处适当加温，以保证实验正常进行。

3）请不要靠近窗口或太阳光照射较强处做此实验，以免影响实验进行。

4）密封装配后必须等胶水变干且不漏气，方可做实验。

5）在将气球橡胶管插入前可先沾水（或肥皂水），然后轻轻推入二通，以防止断裂。

6）若采用外接法，外接电池可采用 4 节 R40 甲电池串联作为 6V 直流电源。

7）压力传感器头与测量仪器（主机）配套使用，且上面有号码相对应，注意各台仪器之间不可互相换用。

【思考题】

1）何谓比热容比？
2）本次实验是用何种方法测量空气比热容比的？
3）有哪些因素会影响到实验测量结果的正确性？

实验 15　温度传感器的温度特性测量实验

温度是一种重要的物理量，它不仅和我们的生活环境和科研生产密切相关，而且在实验室中，温度的变化对实验结果至关重要。因而温度传感器也是一种应用最广的传感器。

【实验目的】

1）学习用恒电流法测量热电阻。
2）学习用直流电桥法测量热电阻。
3）测量铂电阻（Pt100）温度传感器的温度特性。
4）测量热敏电阻 NTC（负温度系数）温度传感器的温度特性。
5）测量 PN 结温度传感器的温度特性。
6）测量电流型集成温度传感器（AD590）的温度特性。
7）测量电压型集成温度传感器（LM35）的温度特性。

【实验仪器】

温度传感器的温度特性测试实验仪：含高精度控温恒温系统、恒流源、直流电桥、Pt100 温度传感器、NTC 热敏电阻温度传感器、PN 结温度传感器、电流型集成温度传感器 AD590、电压型集成温度传感器 LM35、数字电压表、实验插接线等。

【实验原理】

温度传感器是利用金属和半导体等材料与温度相关的特性而制成的。常用的温度传感器的类型和作用见表 2-15-1。

表 2-15-1　常用的温度传感器的类型和作用

类型	传感器	测温范围/℃	特点
热电阻	铂电阻	-200~650	准确度高、精度高、测量范围大
热电阻	铜电阻	-50~150	准确度高、精度高、测量范围大
热电阻	镍电阻	-60~180	准确度高、精度高、测量范围大
热电阻	半导体热敏电阻	-50~150	电阻率大、温度系数大、线性差、一致性差
热电偶	铂铑-铂（S）	0~1300	用于高温测量、低温测量两大类，应用不方便（零点补偿）
热电偶	铂铑-铂铑（B）	0~1600	用于高温测量、低温测量两大类，应用不方便（零点补偿）
热电偶	镍铬-镍硅（K）	0~1000	用于高温测量、低温测量两大类，应用不方便（零点补偿）
热电偶	镍铬-康铜（E）	-200~750	用于高温测量、低温测量两大类，应用不方便（零点补偿）
热电偶	铁-康铜（J）	-40~600	用于高温测量、低温测量两大类，应用不方便（零点补偿）
其他	PN 结	-50~150	体积小、灵敏度高、线性好、一致性差
其他	IC 温度传感器	-50~150	线性度好、一致性好

1. 铂电阻（Pt100）温度传感器

Pt100 是一种利用铂金属导体电阻随温度变化的特性而制成的温度传感器。由于铂的物理、化学性能极稳定，抗氧化能力强，复制性好，易于工业化生产，电阻率较高，所以铂电阻大多用于工业检测中的精密测温和温度标准。其缺点是高质量的铂电阻（高级别）价格十分昂贵，温度系数偏小，受磁场影响较大。按 IEC 标准铂电阻的测温范围为 $-200 \sim 650\text{℃}$。百度电阻比 $W(100)=1.3850$ 时，R_0 为 100Ω 或 10Ω，称为 Pt100 或 Pt10，其相应的 R_t 与 t 的关系请查阅分度表 Pt100 或 Pt10，其允许的不确定度 A 级为 ± （$0.15\text{℃}+0.002|t|$），B 级为 ± （$0.3\text{℃}+0.005|t|$）。

铂电阻的阻值与温度之间近似为线性关系，当温度 t 的范围在 $-200 \sim 0\text{℃}$ 时，其特征方程为

$$R_t = R_0[1 + At + Bt^2 + C(t-100\text{℃})t^3]$$

当温度的范围在 $0 \sim 650\text{℃}$ 时为

$$R_t = R_0(1 + At + Bt^2)$$

式中，R_t，R_0 分别为铂电阻在温度 t 和 0℃ 时的电阻值，A，B，C 为温度系数，对于常用的工业铂电阻，

$$A = 3.90802 \times 10^{-3}/\text{℃}, \quad B = -5.80195 \times 10^{-7}/\text{℃}, \quad C = -4.27350 \times 10^{-12}/\text{℃}^3$$

在 $0 \sim 100\text{℃}$ 范围内 R_t 的表达式可近似为

$$R_t = R_0(1 + A_1 t)$$

A_1 为温度系数，近似为 $3.85 \times 10^{-3}/\text{℃}$，Pt100 中，$0\text{℃}$ 时，$R_t = 100\Omega$；100℃ 时，$R_t = 138.5\Omega$。

2. 热敏电阻（NTC1K）温度传感器

热敏电阻是利用半导体电阻阻值随温度变化的特性来测试温度的，按电阻阻值随温度升高而减小或增大，分为 NTC 型（负温度系数）、PTC 型（正温度系数）和 CTR（临界温

度)。热敏电阻电阻率大，温度系数大，但其非线性大，置换性差，稳定性差，通常只适用于一般要求不高的温度测量。以上三种热敏电阻特性曲线见图 2-15-1。

在一定的温度范围内（小于 450℃），热敏电阻的电阻 R_t 与温度 T 之间有如下关系为

$$R_T = R_0 e^{B\left(\frac{1}{T} - \frac{1}{T_0}\right)}$$

式中，R_T 和 R_0 分别是温度为 T（K）和 T_0（K）时的电阻值（K 为热力学温度单位开）；B 是热敏电阻材料常数，一般情况下 B 为 2000~6000K。

对一定的热敏电阻而言，B 为常数，对上式两边取对数，则有

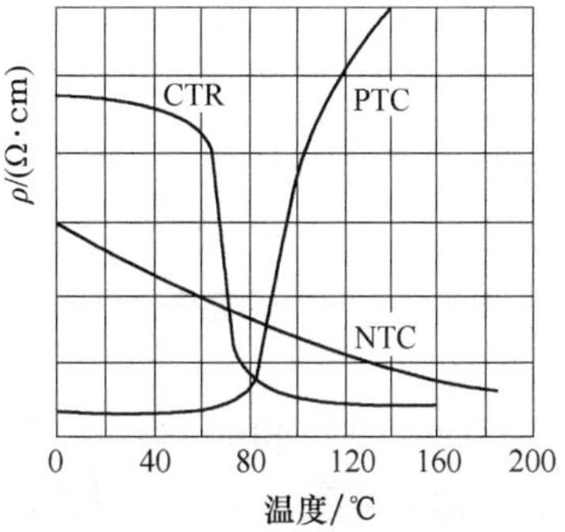

$$\ln R_T = B\left(\frac{1}{T} - \frac{1}{T_0}\right) + \ln R_0$$

图 2-15-1 三种热敏电阻
特性曲线图

由上式可见，$\ln R_T$ 与 $1/T$ 成线性关系，作 $\ln R_T$-$1/T$ 曲线，再用直线拟合即可求出常数 B。

3. PN 结温度传感器

PN 结温度传感器是利用半导体 PN 结的某些性能参数对温度的依赖性来实现温度检测的，实验证明，在一定的电流通过情况下，PN 结的正向电压与温度之间有良好的线性关系。用硅三极管的 b、e 极之间的 PN 结作为温度传感器测量温度，硅三极管基极和发射极间正向导通电压 U_{be} 一般约为 600mV（25℃），且与温度成反比。低温段线性良好，温度系数为 -2.3mV/℃，测温精度较高，测温范围可达 -50~150℃。缺点是一致性差，互换性差。

通常 PN 结组成二极管的电流 I 和电压 U 满足下式

$$I = I_s \left[e^{qU/(kT)} - 1 \right]$$

在常温条件下，且 $U > 0.1$V 时上式可近似为

$$I = I_s e^{qU/(kT)}$$

式中，T 为热力学温度；I_s 为反向饱和电流；$q = 1.602 \times 10^{-19}$C 为电子电荷量；$k = 1.381 \times 10^{-23}$J/K 为玻尔兹曼常数。如果令正向电流保持恒定，则正向电压 U 和温度 t 近似满足下列线性关系

$$U = Kt + U_{go}$$

式中，U_{go} 为半导体材料参数；$K = -2.3$mV/℃ 为温度系数。实验测量如图 2-15-2 所示。

4. 电流型集成温度传感器（AD590）

AD590 是一种电流型集成温度传感器，其输出电流大小与温度成正比。它的线性度极好，AD590 的温度适用范围为 -55~150℃，灵敏度为 1μA/K。AD590 电流型集成温度传感器是将 PN 结温度传感器与处理电路利用集成化工艺制作在同一芯片上的具有测温功能的器件。它具有高精度、动态电阻大、响应速度快、线性好、使用方便等特点。

AD590 是一个二端器件，电路符号如图 2-15-3 所示。AD590 等效于一个高阻抗的恒流源，其输出阻抗大于 10MΩ，能大大减小因电源电压变动而产生的测温误差。

图 2-15-2　PN 结温度传感器实验测量图　　　　图 2-15-3　AD590 电路符号图

AD590 的工作电压为 4~30V，测温范围是 -55~150℃。对应于热力学温度 T，每变化 1K，输出电流变化 1μA，其输出电流 I_0（μA）与热力学温度 T（K）严格成正比。在 $T=0$（K）时其输出为 273.15μA（AD590 有几种精度级别一般误差在 ±3~5μA）

因此，AD590 的输出电流 I_0 的微安数就代表着被测温度的热力学温度值（K）。AD590 的电流-温度（I-T）特性曲线如图 2-15-4 所示。

AD590 温度传感器其准确度在整个测温范围内小于 ±0.5℃，线性极好。利用 AD590 的上述特性，在最简单的应用中，用一个电源，一个电阻，一个电压表即可用于温度的测量。由于 AD590 以热力学温度 K 定标，实际应用中，应该进行℃的转换，即实际应用中，为了与显示温度的仪表一致（如电压表），必须进行技术调零处理（即 0℃时其输出为 273.15μA，通过电压补偿技术调零处理，使其输出为 0V）。实验测量图如图 2-15-5 所示。

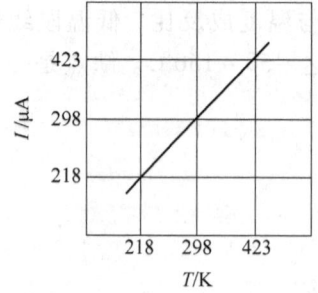

图 2-15-4　AD590 电流-温度（I-T）特性曲线图

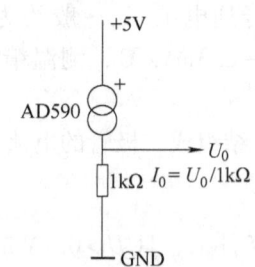

图 2-15-5　AD590 实验测量图

5. 电压型集成温度传感器（LM35）

LM35，采用标准 T0-92 工业封装，其典型精度为 ±0.5℃。由于其输出为电压且线性极好，故只要配上电压源，数字式电压表就可以构成一个精密数字测温系统。内部的激光校准保证了极高的精度及一致性，且无须校准。输出电压的温度系数 $K_V=10\text{mV}/℃$，利用下式可计算出被测温度 t（℃）：

$$U_0 = K_V t = (10\text{mV}/℃)\ t$$

即
$$t = (U_0/10\text{mV})℃$$

LM35 的电路符号如图 2-15-6 所示。实验测量时只要直接测量其输出 U_0 即可知实际温度了。

6. 恒电流法测量热电阻

恒电流法测量热电阻，电路如图 2-15-7 所示，电源采用恒流源，R_1 为已知数值的固定电阻，R_t 为热电阻。U_1 为 R_1 上的电压，U_t 为 R_t 上的电压，当电路电流为 I_0，温度为 t 时，热电阻 R_t 为

$$R_t = \frac{U_t}{I_0} = \frac{R_1 U_t}{U_1}$$

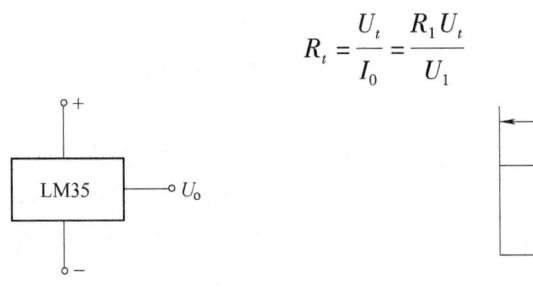

图 2-15-6　LM35 的电路符号图

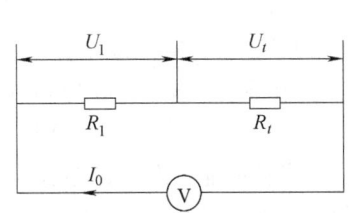

图 2-15-7　恒电流法测热电阻电路图

U_1 用于监测电路的电流，当电路电流恒定时则只要测出热电阻两端电压 U_t 即可知道被测热电阻的阻值。

7. 直流电桥法测量热电阻

直流平衡电桥（惠斯顿电桥）的电路如图 2-15-8 所示，把四个电阻 R_1、R_2、R_x、R_t 连成一个四边形回路 $ABCD$，每条边称做电桥的一个"桥臂"。在四边形的一组对角接点 A，C 之间连入直流电源 E，在另一组对角接点 B，D 之间连入平衡指示仪表（示零器），B，D 两点的对角线形成一条"桥路"，它的作用是将桥路两个端点电位进行比较，当 B，D 两点电位相等时，桥路中无电流通过，示零器示值为零，电桥达到平衡。当 B，D 两点电位相等，示零器指零时，有 $U_{AB} = U_{AD}$，$U_{BC} = U_{DC}$，电桥平

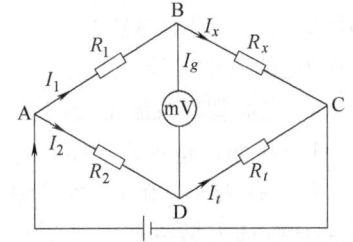

图 2-15-8　直流平衡电桥电路图

衡时电流 $I_g = 0$，流过电阻 R_1，R_x 的电流有 $I_1 = I_x$，同理 $I_2 = I_t$，因此 $\frac{R_1}{R_2} = \frac{R_x}{R_t}$，则 $R_t = \frac{R_2}{R_1} R_x$。

【实验内容】

1. Pt100 铂电阻温度特性的测试

1）恒电流法：监测 R_1 上电流是否为 1mA（即 $U_1 = 0.1$V，$R_1 = 100\Omega$）。将 Pt100（A 级）插入干井炉的中心井，另一只待测试的 Pt100 插入另一井，开启加热器，从室温起开始加热，每隔 10℃设置控温系统一次，控温稳定 2min 后测试 Pt100 的阻值，到 100℃止，计算温度系数及相关系数。

2）直流电桥法：插上桥路电源（+2V），将 Pt100（A 级），插入干井炉中心井，另一只待测试的 Pt100 插入另一井，开启加热器，从室温起开始加热，每隔 10℃控温系统设置一次，控温稳定 2min 后，调整 R_x 使输出电压为零，电桥平衡，则实际测试所得

$$R_t = \frac{R_2}{R_1} R_x$$

因 $R_1 = R_2$，即 $R_t = R_x$（R_1，R_2 用金属膜精密电阻，R_x 用精密电阻箱），计算温度系数及相关系数。

2. NTC 热敏电阻温度特性的测试

1）恒电流法：与 Pt100 的测试相同，监测 R_1 上电流是否为 1mA（即 $U_1 = 0.1V$，$R_1 = 100\Omega$）。将 Pt100（A 级）插入干井炉的中心井，另一只待测试的 NTC1K 插入另一井，开启加热器，从室温起开始加热，每隔 10℃ 设置控温系统一次，控温稳定 2min 后测试 Pt100 的阻值，到 100℃ 止。计算温度系数及相关系数。

2）直流电桥法：与 Pt100 的测试相同，插上桥路电源（+2V），将 Pt100（A 级）插入干井炉中心井，另一只待测试的 NTC1K 插入另一井，开启加热器，从室温起开始加热，每隔 10℃ 设置控温系统一次，控温稳定 2min 后，调整 R_x 使输出电压为零，电桥平衡，则实际测试得

$$R_t = \frac{R_2}{R_1}R_x$$

因 $R_1 = R_2$，即 $R_t = R_x$（R_1，R_2 用金属膜精密电阻，R_x 用精密电阻箱），计算温度系数及相关系数。

3. PN 结温度传感器温度特性的测试

1）将 PN 结温度传感器插入干井炉的一个井内。中心定标温度插入 Pt100A 级，按要求插好联机。开启加热器电源，从室温开始每隔 10℃ 控温系统设置温度并进行 PN 结正向导通电压 U_{be} 的测量，计算温度系数及相关系数。

4. 电流型集成温度传感器（AD590）温度特性的测试

1）按面板指示要求插好连接线，并将温度设置为 25℃（25℃ 位置进行 PID 自适应调整，保证达 25℃ ± 0.1℃ 的控温精度）。将控温传感器 Pt100 插入干井炉的中心井，温度传感器 AD590 插入另一干井炉孔中，升温至 25℃。温度恒定后测试 1kΩ 电阻（金属膜精密电阻）上的电压是否为 298.15mV。

注意：上述实验的环境温度必须低于 25℃。

AD590 输出电流定标温度为 25℃，输出电流为 298.15μA。0℃ 时则为 273.15μA。

2）将干井炉温度设置从最低室温起每隔 10℃ 设置控温系统一次，每次待温度稳定 2min 后，测试 1kΩ 电阻上电压并换算为电流，计算温度系数及相关系数。

5. 电压型集成温度传感器（LM35）温度特性的测试

插接好电路，将定标传感器（PT100A 级）插入中心孔，从环境温度开始，每隔 10℃ 设置控温系统一次，控温后，恒定 2min 测试传感器 LM35 的输出电压，计算温度系数及相关系数。

【注意事项】

考虑到实验的安全性，温度传感器实验设置的最高实验温度为 100℃。实验时可根据实验时间、季节情况选择 6~8 个温度点进行测试实验。

【思考题】

1）不同类型的温度传感器各有什么特点？如何选择温度传感器的类型？

2）温度传感器测温与水银温度计测温相比，有什么优缺点？

第三章 电磁学实验

第一节 电 源

电源是提供电能的装置,能够将其他形式的能量转换成电能。电源分为交流电源和直流电源两种。

1. 交流电源

交流电源一般指电压或电流的大小和方向随时间作周期性变化,用符号 AC 或 "~" 表示,通常由市电网提供的交流电源有 380V 和 220V 两种,频率都是 50Hz。实验室常用的交流电源为 220V,交流电表上的读数为有效值。

2. 直流电源

直流电源是维持电路中形成稳恒电流的装置,主要有以下几种:

(1) 蓄电池 分为铅蓄电池和铁镍电池两类,铅蓄电池的电动势为 2V,额定电流 2A,输出电压较稳定;铁镍电池电动势为 1.4V,额定电流为 10A,输出电压稳定性较差,但坚固耐用,适用于大电流下工作。

(2) 干电池 常用的干电池电动势为 1.5V,在功率小、稳定度不高时是很方便的直流电源。

(3) 标准电池 这是一种化学电池,由于其电动势比较稳定、复现性好,在测量和校准各种电池的电压时,常作为标准的辅助电池。

(4) 晶体管直流稳压电源 这种电源稳定性好,内阻小,输出连续可调,功率较大,使用方便。实验室所用的直流电源为 GPS 系列直流电源。

GPS 系列电源可作输出多种电压/电流,可应用在追踪式(TRACKING)正负电压误差非常小的精密仪器系统上,既方便又非常实用。该电源前面板见图 3-1,各主要键钮功能见表 3-1。

表 3-1

序号	名 称	功 能
1	电源开关 POWER	电源开关
2	电压表 Meter V	显示 CH1 的输出电压
3	电流表 Meter A	显示 CH1 的输出电流
4	电压表 Meter V	显示 CH2 的输出电压
5	电流表 Meter A	显示 CH2 的输出电流

（续）

序号	名 称	功 能
6	电压调整旋钮 VOLTAGE Control Knob	调整 CH1 输出电压。并在并联或串联追踪模式时，用于 CH2 最大输出电压的调整
7	电流调整旋钮 CURRENT Control Knob	调整 CH1 输出电流。并在并联模式时，用于 CH2 最大输出电流的调整
8	电压调整旋钮 VOLTAGE Control Knob	用于独立模式的 CH2 输出电压的调整
9	电流调整旋钮 CURRENT Control Knob	用于 CH2 输出电流的调整
10	恒压恒流指示灯 C. V. / C. C.	当 CH1 输出在恒压源状态时，或在并联或串联追踪模式，CH1 和 CH2 输出在恒压源状态时，C. V. 灯（绿灯）就会亮。当 CH1 输出在恒流源状态时，C. C. 灯（红灯）就会亮
11	恒压恒流指示灯 C. V. / C. C.	当 CH2 输出在恒压源状态时，C. V. 灯（绿灯）就会亮。在并联追踪模式，CH2 输出在恒流源状态时，C. C. 灯（红灯）就会亮
12	输出指示灯 ON/OFF	输出开关指示灯
13	"+"输出端子	CH1 正极输出端子
14	"−"输出端子	CH1 负极输出端子
15	接地端子 GND	大地和底座接地端子
16	"+"输出端子	CH2 正极输出端子
17	"−"输出端子	CH2 负极输出端子
18	输出开关 OUTPUT	打开/关闭输出
19	追踪模式按键 TRACKING	两个按键可选择 INDEP（独立）、SERIES（串联）、或 PARALLEL（并联）的追踪模式，请依据以下步骤： ● 当两个按键都未按下时，是在 INDEP（独立）模式，和 CH1 和 CH2 的输出分别独立 ● 只按下左键，不按右键时，是在 SERIES（串联）追踪模式。在此模式下，CH1 和 CH2 的输出最大电压完全由 CH1 电压控制（CH2 输出端子的电压追踪 CH1 输出端子电压），CH2 输出端子的正端（红）则自动与 CH1 输出端子负端（黑）连接，此时 CH1 和 CH2 两个输出端子可提供 0~2 倍的额定电压 ● 两个键同时按下时，是在 PARALLEL（并联）追踪模式。在此模式下，CH1 输出端和 CH2 输出端会并联起来，其最大电压和电流由 CH1 主控电源供应器控制输出。CH1 和 CH2 可各别输出，或由 CH1 输出提供 0~2 额定电压和 0~2 倍的额定电流输出

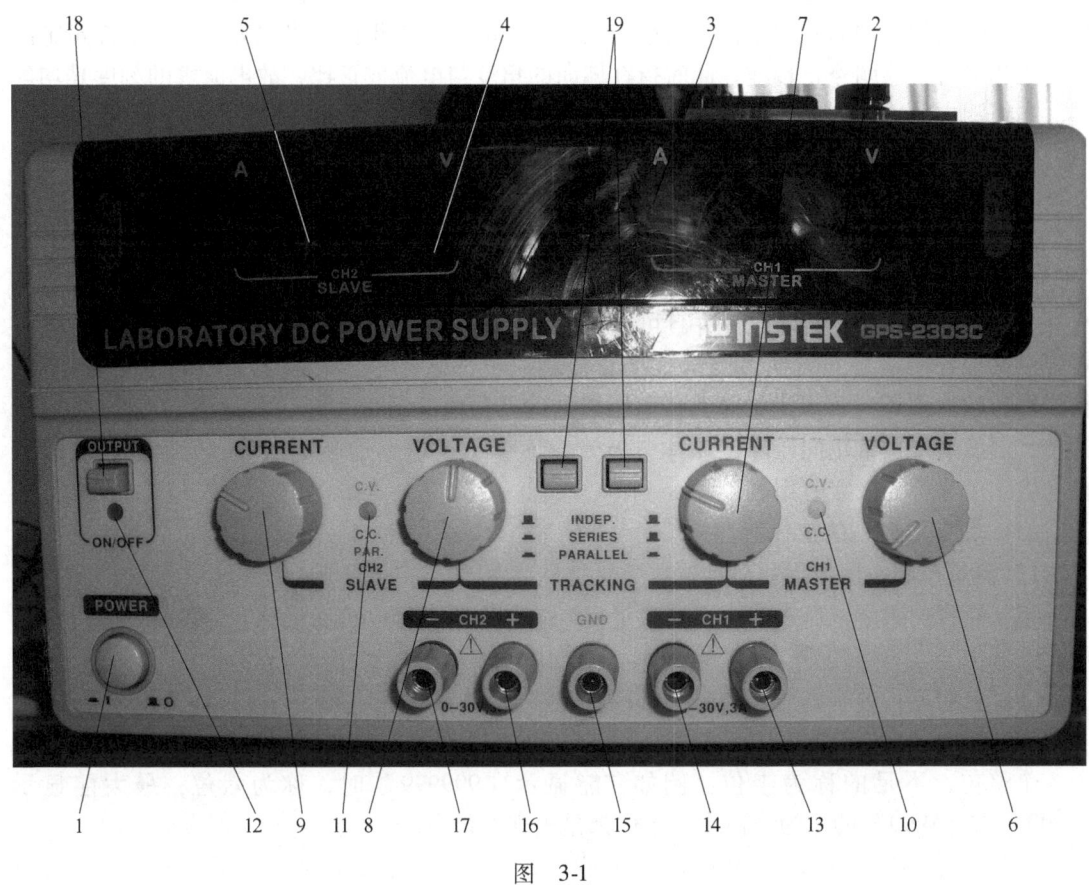

图 3-1

3. 电源使用注意事项

1）必须注意电压的大小，一般来讲，36V 以下的电压对人身是安全的，可以直接操作，大于 36V 的电压，人体不得随便触及；

2）直流电源正负极之间不得短路，使用中还要注意电源的最大输出电流不得超过允许值；

3）使用直流电源时要注意正负极性，不得接错。

第二节 电　　表

电表指测量各种电学量的仪表，按读数的显示方法不同，电表可分为数字式和偏转式两大类。对于数字式电表，测量结果可直接以多位数字形式显示出来；对于偏转式电表，是靠指针在刻度尺上的偏转位置来读取数据。

1. 偏转式电表

普通物理实验室所用的电表基本上都是磁电式电表，由永久磁铁、铁心、线圈、螺旋弹簧、指针、刻度盘等 6 个部分组成。其工作原理是，电流表由于蹄形磁铁和铁心间的磁场是辐向均匀分布的，所以不管通电线圈转到什么角度，它的平面都跟磁感线平行。因此，磁力矩与线圈中的电流成正比（与线圈位置无关）。当通电线圈转动时，螺旋弹簧将被扭动，产生一个阻碍线圈转动的阻力矩，其大小与线圈转动的角度成正比。当磁力矩与螺旋弹簧中的阻力矩相等时，线圈停止转动，此时指针偏向的角度与电流成正比，故电流表的刻度是均匀的。当线圈中的电流方向改变时，安培力的方向随着改变，指针的偏转方向也随着改变，所以，根据指针的偏转方向，可以知道被测电流的方向。

实验室所用的 AC15 型直流检流计就属于磁电式电表。

2. 数字万用表

数字万用表是一种功能齐全、精度高、性能稳定、灵敏度高、结构紧凑的仪表。它显示直观，能做到小型化、智能化，并且可以与计算机接口组成自动化测试系统。由于数字电压表配以其他各种适当的转换电路（如交直流转换器、电流电压转换器、欧姆电压转换器、相位电压转换器等）可以进行除测量电压以外的其他电学量的测量，如电流、电阻、电容、频率、温度、二极管正向压降、晶体三极管 hEF 参数及电路通断测试等，所以这种功能齐全的数字表又称为数字万用表。

（1）数字电压表的工作特性

1）测量范围：用量程和显示位数反映测量范围。

① 量程：数字电压表有一个基本量程，以它为基础可以扩展量程，并使量程步进分挡可调。

② 分辨率：数字电压表的最小量程所能够显示的最小可测量值。

2）位数：指数字电压表能完整地显示数字的最大位数，能显示出 0~9 这十个数字，称为一个整位，不足的称为半位。例如，能显示"999999"时，称为六位；最大能显示"7999"或"1999"的称为三位半。半位都是出现在最高位。

3）输入阻抗：以电阻 R_i 和电容 C_i 并联形式表示。测量直流时，C_i 不予考虑。R_i 的值通常大于 10MΩ（兆欧），因此数字电压表的内阻远远大于指针式电压表的内阻。测量交流电压时 C_i 会造成一些影响。但是，由于现在数字电压表的工作频率一般不超过 10^5Hz，所以 C_i 一般小于 100pF。

4）仪器误差（或称为准确度）：数字电压表的允差可以用极限误差表示为

$$e = (\alpha\% \cdot U_x + \beta\% \cdot U_m)$$

式中，U_x 是测量值（即读数）；U_m 是满度值；$\alpha\% U_x$ 是读数 U_x 的误差；$\beta\% U_m$ 相当于指针式电表中的级别误差。α 和 β 的大小由仪器说明书上给出。

5）抗干扰能力：通常使用的数字电压表的抗干扰能力大于 60dB 以上。

（2）DT9202 通用型数字万用电表的测量方法

1）直流电压和交流电压测量：①将量程开关置所需电压量程。②黑表笔接"COM"插孔，红表笔接"VΩ"插孔。③表笔接被测电路，显示电压读数时，同时显示红表笔的极性。注意：a) 当只在最高位显示"1"时，说明已超量程，应将量程调高。b）不要测量高于 1000V 的电压，虽然有可能读数，但会损坏内部电路。

2）直流电流和交流电流测量：①黑表笔接"COM"插孔，被测最大值在 200mA 时（9201 型在 2A 时），红表笔接"A"插孔；当被测最大值在 20 时，应将红表笔接"20A"插孔。②将量程开关置所需电流量程。③将表笔连接被测电路，读出显示值，同时显示出红表笔的极性。注意：a）同电压测量。b）插孔"A"有 0.2A 熔丝保护（9201 型为

2A），过载会将熔丝熔断，必须按额定值更换，不得超过。c)"20A"插孔无熔丝保护，可连续测量的最大电流为10A，20A电流测量应尽快操作，测量时间不大于15秒。

3）电阻测量：①黑表笔插入"COM"插孔，红表笔插入"VΩ"插孔。②将量程开关置所需Ω量程上。③将表笔跨接在被测电阻上，读出显示值。注意：a) 红表笔极性为"+"。b) 200Ω量程兼通断测试功能，当被测两点间的电阻小于30Ω时，蜂鸣器会发声。c) 当输入开路或过量程时，会显示"1"，可将量程调高。d) 200M量程测量时，两表笔短接电阻读数为1.0是固定的偏值，属正常现象。测量显示值应减去1.0即为正确的读数值。

4）电容测量：①量程开关置所需电容量程，显示会自动校零。②将被测电容插入CX电容输入插孔（不要使用表笔），读出显示值。注意：测试前，被测电容应先放完电，以免损伤仪表。

5）二极管测试：①将量程开关置"⟶⊢"挡位。②黑表笔插"COM"插孔，红表笔插入"VΩ"插孔（注意：红表笔为内电路"+"极）。③将表笔跨接于被测二极管上，读显示值。注意：a) 输入端开路时，显示"1"。b) 显示值为正向电压伏特值，当二极管反接时则显示过量程符号"1"。c) 测试条件：正向直流电流约1mA，反向直流电压约3V。

6）晶体三极管hFE测量：①量程开关置hFE挡位。②确认三极管是NPN型还是PNP型，将三极管三脚分别插入测试插座对应的E、B、C插孔中。③显示读数为晶体三极管hFE的近似值。测试条件：基极电流10μA，Vce约3V。

第三节　电　阻　器

电阻器分为可调电阻和固定电阻。可调电阻包括变阻器、电阻箱和电位器。它们在电路中主要起控制调节作用，衡量一个可调电阻性能的指标有以下两个：

1）全电阻（最大电阻）：常用的电阻箱是六钮的，其全电阻为99999.9Ω，变阻器的全电阻为几欧到几千欧，电位器的全电阻可达几兆欧；

2）额定功率：电阻箱中每个电阻的额定功率一般为0.25W，变阻器的额定功率为几十瓦或几百瓦，电位器功率一般为0.5W，1W，2W。

1. 滑动变阻器

由电阻丝绕成线圈，通过滑动滑片来改变接入电路的电阻丝长度，从而改变阻值，包括以下5部分：①接线柱、②滑片、③刷上绝缘漆的电阻丝、④金属杆、⑤瓷筒或其他绝缘体制作的筒。

连接电路时一般将其串联，且"一上一下"连接，称为限流式接法；还有一种接法是接三个接线柱，"两下一上"连接，称为分压式接法。这种接法会耗费大量电能，除了不得已的情况，一般不用此接法。

2. 电阻箱

滑动变阻器能够改变连入电路的电阻大小，起到连续改变电流大小的作用，但不能准确知道连入电路的电阻值。如果需要知道连入电路的电阻的阻值，就要用到电阻箱。

实验室常用的是六位十进制电阻箱，它的6个旋钮下的电阻全部使用后总电阻为99999.9Ω，如果只需要0.1~0.9(9.9)Ω的阻值变化，则应该接0和0.9(或9.9)Ω两个接线柱。

电阻箱的读数为各旋盘对应的指示点的示数乘以面板上标记的倍数，然后加在一起，就是接入电路的阻值。

3. 电位器

电位器和变阻器基本相同，可把它看成是圆形的滑线电阻，它有三个接头，特点是体积小，常用在电子仪器中。

第四节 开　关

开关是指一个可以使电路开路、使电流中断或流到其他电路中去的电子元件。开关的种类有多种，表3-2列出了各种开关的名称及电路符号：

表 3-2

国家标准电路图符号	旧标准电路图符号	开关名称
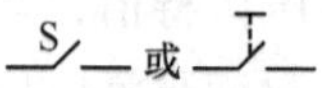	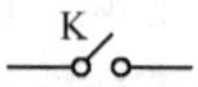	手动单刀单掷开关
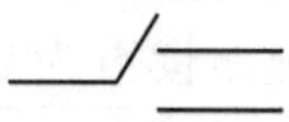	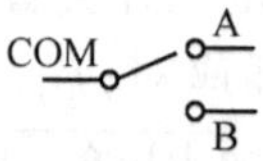	单刀双掷开关
	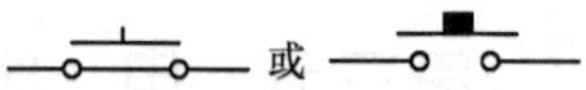	轻触开关（非锁存）
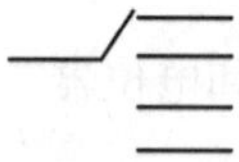	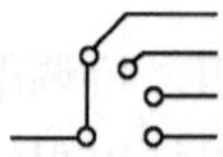	单刀多掷开关（以4掷为例）
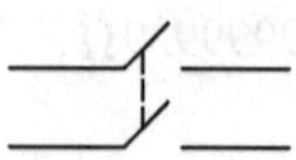	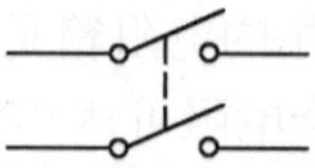	双刀单掷开关
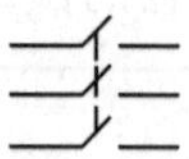	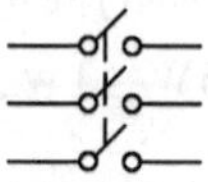	多刀单掷开关（以三刀为例）
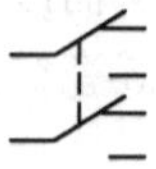	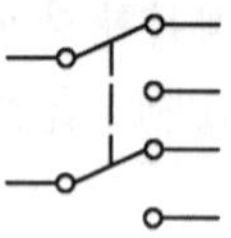	双刀双掷开关

开关的主要参数有：

1）额定电压：是指开关在正常工作时所允许的安全电压。若加在开关两端的电压大于此值，便会造成两个触点之间打火击穿。

2）额定电流：当开关接通时所允许通过的最大安全工作电流。当电流超过此值时，开关的触点就会因电流太大而被烧毁。

3）绝缘电阻：是指开关的导体部分与绝缘部分的电阻值。绝缘电阻值应在100MΩ以上。

4）接触电阻：是指开关在导通状态下，每对触点之间的电阻值。一般要求接触电阻值在 0.1~0.5Ω 以下，此值越小越好。

5）耐压：是指开关对导体及地之间所能承受的最低电压值。

6）寿命：是指开关在正常工作条件下能操作的次数。一般要求在 5000~35000 次。

第五节 示 波 器

示波器是利用电子示波管的特性，将人眼无法直接观测的电信号转换成图像，显示在荧光屏上以便测量的电子测量仪器。凡可以转化为电效应的周期性物理过程都可以用示波器进行观测，因此，示波器是观察数字电路实验现象、分析实验中的问题、测量实验结果等必不可少的重要仪器。示波器分为数字示波器、模拟示波器、取样示波器、记忆示波器、矢量示波器等，物理实验中常用的示波器为模拟示波器和数字示波器。

1. 模拟示波器

以下为模拟示波器前面板各键钮功能介绍（见图 3-2）。

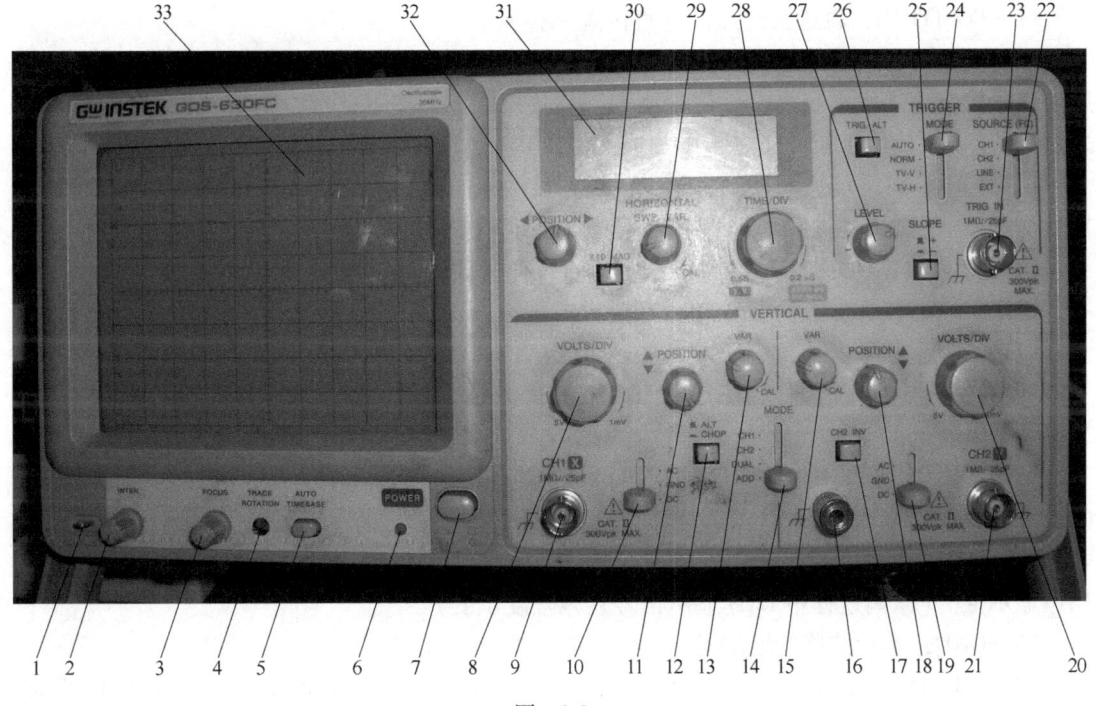

图 3-2

CRT、LCD 显示屏：

1—CAL（$2V_{p-p}$）：此端子会输出一个 $2V_{P-p}$，1kHz 的方波，用以校正测试棒及检查垂直偏向的灵敏度。

2—INTEN：轨迹及光点亮度控制钮。

3—FOCUS：轨迹聚焦调整钮。

4—TRACE ROTATION：使水平轨迹与刻度线成平行的调整钮。

5—AUTO TIMEBASE：在频率计数器稳定计频时，按下 AUTO TIMEBASE 键可以切换扫描时间至适当的挡位。

6—POWER 电源指示灯。

7—电源主开关，压下此钮可接通电源，电源指示灯 6 会发亮；再按一次，开关凸起时，则切断电源。

VERTICAL 垂直偏向：

8—VOLTS/DIV：垂直衰减选择钮，以此钮选择 CH1 及 CH2 的输入信号衰减幅度，范围为 1mV/DIN～5V/DIV，共 12 挡。

9—CH1（X）输入：CH1 的垂直输入端：在 X-Y 模式中，为 X 轴的信号输入端。

10—AC-GND-DC：输入信号耦合选择按键组。

AC：垂直输入信号电容耦合，截止直流或极低频信号输入。

GND：按下此键则隔离信号输入，并将垂直衰减器输入端接地，使之产生一个零电压参考信号。

DC：垂直输入信号直流耦合，AC 与 DC 信号一起输入放大器。

11—POSITION：轨迹及光点的垂直位置调整钮。

12—ALT/CHOP：当在双轨迹模式下，放开此键，则 CH1&CH2 以交替方式显示。（一般使用于较快速之水平扫描文件位）当在双轨迹模式下，按下此键，则 CH1&CH2 以切割方式显示。（一般使用于较慢速之水平扫描文件位）

13—VAR：灵敏度微调控制，至少可调到显示值的 1/2.5。在 CAL 位置时，灵敏度即为挡位显示值。（微调过程中 LCD 显示信号衰减幅度不变）

14—VERT MODE：CH1 及 CH2 选择垂直操作模式。

CH1：设定本示波器以 CH1 单一频道方式工作。

CH2：设定本示波器以 CH2 单一频道方式工作。

DUAL：设定本示波器以 CH1 及 CH2 双频道方式工作，此时并可切换 ALT/CHOP 模式来显示两条轨迹。

ADD：用以显示 CH1 及 CH2 的相加信号；当 CH2 INV 键 17 为压下状态时，即可显示 CH1 及 CH2 的相减信号。

15—VAR：灵敏度微调控制，至少可调到显示值的 1/2.5。在 CAL 位置时，灵敏度即为挡位显示值。（微调过程中 LCD 显示信号衰减幅度不变）

16—GND：本示波器接地端子。

17—CH2 INV：按下此键时，CH2 的信号将会被反向。CH2 输入信号于 ADD 模式时，CH2 触发截选信号（Trigger Signal Pickoff）亦会被反向。

18—POSITION：轨迹及光点的垂直位置调整钮。

19—AC-GND-DC：输入信号耦合选择按键组

AC：垂直输入信号电容耦合，截止直流或极低频信号输入。

GND：按下此键则隔离信号输入，并将垂直衰减器输入端接地，使之产生一个零电压参考信号。

DC：垂直输入信号直流耦合，AC 与 DC 信号一起输入放大器。

20—VOLTS/DIV：垂直衰减选择钮，以此钮选择 CH1 及 CH2 的输入信号衰减幅度，范围为 1mV/DIV～5V/DIV，共 12 挡。

21—CH2（Y）输入：CH2 的垂直输入端；在 X-Y 模式中，为 Y 轴的信号输入端。

HORIZONTAL 水平偏向：

22—SOURCE：内部触发源信号及外部 EXT TRIG. IN 输入信号选择器。

CH1：当 VERT MODE 选择器 14 在 DUAL 或 ADD 位置时，以 CH1 输入端的信号作为内部触发源。

CH2：当 VERT MODE 选择器 14 在 DUAL 或 ADD 位置时，以 CH2 输入端的信号作为内部触发源。

LINE：将 AC 电源线频率作为触发信号。

EXT：将 TRIG. IN 端子输入的信号作为外部触发信号源。

23-EXT TRIG. IN：TRIG. IN 输入端子，可输入外部触发信号。欲用此端子时，须先将 SOURCE 选择器 22 置于 EXT 位置。

24—TRIGGER MODE：触发模式选择开关。

AUTO：当没有触发信号或触发信号的频率小于 25Hz 时，扫描会自动产生。

NORM：当没有触发信号时，扫描将处于预备状态，屏蔽上不会显示任何轨迹。本功能主要用于观察 <25Hz 的信号。

TV-V：用于观测电视信号之垂直画面信号。

TV-H：用于观测电视信号之水平画面信号。

TRIGGER 触发：

25—SLOPE：触发斜率选择键

＋：凸起时为正斜率触发，当信号正向通过触发准位时进行触发。

－：压下时为负斜率触发，当信号负向通过触发准位时进行触发。

26—TRIG. ALT：触发源交替设定键，当 VERT MODE 选择器 14 在 DUAL 或 ADD 位置，且 SOURCE 选择器 22 置于 CH1 或 CH2 位置时，按下此键，本仪器即会自动设定 CH1 与 CH2 的输入信号以交替方式轮流作为内部触发信号源。

27—LEVEL：触发准位调整钮，旋转此钮以同步波形，并设定该波形的起始点。将旋钮向"＋"方向旋转，触发准位会向上移；将旋钮向"－"方向旋转，则触发准位向下移。

28—TIME/DIV：扫描时间选择钮，扫描范围从 0.2 S/DIV 到 0.5S/DIV 共 20 个挡位。

X-Y：设定为 X-Y 模式。

29—SWP. VAR：扫描时间的可变控制旋钮，若旋转此控制钮，扫描时间可延长至少为指示数值的 2.5 倍；若旋转此控制钮至最右端 CAL 时，则指示数值将被校准。

30—×10 MAG：水平放大键，按下此键可将扫描放大 10 倍。

31—LCD DISPLAY：LCD 显示屏，可以显示 CH1、CH2 信号衰减幅度、扫描时间范围、X-Y 模式、触发信号频率等。

32—POSITION：轨迹及光点的水平位置调整钮。

CRT、LCD 显示屏

33—FILTER：滤光镜片，可使波形易于观察。

2. 数字示波器

DS5042ME 数字存储示波器前面板如图 3-3 所示。

（1）初步了解常用功能键部分　在常用功能键控制区（MENU）有 6 个按键：

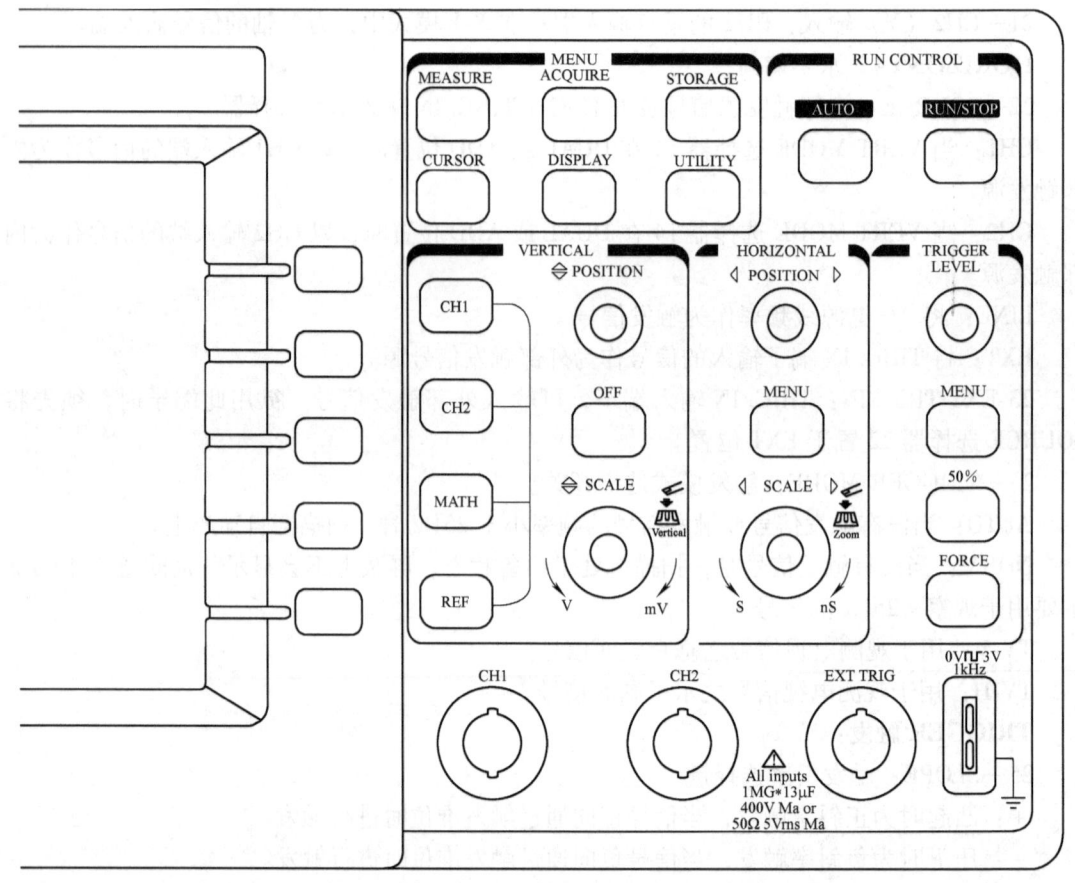

图 3-3 DS5042ME 数字存储示波器前面板

采样系统的功能按键（ACQUIRE）、显示系统的功能按键（DISPLAY）、存储系统的功能按键（STORAGE）、辅助系统的功能按键（UTILITY）、自动测量系统的功能按键（MEASURE）、光标测量系统的功能按键（CURSOR）。

（2）初步了解执行控制部分　在执行控制区（RUN CONTROL）有两个按键。

DS5042ME 数字存储示波器具有自动设置的功能。根据输入的信号，可自动调整电压倍率、时基以及触发方式至最好形态显示。应用自动设置要求被测信号的频率大于或等于 50Hz，占空比大于 1%。将被测信号连接到信号输入通道，按下 AUTO 按钮，示波器将自动设置垂直，水平和触发控制，如需要，可手工调整这些控制使波形显示达到最佳；按下 RUN/STOP 按钮，则示波器开始运行或停止波形采样，在停止的状态下，对于波形垂直挡位和水平时基可以在一定的范围内调整，相当于对信号进行水平或垂直方向上的扩展。在水平挡位为 50ms 或更小时，水平时基可向上或向下扩展 5 个挡位。

（3）初步了解垂直系统　在垂直控制区（VERTICAL）有一系列的按键、旋钮。

1）使用垂直 POSITION 旋钮在波形窗口居中显示信号：垂直 POSITION 旋钮控制信号的垂直显示位置。当转动垂直 POSITION 旋钮时，指示通道（GROUND）的标识将跟随波形而上下移动。

测量技巧：如果通道耦合方式为 DC，则可以通过观察波形与信号地之间的差距来快速测量信号的直流分量。如果耦合方式为 AC，信号里面的直流分量被滤除。这种方式方便操作者用更高的灵敏度显示信号的交流分量。

2）改变垂直设置，并观察因此导致的状态信息变化：通过波形窗口下方的状态栏显示的信息，确定任何垂直挡位的变化。

① 转动垂直 SCALE 旋钮改变"Volt/div（伏/格）"垂直挡位，可以发现状态栏对应通道的挡位显示发生了相应的变化。

② 按 CH1、CH2、MATH、REF，屏幕显示对应通道的操作菜单、标志、波形和挡位状态信息。按 OFF 按键关闭当前选择的通道。

注意：OFF 按键具备关闭菜单的功能。当菜单未隐藏时，按 OFF 按键可快速关闭菜单。如果在按 CH1 或 CH2 后立即按 OFF，则同时关闭菜单和相应通道。

③ Coarse/Fine（粗调/细调）快捷键：切换粗调/细调不但可以通过此菜单操作，更可以通过按下垂直 SCALE 旋钮作为设置输入通道的粗调/细调状态的快捷键。

(4) 初步了解水平系统　在水平控制区（HORIZONTAL）有一个按键、两个旋钮。

1）使用水平 SCALE 旋钮改变水平挡位设置，并观察因此导致的状态信息变化：转动水平 SCALE 旋钮改变"s/div（秒/格）"水平挡位，可以发现状态栏对应通道的挡位显示发生了相应的变化。水平扫描速度从 1ns 至 50s，以 1—2—5 的形式步进，在延迟扫描状态可达到 10ps/div。

Delayed（延迟扫描）快捷键：水平 SCALE 旋钮不但可以通过转动调整"s/div（伏/格）"，更可以按下切换到延迟扫描状态。

2）使用水平 POSITION 旋钮调整信号在波形窗口的水平位置：水平 POSITION 旋钮控制信号的触发位移或其他特殊用途。当应用于触发位移时，转动水平 POSITION 旋钮时，可以观察到波形随旋钮而水平移动。

3）按 MENU 按钮，显示 TIME 菜单：在此菜单下，可以开启/关闭延迟扫描或切换 Y – T、X – Y 显示模式。此外，还可以设置水平 POSITION 旋钮的触发位移或触发释抑模式。

触发位移：指实际触发点相对于存储器中点的位置。转动水平 POSITION 旋钮，可水平移动触发点。

触发释抑：指重新启动触发电路的时间间隔。转动水平 POSITION 旋钮，可设置触发释抑时间。

(5) 初步了解触发系统　在触发控制区（TRIGGER）有一个旋钮、三个按键。

1）使用 LEVEL 旋钮改变触发电平设置：转动 LEVEL 旋钮，可以发现屏幕上出现一条黑色的触发线以及触发标志，随旋钮转动而上下移动。停止转动旋钮，此触发线和触发标志会在约 5s 后消失。在移动触发线的同时，可以观察到在屏幕上触发电平的数值或百分比显示发生了变化。（在触发耦合为交流或低频抑制时，触发电平以百分比显示）

2）使用 MENU 调出触发操作菜单：改变触发的设置，观察由此造成的状态变化。

3）按 50% 按钮：设定触发电平在触发信号幅值的垂直中点。

4）按 FORCE 按钮：强制产生一触发信号，主要应用于触发方式中的"普通"和"单次"模式。

(6) RLC 串联电路的暂态过程中 DS5042ME 示波器的使用方法（仅供参考）

1）将垂直控制区（VERTICAL）中的 SCALE 调为 2 Volt/div。

2）将水平控制区（HORIZONTAL）中的 SCALE 调为 500 μs/div。

3）将触发控制区（TRIGGER）中的触发电平 LEVEL 调为 +2V（示波器输入正电压）或 -2V（示波器输入负电压）；按 MENU 设置边沿类型为上升下降沿，设置触发方式为单次；其他均设为默认值。

4）按执行控制区（RUN CONTROL）的 RUN/STOP 按键，示波器显示 WAIT，此时可进行实验，实验完毕示波器显示 STOP，再次按 RUN/STOP 键进行下一步实验。

第六节　函数信号发生器

函数信号发生器是一种能提供各种频率、波形和输出电平电信号，常用作测试信号源或激励源的设备。实验室主要有两种型号的函数信号发生器——SP1641B 型函数信号发生器和 TFG2000G 系列 DDS 函数信号发生器。

1. SP1641B 型函数信号发生器

本仪器是一种精密的测试仪器，具有连续信号、扫频信号、函数信号、脉冲信号，点频正弦信号等多种输出信号和外部测频功能，整机前面板布局参见图 3-4。

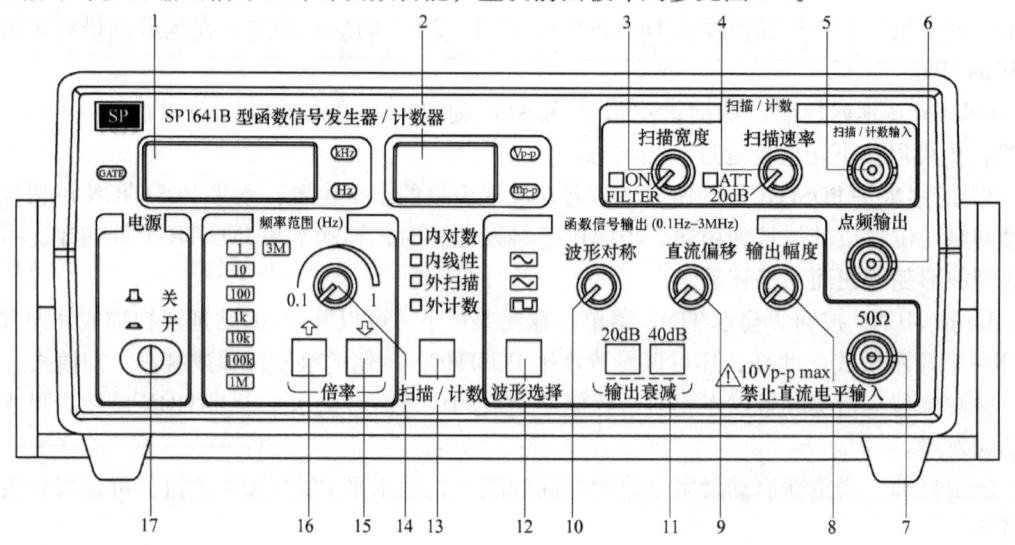

图 3-4　SP1641B 函数信号发生器/计数器整机前面板

1—频率显示窗口：显示输出信号的频率或外测频信号的频率。

2—幅度显示窗口：显示函数输出信号的幅度。

3—扫描宽度调节旋钮：调节此电位器可调节扫频输出的频率范围。在外测频时，逆时针旋到底（绿灯亮），为外输入测量信号经过低通开关进入测量系统。

4—扫描速率调节旋钮：调节此电位器可以改变内扫描的时间长短。在外测频时，逆时针旋到底（绿灯亮），为外输入测量信号经过衰减"20dB"进入测量系统。

5—扫描/计数输入插座：当"扫描/计数键"13 功能选择在外扫描状态或外测频功能时，外扫描控制信号或外测频信号由此输入。

6—点频输出端：输出标准正弦波 100Hz 信号，输出幅度 2Vp-p。

7—函数信号输出端：输出多种波形受控的函数信号，输出幅度 20Vp-p（1MΩ 负载），10Vp-p（50Ω 负载）。

8—函数信号输出幅度调节旋钮：调节范围 20dB。

9—函数输出信号直流电平偏移调节旋钮：调节范围：-5V ~ +5V（50Ω 负载），-10V ~ +10V（1MΩ 负载）。当电位器处在关位置时，则为 0 电平。

10—输出波形对称性调节旋钮：调节此旋钮可改变输出信号的对称性。当电位器处在关位置时，则输出对称信号。

11—函数信号输出幅度衰减开关："20dB"、"40dB" 键均不按下，输出信号不经衰减，直接输出到插座口。"20dB"、"40dB" 键分别按下，则可选择 20dB 或 40dB 衰减。"20dB"，"40dB" 同时按下时为 60dB 衰减。

12—函数输出波形选择按钮：可选择正弦波、三角波、脉冲波输出。

13—"扫描/计数"按钮：可选择多种扫描方式和外测频方式。

14—频率微调旋钮：调节此旋钮可微调输出信号频率，调节基数范围为从 0.1 到 1。

15—倍率选择按钮：每按一次此按钮可递减输出频率的 1 个频段。

16—倍率选择按钮：每按一次此按钮可递增输出频率的 1 个频段。

17—整机电源开关：此按键按下时，机内电源接通，整机工作。此键释放为关掉整机电源。

2. TFG2000G 系列 DDS 函数信号发生器

TFG2000G 系列 DDS 函数信号发生器采用直接数字合成技术（DDS，Direct Digital Synthesis），具有快速完成测量工作所需的高性能指标和众多的功能特性。其简单而明晰的前面板设计以及中文液晶显示界面更便于操作和观察，另外，其还具备可扩展的选件功能，该设备的整机前面板布局如图 3-5 所示。

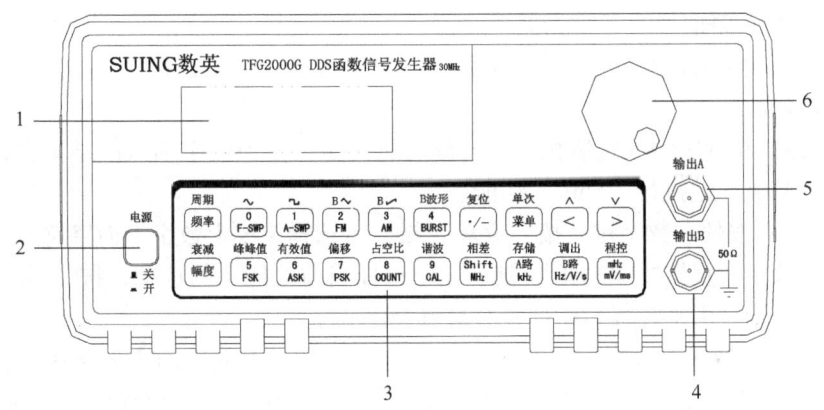

图 3-5　TFG2000G 系列 DDS 函数信号发生器前面板
1—液晶显示屏　2—电源开关　3—键盘　4—输出 B　5—输出 A　6—调节旋钮

仪器前面板上共有 20 个按键，键体上的黑色字表示该键的基本功能，直接按键执行基本功能。键上方的字表示该键的上挡功能，首先按 "Shift" 键，屏幕右下方显示 "S"，再按某一键可执行该键的上挡功能。20 个按键的功能如下：

"频率"键：可设定频率；按 "Shift" "频率"，则为周期设定。

"幅度"键：可设定信号的幅度；按"Shift""幅度"，则可衰减信号的幅度。

"0""1""2""3""4""5""6""7""8""9"键：均为双功能键，基本功能为数字输入；若按任一数字后，再按"菜单"键，可选择该键上数字下面字符所表示的第二功能。下面依次进行介绍。

"0"键：按"F-SWP""菜单"表示输出频率扫描信号；按"Shift""0"表示信号为正弦波。

"1"键：按"A-SWP""菜单"表示输出幅度扫描信号；按"Shift""1"表示信号方波。

"2"键：按"FM""菜单"表示输出频率调制信号；按"Shift""2"表示信号为三角波。

"3"键：按"AM""菜单"表示输出幅度调制信号；按"Shift""3"表示信号为锯齿波。

"4"键：按"BURST""菜单"表示B路输出计数猝发信号；按"Shift""4"可以选择B路的波形。

"5"键：按"FSK""菜单"表示输出频移键控信号；按"Shift""5"表示设定信号幅度格式为峰峰值。

"6"键：按"ASK""菜单"表示输出幅移键控信号；按"Shift""6"表示设定信号幅度格式为有效值。

"7"键：按"PSK""菜单"表示输出频移键控信号；按"Shift""7"表示信号的偏移量。

"8"键：按"COUNT""菜单"可以测量外部信号的频率；按"Shift""8"可以设定脉冲信号的占空比。

"9"键：按"CAL""菜单"可以对仪器的4个参数进行校准；按"Shift""9"可以设定B路信号作为A路信号的N次谐波。

"./-"键：小数点键，在"A路偏移"功能时可输入负号；按"Shift""./-"键可以使仪器初始化。

"MHz"键：在数字输入之后执行单位键功能，同时作为数字输入的结束键；不输入数字，直接按"MHz"键执行"Shift"功能。

"菜单"键：按任一数字键后按"菜单"键，可选择该键上数字下面字符所表示的第二功能；不输入数字，直接按"菜单"键可循环选择当前功能下的选项；按"Shift""菜单"扫描过程运行一步，用来观察扫描过程的细节变化情况。

"kHz"键：在数字输入之后执行单位键功能，同时作为数字输入的结束键；不输入数字，直接按"kHz"键选择"A路"功能；按"Shift""kHz"键可以存储信号的相关参数。

"Hz"键：在数字输入之后执行单位键功能,同时作为数字输入的结束键;输入数字,直接按"Hz"键选择"B路"功能;按"Shift""Hz"键可以调出所存储的信号的相关参数。

"mHz"键：在数字输入之后执行单位键功能，同时作为数字输入的结束键；不输入数字，直接按"mHz"键可循环开启或关闭按键时的提示声音；按"Shift""mHz"用于与计算机连接后的程序测试。

"<"">"键：光标左右移动键；按"Shift""<"或">"表示步进频率的增加或减少的值。

第七节 直流电位差计

UJ33a 为测量精度 0.05% 的直流电位差计,在本实验中可替代数字电压表测量电动势。

1. 电位差计工作原理

电位差计根据补偿原理制成,其工作原理如图 3-6 所示。当 S 合向右边时,调节 R_P 阻值,当工作电流 I 在 R_N 上产生的电压降等于标准电池电势 E_N 值时,检流计 G 指零,此时工作电流便准确地等于 3mA,上述步骤称为对"标准"。当 S 合向左边时,调节已知电阻 R,使用工作电流 3mA 在已知电阻 R 上产生的电压降等于被测值 $V_X = IR$,此时检流计 G 指零。从而可以由已知的 R 值大小来反映 V_X 数值。

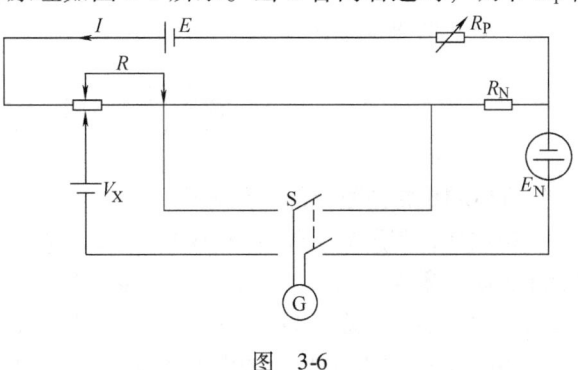

图 3-6

2. UJ33a 型电位差计使用说明

其面板如图 3-7 所示。各部分名称如下:①未知测量接线柱;②倍率开关;③检流计调零;④"测量-输出"开关;⑤扳键开关;⑥工作电流调节变阻器(粗、微);⑦步进盘;⑧滑线盘;⑨晶体管放大检流计。

量程因数×5,有效量程 0~1.0550V;量程因数×1,有效量程 0~211.0mV;量程因数×0.1,有效量程 0~21.10mV。

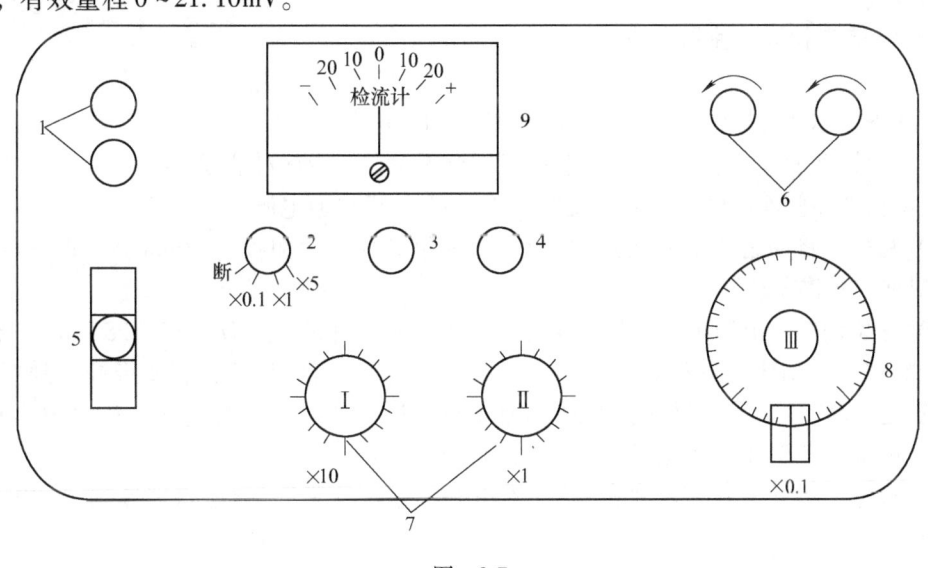

图 3-7

(1) 测量未知电压 V_X 倍率开关从"断"旋到所需倍率,此时电源接通,2min 后调节"调零"旋钮,使检流计指针示值为零。被测电压(势)按极性接入"未知"端钮,"测量-输出"开关旋到"测量"位置,扳键开关扳向"标准",调节"粗""微"旋钮,直到检流计指零。扳键开关扳向"未知",调节Ⅰ、Ⅱ、Ⅲ测量盘,使检流计指零,被测电压(势)为测量盘读数与倍率乘积。

(2) 作信号输出 按上述步骤,在对好"标准"后,将"测量-输出"开关旋到"输出"位置(即检流计短路)。选择"倍率"及调节Ⅰ、Ⅱ、Ⅲ测量盘,扳键放在"未知"位置,此时"未知"端钮两端输出电压值即为倍率与测量示值的乘积。

使用完毕,"倍率"开关置于"断"位置,以免两组内附干电池无谓放电。若长期不使用,将干电池取出。

第八节 特斯拉计

1. TSL-4B 特斯拉计的使用方法

特斯拉计是利用霍尔效应制成的磁强计。它的工作电流采用频率为几千伏的交流电,由此消除了埃廷豪森、能斯特、里纪-勒杜克效应等负效应。仪器内有不等位电压的补偿网络,通过仪器的调零,消除不等位效应,从而实现对交直流磁场 B 的准确测量。

1)用电源线将后面板上的电源插座与220V电网连接,按下电源开关。

2)清零:测试前按清零键,消除系统零位误差,仪表显示为"000.0"。

3)接好霍尔探头,将霍尔探头垂直放入待测磁场即可测试。

注:1)在测量过程中,仪表显示"OL"表示待测磁场值大于2000mT,超过测量范围即过量程。

2)每台仪器均配有与之编号相同的霍尔探头,仪器出厂前已按此探头校准,更换探头时需重新校正。

2. CT3 特斯拉计的使用方法

(1) 准备

1)检查霍尔变送器编号是否与仪器标度盘上的编号相符。

2)将旋钮 E 置于"关"位置,调 H 机械调零钮,使指针对准零刻线。

3)将仪器左侧面的电源转换开关指示"220"V 后接通电源。

(2) 粗校 将变送器插入变送器插座中,旋钮 E 置于"粗校"。3min 后,调校旋钮 A,使指针对准"校准刻线"。

(3) 零位调节 由调相位和调幅度两只旋钮 B 和 C 来完成。D 置于"25"mT,旋钮 E 置于"测量"。先调任一调零旋钮,使指针指示最小值,再调另一旋钮使指针指到更小值,如此反复逐一调节,D 逐步减小到 5mT 再到 1mT,使指针在 1mT 黑色零位线之内,愈接近零愈好(测量大于 5mT 的磁场时,调零要求可放宽些)。

(4) 校准 将旋钮 D 指示"校准",旋钮 E 指示"测量",将变送器插到"校准磁场"孔底,并稍微转动,使指针指示最大值,然后抽出变送器,旋转180°后插入孔底,稍微转动再取最大值,最后,使指针指在两次最大读数的平均值位置。本实验中,由于待测磁场较强(为几百毫特斯拉),可以不进行"校准"这一步。

(5) 测量 将旋钮 D 指示到大于等于欲测磁场范围的量程,旋钮 E 指示"测量"挡。测直流磁场时,将变送器放入待测磁场,并缓慢转动,使指针指示最大值,记下读数,取出变送器,旋转180°。再重新放入磁场并缓慢转动,取最大值读数,两次读数的平均值即为磁场的大小。测交变磁场时，就不需进行第二次测量。

实验 16　用模拟法测绘静电场

带电体在空间形成的静电场，除极简单的情况能够用计算的方法求解，大部分只能借助于实验的方法。但是，直接测量静电场也遇到很大的困难，这不仅因为设备复杂，还因为探针伸入静电场时，探针上会产生感应电荷，这些电荷又产生电场，使原来的静电场产生畸变。为了克服这个困难，我们可以仿造一个与静电场分布完全一样的场（称为模拟场），当用探针去测量模拟场时，它不受干扰。因此，可以间接地获得原静电场的分布。这种不直接研究某物理现象或过程本身，而是用与该物理现象或过程有某种相似的模型来进行研究的方法，称为模拟法。本实验是用稳恒电流场模拟静电场。

【实验目的】

1）了解用电流场模拟静电场的理论依据和实验条件。
2）学会用模拟法测量和研究二维静电场的分布。
3）加深对电场强度及电位概念的理解。

【实验仪器】

静电场测绘仪。

【实验原理】

1. 用稳恒电流场模拟静电场的依据

模拟法的前提是两种状态或过程有一一对应的两组物理量，并且这些物理量在两种状态或过程中满足数学形式基本相同的方程和边界条件。静电场与稳恒电流场有两组对应的物理量，遵循着数学形式相同的物理规律，如下所示。

静 电 场	稳恒电流场
均匀电介质中两导体上的电荷 $\pm Q$	两电极间的均匀导电媒质中流过电流 I
电位分布函数 U	电位分布函数 U
电场强度矢量 $\boldsymbol{E}$	电场强度矢量 $\boldsymbol{E}$
介质介电常数 ε	媒质电导率 σ
电位移矢量 $\boldsymbol{D} = \varepsilon \boldsymbol{E}$	电流密度 $\boldsymbol{j} = \sigma \boldsymbol{E}$
介质内无自由电荷	介质内无电流源
$\oint \varepsilon \boldsymbol{E} \cdot d\boldsymbol{S} = 0$　　　　(3-16-1)	$\oint \sigma \boldsymbol{E} \cdot d\boldsymbol{S} = 0$　　　　(3-16-3)
$\dfrac{\partial^2 U}{\partial x^2} + \dfrac{\partial^2 U}{\partial y^2} + \dfrac{\partial^2 U}{\partial z^2} = 0$　(3-16-2)	$\dfrac{\partial^2 U}{\partial x^2} + \dfrac{\partial^2 U}{\partial y^2} + \dfrac{\partial^2 U}{\partial z^2} = 0$　(3-16-4)

可见，两种场中都有电位的概念，都遵守高斯定律式和拉普拉斯方程式。可以证明：在一定条件下，这两种具有相同边界条件的相同方程，其解也相同，即电流场任一点的直流电位与静电场对应点的静电电位完全一样。因此，我们可以用稳恒电流场中的电位分布来模拟

静电场的电位分布。

用稳恒电流场模拟静电场必须注意条件的相似：①产生静电场的带电体形状和分布与稳恒电流场的电极形状和分布必须完全相同。②静电场中带电体表面是一等位面，要求稳恒电流场中的电极表面也是一等位面。这只有在电极的电导率远大于导电解质的电导率时，方能成立。所以，导电介质的电导率不宜过大。③静电场中的介质相应于稳恒电流场中的导电介质。如果研究的是真空（或空气）中的静电场，相应稳恒电流场必须是均匀分布的导电介质中的场。若模拟垂直于柱面的、每个平面内电场分布都相同的场，还要求导电介质的电导率远大于空气的电导率。

2. 同轴圆柱面电极间电场的模拟

金属同轴圆柱面横断面，如图 3-16-1 所示。中心电极 a，半径 r_0，同轴外电极 b，半径为 R_0。将其置于导电玻璃上，在 a、b 电极之间加上电压 U_0（a 接正，b 接负），电流将轴对称地沿径向从内电极流向外电极。两个电极之间的电流场所形成的同心圆等位线，就可以模拟一个"无限长"均匀带电同轴柱面间形成的等位面。为了说明这一点，只要证明电流场中场强 E' 与静电场中场强 E 分布情况相同即可。

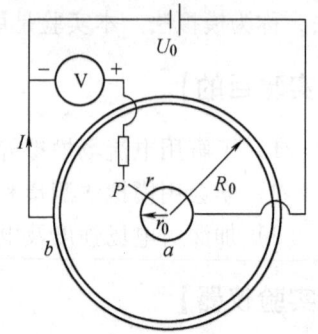

图 3-16-1 模拟长直单芯电缆静电场

（1）同轴圆柱面电极间的静电场 设一"无限长"均匀带电的同轴圆柱面的电荷线密度为 λ，其间充以介电常数为 ε 的介质，由静电学理论可知，柱面之间任意一点离轴为 r 处的电场强度 E 的大小为

$$E = \frac{\lambda}{2\pi\varepsilon r}$$

或
$$E = k\frac{1}{r} \quad \left(k = \frac{\lambda}{2\pi\varepsilon}\right) \tag{3-16-5}$$

电场强度的方向沿径向向外。

（2）同轴圆柱面电极间的电流场 按上述同轴导体的断面大小取作两同心金属圆环，其间填入一薄层（设厚度为 t）的均匀导电介质（介质的电导率 σ 比金属环的电导率小得多），当两电极间加上稳定的直流电压时，在导电介质中就建立起稳定的电场，并有直流电流通过，这时，离轴为 r 处某点 P 的电流密度为 j，根据欧姆定律（微分形式）有 $j = \sigma E'$，该点场强 E' 的大小为

$$E' = \frac{j}{\sigma} = \rho j = \rho \frac{dI}{dS} = \rho \frac{I}{S} = \rho \frac{I}{2\pi rt} = \frac{\rho I}{2\pi t}\frac{1}{r}$$

即
$$E' = \frac{\rho I}{2\pi t} \cdot \frac{1}{r}$$

或
$$E' = k'\frac{1}{r} \quad \left(k' = \frac{\rho I}{2\pi t}\right) \tag{3-16-6}$$

式中，ρ 为介质的电阻率。

适当选取模拟场参数 t，ρ，I，可使 $k' = k$，因而有 $E' = E$；显然 E' 的方向与 j 相同，若选取内圆环 a 为正极，j 的方向沿径向向外，故有

$$E = E' \quad (3\text{-}16\text{-}7)$$

3. 同轴圆柱面电极间任意一点 P 与外电极之间的电位差 U_r

根据静电学理论得

$$U_r = \int_r^{R_0} E \mathrm{d}r = \frac{\lambda}{2\pi\varepsilon}\int_r^{R_0}\frac{\mathrm{d}r}{r} = \frac{\lambda}{2\pi\varepsilon}\ln\frac{R_0}{r} \quad (3\text{-}16\text{-}8)$$

$$U_0 = \frac{\lambda}{2\pi\varepsilon}\cdot\ln\frac{R_0}{r_0} = U_a \quad (3\text{-}16\text{-}9)$$

两式相比可得

$$\frac{U_r}{U_0} = \frac{\ln\dfrac{R_0}{r}}{\ln\dfrac{R_0}{r_0}} \quad (3\text{-}16\text{-}10)$$

或

$$r = R_0\left(\frac{r_0}{R_0}\right)^{\frac{U_r}{U_0}} \quad (3\text{-}16\text{-}11)$$

式（3-16-11）为 r 与 U_r/U_0 的变化关系。在模拟场中 r 和 U 容易测得，从而使式（3-16-11）得到验证。

【实验内容】

1）将同轴圆柱面电极板插入电极座中，稍微调节电极板和坐标纸面，使 a 电极中心与坐标轴的（0，0）点重合。

2）连接电路，电压表的正极表笔作为实验探针，负极表笔接 0 电位 B 接线柱。

3）打开电源开关 U，将探笔与 a 电极接触好，调节电位器旋钮 W，使两电极间的电压为 6V。

4）右手拿住探针，使探针垂直紧贴导电玻璃，眼睛注意电压表示数，分别找出 1V，2V，3V，4V，5V，6V 的等位线。每找出一个准确的等位值后，记住该点的坐标，在自备的坐标纸上描出该点。每条等位线找 6~8 个点。另外，还要记录两电极的坐标位置和几何尺寸。

5）取下坐标纸，用制图工具将同一电位值的点连成光滑的曲线，构成相应于电位为 1V，2V，3V，4V，5V 的等位线，量出它们的实际半径。

6）对同轴电极进行理论值和实验值的比较，算出误差，填入表内。并分析误差原因。

U_r/V	0.00	1.00	2.00	3.00	4.00	5.00	6.00
U_r/U_0	0	1/6	2/6	3/6	4/6	5/6	1
$r_{理}$/cm							
$r_{实}$/cm							
$r_{理}-r_{实}$							
$(r_{理}-r_{实})/r_{理}$							

【思考题】

1）何谓模拟法？试举出几个例子。

2）用稳恒电流场模拟静电场有何优点？
3）描绘出的等位线不对称或不平滑可能是什么原因？

实验17　测量非线性元件的伏安特性

【实验目的】

1）学习使用数字万用表测量电流和电压，熟悉滑线电阻的分压和限流电路。
2）了解电流表内接、外接的条件和误差的估算方法。
3）了解非线性元件的特性。
4）测绘非线性元件的伏安特性曲线。

【实验仪器】

直流电源、直流电流表和直流电压表（分别用两块数字万用表代替）、滑线电阻 1900Ω 和 100Ω 各一只，稳压二极管（$2CW_1$）、导线、开关。

【实验原理】

1. 测量元件的伏安特性

一个电学元件通以直流电后，用电压表测出元件两端的电压，用电流表测出通过元件的电流。通常以电压为横坐标、电流为纵坐标做出元件电流和电压的关系曲线，称做该元件的伏安特性曲线。这种研究元件特性的方法叫做伏安法。伏安曲线为直线的元件叫做线性元件，如电阻；伏安曲线为非直线的元件叫做非线性元件，如二极管、三极管、光敏电阻、热敏电阻等。伏安法的主要用途是测量研究非线性元件的特性。一些传感器的伏安特性随着某一物理量的变化呈现规律性变化，例如温敏二极管、磁敏二极管等。因此分析了解传感器特性时，常需要测量其伏安特性。

根据欧姆定律：

$$R = U/I$$

由电压表和电流表的示值 U 和 I 计算可得到待测元件 R_x 的阻值。非线性电阻的阻值是随电压（或电流）而变动的，因此分析它的阻值必须指出其工作电压（或电流）。表示非线性元件的电阻有两种方法，一种叫静态电阻（或叫直流电阻），用 R_D 表示；另一种叫动态电阻（或叫微变电阻），用 r_D 表示，它等于工作点附近的电压改变量与电流改变量之比。动态电阻可通过伏安曲线求出，如图 3-17-1 所示，图中 Q 点的静态电阻 $R_D = U_Q/I_Q$，动态电阻 r_D 为

$$r_D = \left.\frac{dU}{dI}\right|_Q$$

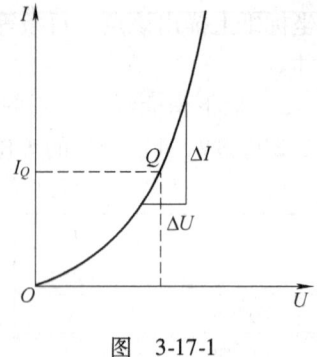

图　3-17-1

测量伏安特性时，电表连接方法有两种：电流表内接和电流表外接。由于电表内阻的影响，这两种接法都会引起一定的系统误差。通常根据待测元件阻值及电表内阻，选择合适的

电表连接方法，以减小接入误差的影响。测量小电阻时常采用电流表外接；测量大电阻时常采用电流表内接。如果已知电流表和电压表内阻分别为 R_A 和 R_V，利用下列公式可以对被测电阻 R_x 进行修正。

当电流表内接时，
$$R_x = \frac{U}{I} - R_A$$

当电流表外接时，
$$\frac{1}{R_x} = \frac{I}{U} - \frac{1}{R_V}$$

又可以由下列公式估计测量 R_x 的相对不确定度：

当电流表内接时，$\dfrac{\sigma_{R_x}}{R_x} = \left[\left(\dfrac{\sigma_U}{U} \right)^2 + \left(\dfrac{\sigma_I}{I} \right)^2 + \left(\dfrac{R_A}{U/I} \right)^2 \left(\dfrac{\sigma_{R_A}}{R_A} \right)^2 \right]^{1/2} \bigg/ \left(1 - \dfrac{R_A}{U/I} \right)$

当电流表外接时，$\dfrac{\sigma_{R_x}}{R_x} = \left[\left(\dfrac{\sigma_U}{U} \right)^2 + \left(\dfrac{\sigma_I}{I} \right)^2 + \left(\dfrac{U/I}{R_V} \right)^2 \left(\dfrac{\sigma_{R_V}}{R_V} \right)^2 \right]^{1/2} \bigg/ \left(1 - \dfrac{U/I}{R_V} \right)$

2. 半导体二极管

半导体的主要材料是四价元素，在四价元素中掺入微量的三价元素形成 P 型半导体；在四价元素中掺入微量的五价元素形成 N 型半导体。使 P 型半导体和 N 型半导体相接触，在它们接触的区域就形成了 PN 结，经欧姆接触引出电极，封装而成半导体二极管。

二极管是一种典型的非线性元件，在电路图中常用如图 3-17-2a 中符号表示。二极管的主要特点是单向导电性，其伏安特性曲线如图 3-17-2b 所示。其特点是：在正向电流和反向电压较小时，伏安特性呈现为单调上升曲线；在正向电流较大时，趋近为一条直线；在反向电压较大时，电流趋近极限值 $-I_s$，I_s 叫做反向饱和电流；在反向电压超过某一数值 $-U_b$ 时，电流急剧增大，这种情况称做击穿，U_b 叫做击穿电压。正向导通后锗管的正向电压降为 0.2~0.3V，硅管为 0.6~0.8V。由于二极管具有单向导电性，它在电子电路中得到了广泛应用，常用于整流、检波、限幅、元件保护以及在数字电路中作为开关元件等。

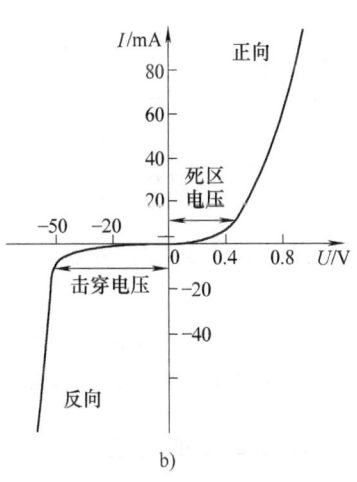

图 3-17-2

3. 稳压二极管

稳压管是一种特殊的硅二极管，表示符号如图 3-17-3a 所示；其伏安特性曲线如图 3-17-3b 所示。在反向击穿电压区一个很宽的电流区间内，伏安曲线陡直，此直线反向与横轴相交于 U_w。稳压管工作在反向击穿区，电流在一定范围内变化，二极管两端电压几乎不变，稳定在一数值。与一般二极管不同，稳压管的反向击穿是可逆的。去掉反向电压，稳压管又恢复正常。但如果反向电流超过允许范围，稳压管同样会因热击穿而损坏。稳压管经常用在稳压、恒流等电路中。

【实验内容】

1. 学习数字万用表的使用

数字万用表功能量程很多,使用时应根据待测量选择合适的功能和量程,同时注意表笔的接法。本实验要求学会使用数字万用表测量直流电压、直流电流、电阻以及检测二极管。具体使用方法在本章的第二节中已经介绍过了。如果万用表无检测二极管的功能,可使用电阻挡测量二极管的正反向电阻,注意选择有二极管标记的挡,如 20kΩ 以上各挡,以避免过大电流烧毁二极管。

2. 用数字万用表检测二极管的正负极

3. 测量稳压二极管的特性

(1) 测量稳压二极管的正向伏安特性曲线

1) 线路分析及元件参数的计算 二极管的正向压降一般为 1V 左右,电压变化范围较小,故应选择限流线路。而限流线路需要计算:a)限流电阻的全电阻;b)限流电阻的额定功率;c)细调的精细度。

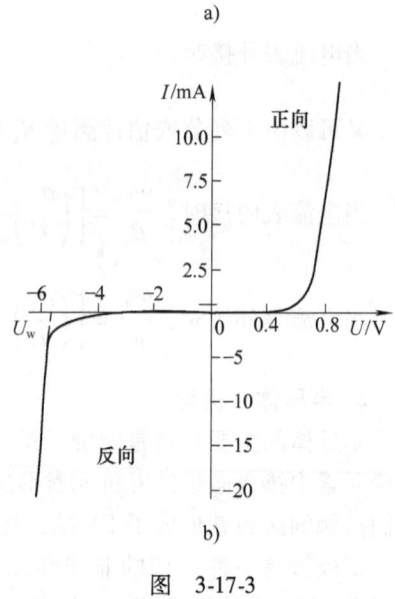

图 3-17-3

$2CW_1$ 稳压二极管的正向电流为 50mA,正向电阻设为 $R_0 = 40\Omega$,若特性曲线从 1mA 作起,则最小电流 $I_{min} = 1mA$。

根据 $I_{max} = \dfrac{E}{R_0}$,则

$$E = I_{max}R_0 = 50\text{mA} \times 40\Omega = 2\text{V}$$

线路电源电压选为 2V。

根据 $I_{min} = \dfrac{E}{R + R_0}$,则

$$R + R_0 = \dfrac{E}{I_{min}} = \dfrac{2}{1 \times 10^{-3}}\Omega = 2000\Omega$$

$$R = 2000\Omega - 40\Omega = 1960\Omega$$

限流电阻 R 应选用 1960Ω,用实验室现有的 1900Ω 滑线电阻基本满足要求。此滑线电阻允许通过 300mA 电流,而线路中最大电流仅为 50mA,不会超过电阻的额定功率。

假设实验中细调的精细度要求 $\Delta I = 1\text{mA}$,根据 $\Delta I = \dfrac{I^2}{E}\Delta R$,则

$$\Delta R = \dfrac{E}{I^2}\Delta I = \dfrac{2}{(50 \times 10^{-3})^2} \times (1 \times 10^{-3})\Omega \approx 1\Omega$$

为了满足 1mA 的细调要求,滑线电阻的每圈电阻值应为 1Ω。实验选用的 1900Ω 滑线电阻共 1 千圈,$\Delta R = 1.9\Omega$,基本可以使用。

2) 测绘正向伏安特性曲线 按照图 3-17-4 连接线路。合上 S 调节 R,电流每变化 1mA,记录相应的电流、电压值,并将数据标于坐标纸上,画出正向伏安特性曲线。在曲线变化较

大的地方尽可能多测几组数据，以便更准确地描绘曲线。

（2）测量稳压二极管的反向伏安特性曲线　由于2CW$_1$管的额定电压（反向击穿电压）为7V左右，反向电阻甚大 $R_反 > 10MΩ$，故采用分压线路。为观察反向电流在7V附近的变化，应在分压线路上接入限流电阻 R_1 做为细调。电源电压选择为8～10V。

按照图3-17-5连接线。将 R_1 滑至最大位置，R 的接头 C 滑至 B 处。合上S，调节 C 点，使二极管反向电压由小到大，观察电流表的变化，当电流表有指示时，记录下电流和电压值，再调节 C 点使电压每变化 0.1V，记录相应的电流、电压值。当电流达到10mA时，R 的调节就比较困难了，改用 R_1 调节，直至25mA。将数据标于坐标纸上，作出反向伏安特性曲线。

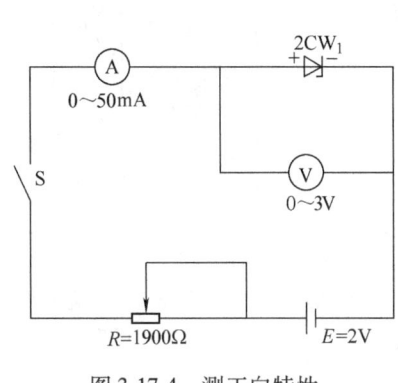

图3-17-4　测正向特性

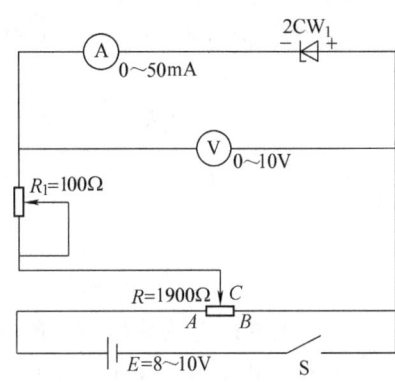

图3-17-5　测反向特性

4. 由伏安特性曲线求出该稳压二极管的正向导通电压和反向稳定电压

求出 $U = 0.8V$ 和 $U = -4V$ 时二极管的静态电阻；根据正向、反向电阻说明二极管的单向导电特性。

【思考题】

1）设计测试小灯泡伏安特性曲线的电路。已知小灯泡的额定电压为 6.3V，额定电流为 250mA，起始电流为 20mA，毫安表内阻为 1Ω 以下，电压表内阻为数千欧。

2）非线性元件的电阻能否用直流电桥或万用表测定？为什么？

实验18　用直流单臂电桥测电阻

【实验目的】

1）了解单臂电桥测电阻的原理。
2）学会自己组合单臂电桥。
3）掌握用箱式单臂电桥测量电阻的方法。
4）了解电桥灵敏度。

【实验仪器】

旋钮电阻箱、QJ23 直流单臂电桥、待测电阻、数字万用表、检流计、开关。

【实验原理】

1. 直流单臂电桥测电阻的原理

直流单臂电桥又称惠斯通电桥，其基本原理如图 3-18-1 所示。图中 R_1、R_2 为固定电阻，R_s 为可调电阻，它们与待测电阻 R_x 连成一个四边形。每一边称为电桥的一个臂，在对角 A 和 C 之间接入电源 E。在对角 B 和 D 之间用检流计 P 搭桥连接。若调节 R_s 使 B 点和 D 点电位相等，则检流计 P 中无电流通过，电桥处于平衡。此时有

$$I_1 R_1 = I_2 R_2$$
$$I_1 R_x = I_2 R_s$$

两式相除得

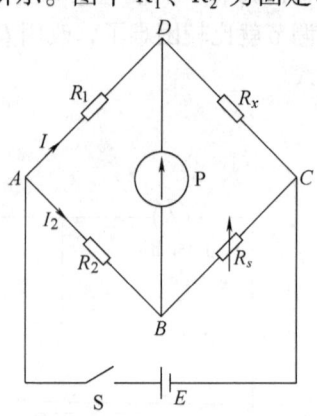

图 3-18-1　直流单臂电桥原理图

$$R_x = \frac{R_1}{R_2} R_s \quad (3\text{-}18\text{-}1)$$

通常称 R_x 为待测臂；R_s 为比较臂；R_1 和 R_2 为比例臂，比值 R_1/R_2 称为倍率。由式（3-18-1）可见，在电桥平衡时，只要知道倍率和 R_s 的值，就可计算出待测电阻。

2. 电桥的灵敏度

从式（3-18-1）可以看出，电桥法测电阻是将被测电阻与已知电阻比较（比较法），因而测量精度取决于已知电阻；另外，电桥平衡与否是根据检流计的偏转来判断的，若将 R_s 改变 ΔR_s 值，检流计的指针偏离平衡位置 Δn 格，则定义

$$S = \frac{\Delta n}{\frac{\Delta R_s}{R_s}} \quad (3\text{-}18\text{-}2)$$

为电桥相对灵敏度。电桥灵敏度反映了电桥对电阻变化的分辨能力。若一个很小的 ΔR_s 能引起较大的 Δn 偏转，则 S 就大，灵敏度就高，因而测量精度就高。

影响电桥灵敏度的因素：在电桥平衡时，应用基尔霍夫定律，可以推出电桥的灵敏度为

$$S = \frac{S_g E}{(R_1 + R_2 + R_x + R_s) + \left(2 + \frac{R_2}{R_1} + \frac{R_x}{R_s}\right) R_g} \quad (3\text{-}18\text{-}3)$$

式中，S_g 为检流计灵敏度（$S_g = \Delta n / \Delta I_g$）；$R_g$ 为检流计内阻；E 为电源电压。由式（3-18-3）可知：提高电源电压 E，选择灵敏度高、内阻低的检流计，适当减小桥臂电阻（$R_1 + R_2 + R_x + R_s$），尽量使电桥的四臂阻值相等，使 $\left(2 + \frac{R_2}{R_1} + \frac{R_x}{R_s}\right)$ 值最小，均可提高电桥的灵敏度。这些提高灵敏度的方法应根据具体情况灵活应用。

电桥的灵敏度并不是越高越好，因为灵敏度太高，抗干扰能力便会降低，测量装置的成本也会增加。实验中判断一个电桥装置的灵敏度是否够用的原则是：根据装置的测量精度，在比较臂 R_s 首位不为零的条件下，其末位有一个或几个该单位的改变量时，检流计若有可觉察的偏转，则电桥装置的灵敏度便可满足测量要求。

3. 电桥法测电阻的误差分析

误差主要来源于电桥四个臂电阻的系统误差，电桥灵敏度导致的测量误差，存在于电桥测量系统中的寄生热电势和接触电势引起的误差（利用改变工作电流方向的方法，进行两次测量，对两次测量结果取平均值，可消除热电势和接触电势引起的误差）。

【实验内容】

1. 用自组电桥测电阻

1）将三个旋钮电阻箱分别用做 R_1，R_2 和 R_s，把它们和待测电阻 R_x 按照图 3-18-1 连接好。调节电源电压 $E = 2\text{V}$。

2）粗测待测电阻 R_x。选取倍率 $R_1 : R_2 = 1 : 1$，调节比较臂 R_s，使电桥达到平衡，则 $R_x \approx R_s$。

3）细测待测电阻 R_x。选取既能充分发挥比较臂 R_s 电阻箱的精度，又能使 R_1，R_2，R_s，R_x 四个电阻相接近的合适倍率 $R_1 : R_2$（为什么?），然后仔细调节比较臂 R_s 的阻值，使电桥达到平衡（若在回路和桥路上加有限流电阻，在调节中应逐步减小限流电阻，反复调整，使电桥进一步达到平衡），记录下 R_s 的值，按式（3-18-1）计算出待测电阻 R_x 的值。

4）电桥灵敏度的测量。当电桥平衡后，使 R_s 改变 ΔR_s 值，从而使检流计正好偏转 1 格，则电桥灵敏度为

$$S = 1\text{ 格}\bigg/\frac{\Delta R_s}{R_s} = \frac{R_s}{\Delta R_s}\text{ 格}$$

5）等比例臂的情况下，可采用交换比例臂的方法进一步提高测量准确度。

6）改变电源极性，观察热电势对测量结果的影响。

2. 用 QJ23 型箱式直流单臂电桥测量电阻

1）将金属片接在"外接"处，然后调节检流计调零旋钮，使检流计指针指零。将待测电阻接于电桥面板的"R_x"两接线柱上。

2）在粗测未知电阻的基础上，保证比较臂 R_s 首位读数盘不为零的条件下，选取适当倍率，以使测量结果得到较高的测量准确度。

3）先按下钮"B"，后按下钮"P"以接通电路（注意：断开电路时，要先放开"P"，再放开"B"）。调节 R_s 的四个旋钮，直至指针指零。此时通过检流计的电流为零，电桥平衡。待测电阻 R_x 的阻值为

$$R_x = \text{比较臂读数盘读数之和} \times \text{比例臂的倍率}$$

4）电桥使用完毕，将按钮"B"和按钮"P"断开，并将金属片接在"内接"处。

【注意事项】

1）使用箱式电桥，调节电桥平衡时，"P"键只是短暂使用，按下"P"，一旦指针偏转很大应立即断开，以免损坏电表；

2）略微增减 R_s 数值，如指针分别向两边偏转，说明平衡点判断正确。否则为由电路故障引起的"假平衡"。

3）开关应短时间接通，因为通电时间过长会导致电阻发热，引起阻值变化。

【数据记录与处理】

用自组电桥测电阻：

电阻	方法	倍率			R_s/Ω	R_{xi}/Ω	电桥灵敏度	
		R_1/Ω	R_2/Ω	$R_1:R_2$			$\Delta R_s/\Omega$	$S/$格
R_{x1}	粗测			1:1				
	细测							
R_{x2}	粗测			1:1				
	细测							
R_{x3}	粗测			1:1				
	细测							

【思考题】

1）单臂电桥倍率的选取原则是什么？为什么要这样选取？

2）箱式电桥中按钮"B"和"P"的作用是什么？应按怎样的顺序操作？为什么？

实验19 用双臂电桥测低电阻

电阻按阻值的大小可分为三类，阻值在 1Ω 以下的电阻为低值电阻，阻值在 $1\Omega \sim 100\mathrm{k}\Omega$ 范围内的为中值电阻，阻值在 $100\mathrm{k}\Omega$ 以上的为高值电阻。不同阻值的电阻，测量方法不同。惠斯通电桥用来测量中值电阻时，可以忽略接触电阻及连接导线的电阻带来的影响，但在测量 1Ω 以下的低值电阻时，就不能忽略了，因为附加电阻一般为 $10^{-5} \sim 10^{-2}\Omega$ 数量级，若待测电阻在 $10^{-1}\Omega$ 数量级以下时，就无法得出正确的测量结果。根据惠斯通电桥原理改进而成的双臂电桥（又称开尔文电桥）能够很好地消除附加电阻的影响，适用于测量阻值在 $10^{-5} \sim 10\Omega$ 范围内的电阻。

【实验目的】

1）了解双臂电桥的设计思想与结构。

2）学习使用双臂电桥测量低电阻、电阻率和电阻温度系数。

【实验仪器】

直流双臂电桥、直导线四端电阻、绕组四端电阻、电热杯、蒸馏水。

【实验原理】

1. 双臂电桥的工作原理

图 3-19-1 为惠斯通电桥测电阻的原理图。如果待测电阻 R_x 是低电阻，R_s 也应该是低电

阻，R_1 和 R_2 可以用较高的电阻。这样虽然连接 R_1 和 R_2 的四根导线的电阻和接触电阻可以忽略，但连接 R_x 和 R_s 的四根导线的电阻和它们在 A，B，C 三点的接触电阻就不能忽略了。所以，惠斯通电桥不能测量低电阻，必须对其加以改进。

为了消除上述接触电阻的影响，先看图 3-19-2a 用伏安法测金属棒电阻 R 的情况。图中电流 I 在 A 处分为 I_1、I_2 两支，考虑接线电阻和接触电阻，I_1 流经 A 点处电流表和金属棒间的接触电阻 r_1 后再流入 R；I_2 流经电压表和金属棒之间的接触电阻 r_3 后再流入电压表。同理，当 I_1、I_2 汇合到 B 点时，必须经过 r_4 和 r_2。因此，可以把 r_1，r_2 看做与 R 串联，而把 r_3，r_4 看做与电压表串联，它们的等效电路如图 3-19-2b 所示。这样电压表上的指示值包括了 r_1，r_2 和 R 上的电压。由于 R 很小，r_1，r_2 的阻值具有与 R 相同的数量级甚至比 R 还大，所以，用电压表上的值来计算电阻 R 的值，其结果必然包含很大的误差。

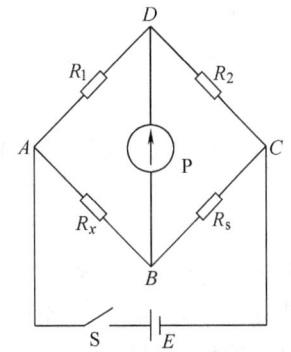

图 3-19-1　惠斯通电桥原理图

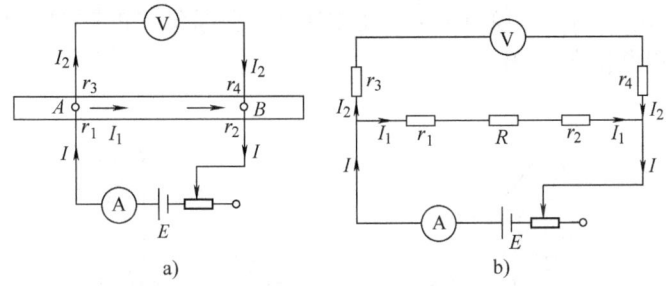

图 3-19-2　伏安法测电阻的两端接线法及等效电路

如果把图 3-19-2a 改成图 3-19-3a，那么，经过同样的分析可知，虽然接触电阻 r_1，r_2，r_3，r_4 都存在，但所处的位置不同，构成的等效电路如图 3-19-3b 所示。由于电压表的内阻远大于 r_3，r_4 和 R，所以，电压表和电流表上的读数可以相当准确地反映电阻 R 上的电压和电流。这样，利用欧姆定律即可算出 R 的值。

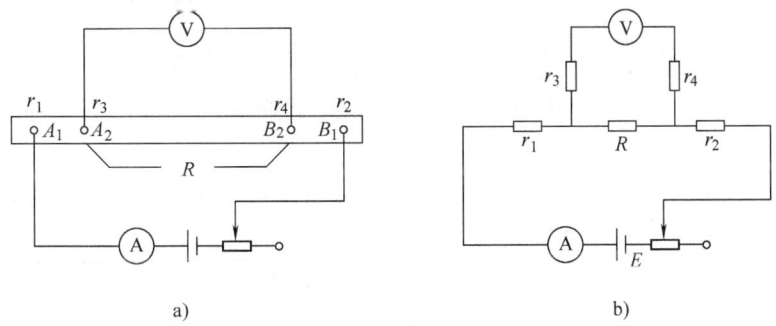

图 3-19-3　伏安法测电阻的四端接线法及等效电路

因此，在测量低电阻时，为了消除接触电阻的影响，常把低电阻的两个接线端 A 和 B 分成四个接线端 A_1，A_2，B_1，B_2（如图 3-19-3a 所示），这样的电阻称为四端电阻。把总电流通过的接线端 A_1 和 B_1 称作电流端（也称 C 端），而把决定所测电阻两端电压的接线端 A_2

和 B_2 称作电压端（也称 P 端）。

把这一理论应用于电桥电路中，就发展成双臂电桥（如图 3-19-4 所示），R_x 和 R_s 分别是待测电阻和标准电阻。

为避免图 3-19-1 单臂电桥中 A 到 R_x 和 C 到 R_s 的导线电阻，可将这两条导线尽量缩短，最好缩短为零，使 A 点与 R_x 直接相接，C 点与 R_s 直接相接（如图 3-19-4a 所示）。为消去 A，C 两点的接触电阻，将 A 点分成 A_1 和 A_2 两点，C 点分成 C_1 和 C_2 两点。显然，图中 A_1 和 C_1 两点的接触电阻可并入电流源的内阻，A_2 和 C_2 两点的接触电阻 r_1 和 r_2 分别并入 R_1 和 R_2 中。但图 3-19-1 中 B 点处的接触电阻和由 B 到 R_x 及 B 到 R_s 的导线电阻因影响太大而不能并入低电阻 R_x 和 R_s 中，因而需要对图 3-19-1 单臂电桥作进一步的改良，在图 3-19-4a 线路中增加了 R_3 和 R_4 两个电阻，让 B 点移至跟 R_3，R_4 及检流计相串联，这样只剩下 R_x 和 R_s 相联的附加电阻了，为消除这一附加电阻的影响，将 R_x 与 R_s 相连接的两个接点各自分开，成为 B_1，B_2 和 B_3，B_4，就可以把 B_2 和 B_4 的接触电阻 r_3，r_4 并入较高的电阻 R_3，R_4 中，B_1 与 B_3 之间则用短粗导线相连，该导线电阻与接触电阻的总和假设为 r。理论证明：适当调节 R_1，R_2，R_3，R_4 和 R_s 的阻值，就可消去附加电阻 r 对测量结果的影响，由此我们得到改进的双臂电桥的等效电路图 3-19-4b。

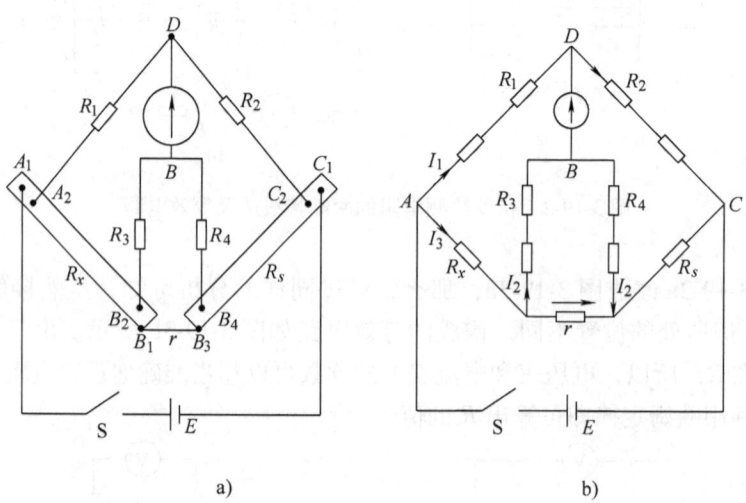

图 3-19-4 双臂电桥及其等效电路

现在推导双臂电桥的平衡条件，调节 R_1，R_2，R_3，R_4 和 R_s 使流过检流计的电流为零，即电桥达到平衡。此时经过 R_1 和 R_2 电流相等，用 I_1 表示；通过 R_3 和 R_4 的电流也相等，用 I_2 表示；通过 R_x 与 R_s 的电流也相等，用 I_3 表示。因为 B、D 两点的电位相等，故有

$$\begin{cases} (R_1 + r_1)I_1 = R_x I_3 + (R_3 + r_3)I_2 \\ (R_2 + r_2)I_1 = R_s I_3 + (R_4 + r_4)I_2 \\ (R_3 + r_3 + R_4 + r_4)I_2 = r(I_3 - I_2) \end{cases} \quad (3\text{-}19\text{-}1)$$

一般 R_1，R_2，R_3，R_4 均取几十欧姆或几百欧姆，而接触电阻和接线电阻 r_1，r_2，r_3，r_4 均在 0.1Ω 以下，故由方程前两式得

$$\begin{cases} R_1 I_1 = R_x I_3 + R_3 I_2 \\ R_2 I_2 = R_s I_3 + R_4 I_2 \\ (R_3 + R_4) I_2 = r(I_3 - I_2) \end{cases} \quad (3\text{-}19\text{-}2)$$

应该注意，从式（3-19-1）化简为式（3-19-2）必须满足

$$\begin{cases} R_x I_3 \gg r_3 I_2 \\ R_s I_3 \gg r_4 I_2 \end{cases} \quad (3\text{-}19\text{-}3)$$

这两个条件。若不满足这两个条件，即 $R_x I_3$、$R_s I_3$ 跟 $r_3 I_2$，$r_4 I_2$ 具有相同的数量级或更大，则只忽略 $r_3 I_2$，$r_4 I_2$，而保留 $R_x I_3$ 和 $R_s I_3$，就是不正确的。

联立求解得

$$R_x = \frac{R_1}{R_2} R_s + \frac{rR_4}{R_3 + R_4 + r}\left(\frac{R_1}{R_2} - \frac{R_3}{R_4}\right) \quad (3\text{-}19\text{-}4)$$

从式（3-19-4）可看出，双臂电桥的平衡条件与单臂电桥平衡条件的差异在于多出了第二项。分析该项发现，若满足辅助条件

$$\frac{R_1}{R_2} = \frac{R_3}{R_4} \quad (3\text{-}19\text{-}5)$$

则该项为零，双臂电桥的平衡条件变为

$$R_x = \frac{R_1}{R_2} R_s \quad (3\text{-}19\text{-}6)$$

可见双臂电桥与单臂电桥具有相同的表达式。当调节双臂电桥平衡时，由比较臂电阻 R_s 与倍率 $R_1:R_2$ 示数的乘积，便可求得待测低电阻 R_x，但前提必须满足式（3-19-3）与式（3-19-5）的条件。

怎样保证 $R_x I_3 \gg r_3 I_2$、$R_s I_3 \gg r_4 I_2$ 呢？因为 R_x 和 R_s 均为低电阻，数量级往往比 r_3 和 r_4 还略小，故只能要求 $I_3 \gg I_2$，又从式（3-19-1）三式可得

$$\frac{I_3}{I_2} \approx \frac{R_3 + R_4}{r}$$

要使 $I_3 \gg I_2$ 必须使 $R_3 + R_4 \gg r$，故 R_3 与 R_4 不能选的太大，否则会影响电桥的灵敏度，所以两低电阻间的附加电阻 r 越小越好，至少要跟 R_x 和 R_s 的数量级相近。

为保证 $\dfrac{R_1}{R_2} = \dfrac{R_3}{R_4}$ 在电桥使用过程中始终成立，通常将电桥做成一种特殊结构，即将两对倍率 $R_1:R_2$ 和 $R_3:R_4$ 采用双十进电阻箱，在这种电阻箱里，两个相同十进电阻的转臂连接在同一转轴上，因此，在转臂的任一位置上都保持 R_1 和 R_3 相等，R_2 和 R_4 相等。上述电桥装置在单臂电桥基础上又增加了倍率 $R_3:R_4$，并使之随原有倍率 $R_1:R_2$ 作相同变化，用以消除附加电阻 r 的影响，故称之为双臂电桥。

2. 导体电阻的特性

（1）导体的电阻率　导体电阻的大小与该导线材料的物理性质和几何形状有关。对于一定材料制成的横截面积均匀的导体，它的电阻 R 与长度 l 成正比，与截面积 S 成反比，即

$$R = \rho \frac{l}{S} \quad (3\text{-}19\text{-}7)$$

式中，比例系数 ρ 由导体的材料决定，叫做材料的电阻率。对于截面积为圆形的导体，有

$$\rho = R \frac{\pi d^2}{4l} \tag{3-19-8}$$

式中，d 为圆形导体的直径。

（2）导体电阻的温度系数　各种电阻的阻值会随温度的变化而变化，对于金属导体，变化关系可用下式表示

$$R_t = R_0(1 + \alpha t + \beta t^2 + \cdots) \tag{3-19-9}$$

式中，R_0 为导体在 0℃ 时的电阻；R_t 为导体在 t℃ 时的电阻；α，β，$\cdots$ 为电阻的温度系数，且 $\alpha > \beta > \cdots$。当温度的变化范围不大时，金属导体的电阻与温度之间近似地存在着如下线性关系

$$R_t = R_0(1 + \alpha t) \tag{3-19-10}$$

而测量温度系数 α 有许多种方法。

3. QJ—44 型直流双臂电桥简介

双臂电桥有多种型号，但其基本原理都相同，只是工作条件、测量范围不一样。图 3-19-5a 和图 3-19-5b 分别是 QJ—44 型直流双臂电桥的面板图和线路图。图 3-19-4 中的 R_s 在图 3-19-5 中被分为连续可变和阶跃可变两部分，由步进读数盘和滑线读数盘组成。图 3-19-5 中倍率读数有 100，10，1，0.1，0.01 五挡，为图 3-19-4 中 $R_1:R_2$ 和 $R_3:R_4$ 的值。

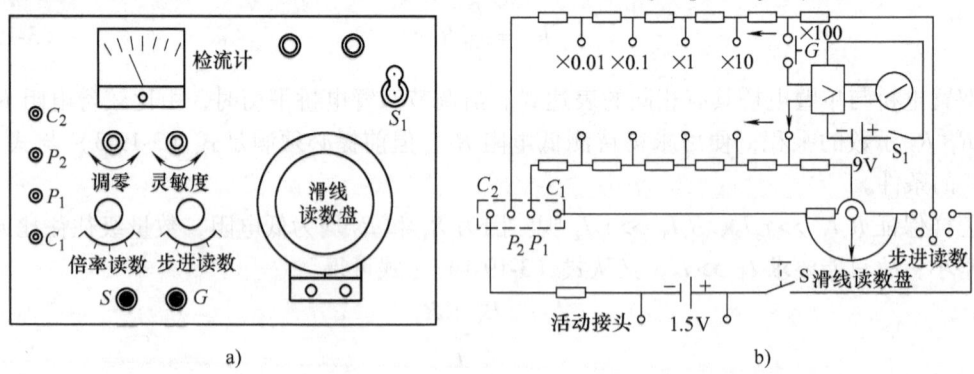

图 3-19-5　QJ—44 型直流双臂电桥

QJ—44 型双臂电桥符合国标 GB/T 3930—2008 的规定，在环境温度为 (20±5)℃、相对湿度小于 80% 等的条件下，基本量程限 0.1mΩ ~ 11Ω 范围之内，测量基本误差允许极限为

$$\Delta R_x = 0.2\% R_{\max} \tag{3-19-11}$$

式中，0.2 是准确度等级；$R_{\max}$ 是在所用的倍率 $R_1:R_2$ 下的最大可测电阻值。与倍率读数对应的测量范围及基本误差极限如表 3-19-1 所示。

表 3-19-1　QJ—44 型直流双臂电桥的测量误差范围与基本误差极限

倍率	量程/Ω	$R_{\max}/\Omega$	$\Delta R_x = 0.2\% R_{\max}$
×10²	1 ~ 11	11	0.22
×10	0.1 ~ 1.1	1.1	0.022

（续）

倍率	量程/Ω	R_{max}/Ω	$\Delta R_x = 0.2\% R_{max}$
×1	0.01~0.11	0.11	0.0022
×10^1	0.001~0.011	0.011	0.00022
×10^{-2}	0.0001~0.0011	0.0011	0.000022

【实验内容】

1. 测量导体的电阻率

1) 将直导线"四端电阻"（如图 3-19-6 所示）的电流端接在 C_1、C_2 接线柱上，电压端接在 P_1、P_2 接线柱上，用双臂电桥测量 P_1、P_2 之间的电阻 R。

2) 接通电流放大器电源开关"S_1"，预热 5min 后调零，并将"灵敏度"旋钮调至最低。测量中调节平衡时应先从低灵敏度开始。选择合适的倍率，按下电源按钮"S"（"S"一般应间歇使用）、检流计按钮"P"，调节步进盘和滑线盘使电桥平衡，然后逐步将灵敏度调到最大，并随即调节电桥平衡，从而得到读数 R_s 与 R_1∶R_2，则

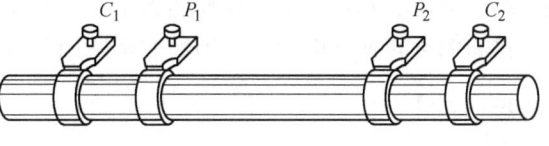

图 3-19-6 四端电阻

$$R_x = 倍率 \times (步进盘读数 + 滑线盘读数)$$

3) 测量完毕，应先掀开"P"，再掀开"S"，并将"S_1"拨向"断"位置。

4) 为消除热电动势和接触电动势对测量结果的影响，可以改变电源的极性，正、反方向各测一次。

5) 用米尺测量 P_1、P_2 间导体的长度 l，用千分尺测量其直径 d，各重复五次。

6) 用式（3-19-8）计算导体的电阻率 ρ。

2. 测量导体电阻的温度系数

1) 将待测金属绕组"四端电阻"浸入盛油（或蒸馏水）的电热杯中。

2) 按内容"1"中的方法测量室温下的电阻 R_1，并从温度计上读出此时的温度 t_1。

3) 加热电热杯，温度每升高 5℃，测量一次电阻，共测量 10 个点。

4) 以温度 t_i 为横坐标，电阻 R_i 为纵坐标作出一条直线，根据式（3-19-10）作图求得截距 R_0 及斜率 m，于是电阻温度系数为

$$\alpha = \frac{m}{R_0} \tag{3-19-12}$$

【注意事项】

1) 连接用的导线应该短而粗，各接头必须干净并且接牢，避免接触不良。

2) 由于通过待测电阻的电流较大，在测量的过程中通电时间应尽量短暂，一方面减轻电源负担，另一方面避免电阻丝的连续发热影响测量结果。

3) 测电阻的温度系数时，温度计的读数和电桥的读数要尽量做到同步。

【思考题】

1）双臂电桥与惠斯通电桥有那些异同？

2）在双臂电桥线路中，如果被测低电阻的两个电压端引线电阻较大（例如引线过细或过长），对测量的准确度有无影响？

实验 20　热电偶定标和测温

热电偶是热能-电势能的转换器，输出量为热电势，它的重要应用之一是测量温度。热电偶与水银温度计等测温器件相比，不仅测温范围广（-200～2000℃）、灵敏度和准确度高、结构简单、制作方便，而且热容量小、响应快、对测量对象的状态影响小。由于热电偶能直接将温度转换成电动势，因而非常适用于自动调温和控温系统。

【实验目的】

1）了解热电偶的测温原理。

2）学习热电偶的使用方法。

3）学习用数字电压表测量温差电动势。

【实验仪器】

1. TE-1 温差电偶装置

温差电偶装置是把用铜和康铜丝焊接而成的热电偶固定在 T 型支架上，低温 t_0 端点放入盛有冰水混合物的保温杯中，高温 t 端点放入盛水的电热杯中，用温度计表示热端的温度。实验时将热电偶与数字电压表相连接。

2. 数字电压表

数字电压表能够准确测量低电动势，而且方便快捷，是电位差计很好的替代产品。本实验所使用的 DM-V$_2$ 型数字电压表其量程为 19.99mV，3 位半数码管显示电压值。

【实验原理】

1. 热电偶

将两根不同的金属或合金丝的端点互相连接（接点焊接或熔接），行成一个闭合回路（如图 3-20-1），当两接点有不同的温度时，回路中将产生电动势，称为温差电动势。这种现象称为热电效应或温差电效应，这个闭合回路称为热电偶。热电偶就是基于这种效应来测温的。

热电偶回路中产生的温差电动势是由汤姆逊电动势和珀耳帖电动势联合组成的。

汤姆逊电动势是因为同一导体的两端温度不同，高温端的电子能量比低温端的电子能量大，所以高温端跑向低温端的电子数目比低温端跑向高温端的要多。这种自由电子从高温端向低温端的扩散，使

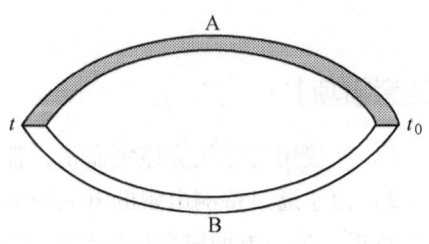

图 3-20-1　热电偶

得高温端因电子数减少而带正电，低温端因电子堆积而带负电，从而在高、低温端之间产生一个从高温端指向低温端的电场。该电场将阻滞电子从高温端向低温端扩散，而将电子从低温端向高温端搬运直至两种运动最后达到动态平衡，使导体两端保持一个电势差，该电势就是汤姆逊电动势。它的大小只与导体材料和两端温度有关，与导体形状无关。若用同一种材料的两根导体组成的闭合回路（假设图 3-20-1 中 A 材料与 B 材料相同），汤姆逊电动势反向且相等，在回路中的作用相互抵消，不能形成稳恒电流。

珀耳帖电动势亦称接触电动势。当两种不同导体 A、B 接触时，由于材料不同，两导体内电子密度也不同，电子向接触面两边扩散的程度也就不同。若 A 导体的电子密度小于 B 导体，则接触处电子从 A 扩散到 B 的数目比从 B 向 A 扩散的少，结果，A 因得到电子而带负电，B 因失去电子而带正。因此，在接触区形成由 B 到 A 的电场，这个电场对电子从 B 到 A 的扩散起阻滞作用，而对从 A 到 B 的扩散起加速作用，达到动态平衡后，使接触面间产生稳定的电势差，这就是珀耳帖电动势。接触电动势的大小除与两种导体的材料有关外，还与接触点的温度有关，温度越高，接触电势差也就愈大。若图 3-20-1 中 $t = t_0$，则仅靠接触电势，回路中也不可能产生稳恒电流。因为两接触点处的接触电动势等值而反向，使得该回路总电动势为零。

因此，热电偶回路中温差电动势的大小除了和组成电偶的材料有关，还决定于两接触点的温度差 $t - t_0$，当制作电偶的材料确定后，温差电动势的大小就只决定于两个接触点的温度差。电动势和温差的关系非常复杂，若取二级近似，可表示为如下形式

$$E = c(t - t_0) + d(t - t_0)^2 \tag{3-20-1}$$

式中，t 为热端温度；t_0 为冷端温度；而 c，d 是电偶常数，它们的大小仅决定于组成电偶的材料。粗略测量时，可取一级近似，可表示为如下形式

$$E = c(t - t_0) \tag{3-20-2}$$

式中，c 称为温差电系数，代表温差 1℃ 时的电动势。

2. 热电偶测温原理

热电偶可用来测量温度，测量时，使电偶的冷端接头温度保持恒定（通常保持在冰点 0℃），另一端与待测的物体相接触，再用数字电压表测出电偶回路的电动势，如图 3-20-2a 所示，如果该电偶的电动势与温差之间的关系事先已标定好，根据已知的 E-Δt 曲线，就可以求出待测温度。图 3-20-2b 是另一种测温线路，这种接法比较简单，但由于室温本身并不很固定，而且连接数字电压表的两接头处的温度也可能有微小差别，所以这种接法准确度稍差，只能用于要求不高的测温场合。

使用热电偶时，总要在热电偶回路中接入数字电压表，因而电路回路实际上都接了第三种金属（数字电压表的电阻丝），从理论上可以证明，只要第三种金属与热电偶的两个焊接点在同一温度，那么第三种金属的接入对回路的温差电动势并无影响。这一性质在实际应用中是很重要的，例如图 3-20-2c 所示为常用的测温线路，即用铜丝 3 将温差电动势接送到数字电压表进行测量。

3. 热电偶的定标

用实验的方法测量热电偶的热电动势与冷热端温度差之间的关系曲线，称为对热电偶定标。定标的方法有两种：

（1）**固定点法** 利用适当的纯物质，在一定的气压下，把它们的熔点或沸点作为已知

温度，测出热电偶在这些温度下对应的电动势，从而得到 E-Δt 关系曲线。利用最小二乘法以多项式拟合实验曲线，可求得 c，d 等常数。这种方法定标点温度稳定、准确，已被定为国际温标的重要复现、校标的基准。

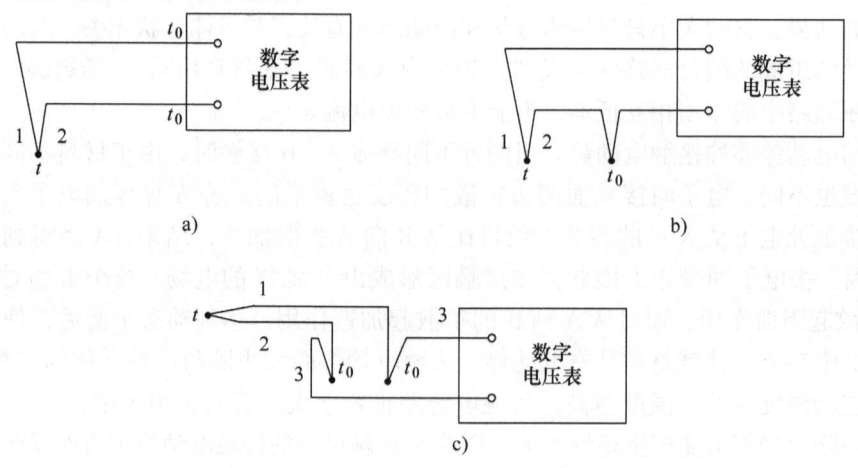

图 3-20-2　热电偶的三种测温线路

（2）比较法　用一标准的测温仪器，如标准水银温度计或高一级的标准电偶，与待定热电偶一起放置在同一个能调温的盛有水或油溶液的容器中进行比较，亦可作出 E-Δt 定标曲线。这种定标方法，设备简单、操作简便，是最常用的一种定标方法。本实验用此法来对铜-康铜热电偶进行定标。

热电偶对温度有很强的敏感性，例如对于铜-康铜热电偶，温度每改变 1℃，温差电动势约变化 40μV，通常用数字电压表来测量温差电动势，只有在要求不太高的场合下才用毫伏表测量，在实际测量时，应使数字电压表与待测物体隔开一定距离，以保持与两铜引线相接的仪器的两黄铜接线柱处的温度相同，避免两接点因温度有差异而产生附加的温差电动势。

【实验内容】

1）在保温杯中放入三分之二杯深的冰水混合物，电热杯中放入三分之二杯深的自来水，盖好盖子，插好温度计。

2）将热电偶的左右两端分别慢慢地插入电热杯和保温杯的铜管里（左右端均应插到绕线的限位点）。然后将热电偶装置的输出端与数字电压表相连。

3）记录室温和冷端温度 t_0。

4）给电热杯通电，让热端升温，当温度升至约 90℃ 时停止加热，再让系统降温，每降 5℃ 记录一次温度 t，同时，用数字电压表测出此时热电偶的温差电动势（若表显示负值，可交换输出端，使表的电动势示值为正）。

5）数据处理与作图

室温 = ＿＿＿＿＿＿℃　　冷端温度 t_0 = ＿＿＿＿＿＿℃

热端温度 t/℃										
$(t-t_0)$ /℃										
温差电动势 E/mV										

以 $t-t_0$ 为横坐标，E 为纵坐标作图（作图时必须保证测量结果最终所应保留的有效数字位数）。

利用所作曲线，求出电偶常数 c。

【注意事项】

1）温差电偶的冷端和热端要慢慢地插入或拔出铜管。
2）电热杯一定要在加够水时才能通电加热。

【思考题】

1）热电偶是用什么原理测量温度的？
2）热电偶是怎样定标的？
3）如果实验中热电偶"冷端"不放在冰水混合物中，而直接处于室温中，对实验结果有些什么影响？

实验 21　用电子式冲击电流计测互感

【实验目的】

1）了解测量互感的原理。
2）掌握利用冲击电流计测互感的方法。

【实验仪器】

电子式冲击电流计、直流数显稳流源、直流稳压电源、数字万用表、标准互感、待测互感、单刀双掷开关。

【实验原理】

1. 互感原理

如图 3-21-1 所示，L_1 和 L_2 为相邻两线圈，L_1 为原线圈，L_2 为副线圈，当 L_1 中的电流 i 发生变化时，L_2 中将引起电动势 E_2（反之亦然），这种现象称为互感现象，且电动势 E_2 在数值上和 L_1 中的电流变化率成正比，即

$$E_2 = M \frac{\mathrm{d}i}{\mathrm{d}t} \tag{3-21-1}$$

式中，比例系数 M 称为互感，它决定于线圈的形状、匝数、相对位置及周围介质的磁导率。当线圈的形状、匝数、相对位置及周围的磁导率一定时，M 为常数。

2. 测量原理

如图 3-21-2 所示，M_0 为标准互感，M_x 为待测互感，它们的次级线圈 L_{02}，L_{x2} 和冲击电流计 P 组成一闭合回路，电源 E、滑线电阻 R_1 和毫安表组成直流稳流源。这样，当 L_{01} 中的电流 i_0 发生变化时，在次

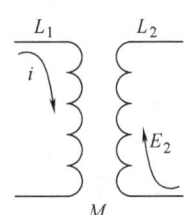

图 3-21-1　互感原理

级线圈 L_{02} 中将有感应电动势 E_2 及感应电流 i_2 产生，且有

$$E_2 = i_2 R = M_0 \frac{di_0}{dt} \tag{3-21-2}$$

式中，R 为冲击电流计回路中的总电阻，即 L_{02}、L_{x2} 本身电阻及电流计内阻之和。

当开关 S 由 a 断开时，L_{01} 中的电流在 τ 时间内由 I_0 变到 0，则通过 L_{02} 回路中的电量为

$$q_0 = \int_0^\tau i_2 dt \tag{3-21-3}$$

将式（3-21-2）中的 i_2 代入式（3-21-3）可得

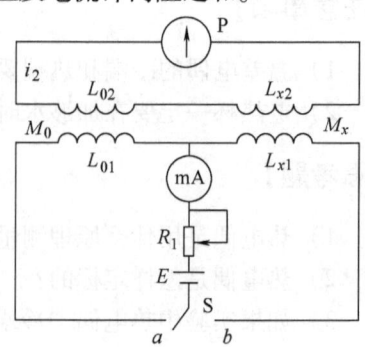

图 3-21-2 测量互感电路

$$q_0 = \int_0^\tau \frac{M_0}{R} \frac{di_0}{dt} dt = \frac{M_0}{R} \int_0^{I_0} di_0 = \frac{M_0}{R} I_0$$

则

$$q_0 R = M_0 I_0 = \psi \tag{3-21-4}$$

式（3-21-4）中 R 又叫做该冲击电流计测电量的冲击常数，常用 K_ψ 表示。

则

$$K_\psi = R = \frac{M_0 I_0}{q_0} \tag{3-21-5}$$

式中，标准互感 M_0 在仪器上标出；I_0 由毫安表测出；q_0 由冲击电流计测出，则利用该式可测量冲击常数 K_ψ。

当开关 S 由 b 断开时，L_{x2} 中的电流由 I_x 变到 0，同理有

$$q_x R = M_x I_x$$

则

$$M_x = \frac{q_x R}{I_x}$$

或将式（3-21-5）代入上式得

$$M_x = \frac{q_x M_0 I_0}{I_x q_0} \tag{3-21-6}$$

利用此式可测量出待测互感 M_x。

【实验内容】

1. 准备工作

1）按照图 3-21-2 连接好线路。

2）冲击电流计预热 10min。将功能开关拨向"调零"，旋动调零旋钮使仪器显示零；然后再将功能开关拨向"测量"，仪器处于待测状态。量程开关置较大量程。

2. 测量冲击常数 K_ψ

先将开关 S 接向 a，调节"电流调节"旋钮，选取合适的电流 i_0 的值，使开关断开 a 时，冲击电流计的示数接近满度，记录此时冲击电流计测出的电量 q_0 值和开关断开前毫安表显示的电流 I_0 值。重复测量三次，利用式（3-21-5）计算 K_ψ。

3. 测量待测互感 M_x

将开关 S 接向 b，调节"电流调节"旋钮，选取合适的电流 i_x 值，使开关断开 b 时，冲击电流计的示数接近满度，记录此时冲击电流计测出的电量 q_x 值和开关断开前毫安表显示

的电流 I_x 值。重复测量三次，利用式（3-21-6）计算 M_x。

4. 计算 E_{Mx}

根据待测互感的标称值计算 M_x 的相对误差 E_{Mx}。

5. 处理数据

自己设计表格记录和处理实验数据。

【注意事项】

1）冲击电流计显示"±1"，则仪器过载，应减小电路中的电流，使实验正常进行。

2）本仪器只适用测量单次回零脉冲量。使用时互感器不能放置在电源上。

3）若电源开关连续多次动作，小数点有可能丢失，并显示"±1"，这时应多次扳动"量程选择"键，直到小数点重新出现为止。

4）由于测量对象为短时间脉冲电流所迁移的电量，这种信号包含多种谐波成分，仪器中无法加入多种滤波器，故仪器无法消除较大的串态干扰。当使用环境存在较大的串态干扰时，输入连接线应尽量短，最好用屏蔽线，并屏蔽机壳。

5）输入端不得加入大于 50V 的电压及大于 45mA 的稳定电流。

【思考题】

1）在本实验中是用开关 S 断开时的情形测量，能否用开关 S 合上时的情形测量？为什么？

2）冲击常数 K_ψ 的实质是什么？

【补充说明】

电子式冲击电流计的工作原理

数字冲击电流计是使用大规模 CMOS 集成电路、运算放大器及其他电子元器件组成的数字式测量仪表。冲击电流计主要用于测量短时间脉冲所迁移的电量，故可用来测量与此相关的物理量，如电容器的电容量、电感量和直流磁场的磁感应强度等。

图 3-21-3 为电子积分器的一种原理电路，其中放大器采用场效应管输入型集成运算放大器。理想的集成运算放大器模型认为：其输入电阻为无穷大，其开环增益 K 为无穷大（所谓开环增益是指放大器的输出对其输入无作用时的放大倍数），据此又可推出以下结论：

推论一：如图 3-21-3 所示，有

$$i_1 = -i_c \quad (3-21-7)$$

推论二：已知在集成运算放大器的线性工作区内有 $u_0 = -Ku_i$，其中 u_i 为放大器的输入电压，u_0 为放大器输出电压，其值为小于电源电压的一个有限值。故当 K 可视为无限大时 u_i 几乎等于零，即图中的"A"点几乎与地等电势，因此常称此点为"虚地点"。

由推论二可知，$i_1 = u_1/R$，$u_c = -u_0$，而 $i_c =$

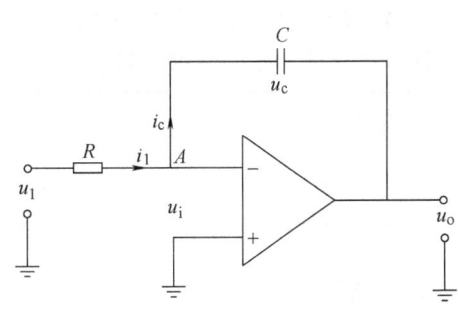

图 3-21-3　电子积分器原理电路

$Cdu_c/dt = -Cdu_0/dt$，故式（3-21-7）可改写为

$$u_1/R = -Cdu_0/dt$$

或

$$du_0 = -(1/RC)u_1 dt \qquad (3\text{-}21\text{-}8)$$

式（3-21-8）两边积分，即可得

$$u_0 = -\frac{1}{RC}\int_0^\tau u_1 dt \qquad (3\text{-}21\text{-}9)$$

可见该电路的输出与输入电压对时间的积分成正比，故称之为"积分电路"。一般场效应管输入型集成运算放大器（LF353）的输入电阻为$10^{12}\Omega$，其影响完全可忽略不计，但一般的集成运算放大器的开环增益K约为10^5，其影响往往不能忽略，故当u_1为一单位阶跃信号时，积分器的输出为

$$u_0 = -K(1-e^{-t/\tau}) \qquad (3\text{-}21\text{-}10)$$

式中，$\tau = (1+K)RC$。当$t \ll \tau$时，u_0可以近似表示为

$$u_0 = -\frac{Kt}{\tau} + \frac{K(t/\tau)^2}{2} \qquad (3\text{-}21\text{-}11)$$

其中第二项即为积分器的运算误差，采用相对误差表示为

$$E = \frac{\Delta u_0}{u_0} = \frac{t}{2\tau} = \frac{t}{2(1+K)RC} \qquad (3\text{-}21\text{-}12)$$

一般不难做到使其小于0.5%。

集成运算放大器的失调电压和失调电流使积分器很快进入"饱和状态"，以致于不能工作。采用人工调零不仅费时，而且很难使其工作稳定。国内外产品多采用自稳零运算放大器，但其仍不能消除被测电路中温差电势等因素对积分造成的不良影响。本实验中所使用的电子式冲击电流计，是采用单片机来实现自动调零，能同时解决上述问题。

实验22 模拟示波器的原理和使用

示波器能够直接显示电压波形或函数图形，并能测量电压、频率和相位等参数。一切可以转化为电压信号的电学量和非电学量（如温度、压力、磁场、光强等）均可用示波器来观察测量。现代示波器的频率响应可从直流至10^9Hz；它可观察连续信号，也能捕捉到单个的快速脉冲信号并将它存储起来，定格在屏幕上供分析和研究。示波器是一种用途广泛的电子测量仪器。

示波器的种类很多，可分为模拟电路示波器与数字电路示波器。功能也各异，如可同时观测两个信号的双踪示波器，具备"记忆"功能的存储示波器等。

【实验目的】

1）了解模拟示波器的基本结构和原理。
2）学会模拟示波器的基本用法。

【实验仪器】

模拟示波器、函数信号发生器。

【实验原理】

模拟示波器的主要组成部分有：示波管、竖直放大器（Y放大器）、水平放大器（X放大器）、扫描系统、触发同步系统和直流电源等。如图 3-22-1 所示。

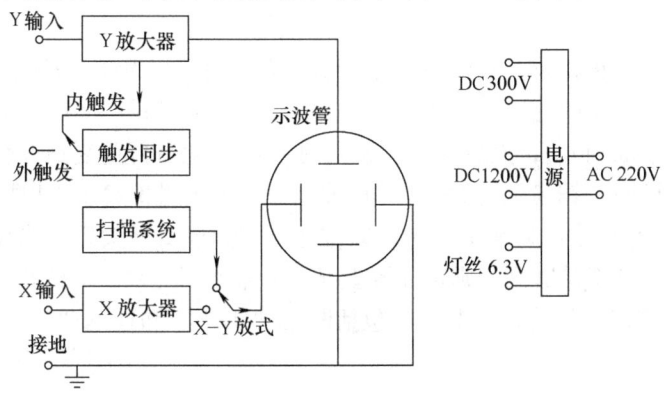

图 3-22-1 示波器的组成

1. 示波管

示波管又称阴极射线管，基本结构如图 3-22-2 所示。主要包括电子枪、偏转系统和荧光屏三个部分，全部密封在高真空的玻璃外壳内。

（1）电子枪 阴极表面涂有氧化物，被灯丝加热后发射出电子。栅极的电位比阴极低，用来控制阴极发射的电子数，从而控制荧光屏显示光斑的亮度。面板上的"亮度"旋钮实际就是调节该电位。第一阳极和第二阳极加有直流高压，使电子加速，并有静电透镜的作用，能把电子束会聚成一点，即"聚焦"。

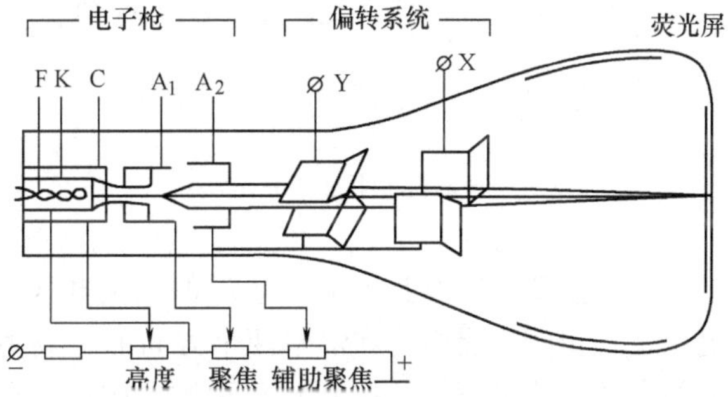

（2）偏转系统 由两对互相垂直的偏转板组成，第一对是竖直（或Y）偏转板，第二对是水平（或X）偏转板。在偏转板上加以电压，电子束通过时，其运动方向受电场力的影响而发生偏转。

图 3-22-2 示波管的结构简图
F—灯丝　K—阴极　C—栅极　A_1—第一阳极
A_2—第二阳极　Y—竖直偏转板　X—水平偏转板

（3）荧光屏 屏的内表面涂有荧光粉，电子打上去使荧光物质受激发光，形成光斑。不同的荧光粉发光的颜色不同（有黄、绿、蓝、白之分），发光过程的延续时间也不同。一般来说，高频示波器选用短余辉示波管，慢扫描示波器选用长余辉示波管。

在荧光屏上有刻度，供测定光点位置用。刻度的每1大格长度为1cm。

2. 示波器显示波形的原理

当示波器的两对偏转板上不加任何信号时，电子束直线前进，荧光屏上的光点是静止的。

如果只在竖直偏转板上加一正弦电压 u_y，则电子束的亮点随电压的变化在竖直方向来回运动。如果电压频率较高，则由于荧光物质的余辉现象和人眼的视觉残留效应，看到的是一条竖直亮线。如图 3-22-3 所示。线段的长度与正弦波的峰值成正比，另外还与 Y 放大器的放大倍数有关，用面板上的"偏转灵敏度"旋钮调节，它包括断续"粗调"和连续"微调"。

要在屏幕上显示出正弦波，就要将光点沿水平方向展开，为此，必须同时在水平偏转板上加一随时间作线性变化的电压 u_x，称为扫描电压，如图 3-22-4 所示。其特点是从 $-u_{xm}$ 开始随时间成正比地增加到 u_{xm}，然后又突然返回到 $-u_{xm}$，此后再重复地变化。这种电压随时间变化的关系曲线形同"锯齿"，故称"锯齿波电压"（在图 3-22-1"扫描系统"方框中产生）。它使电子束的水平位移 $x \propto u_x \propto t$，即位移与时间成线性关系。当仅在水平偏转板上加锯齿波电压，如果频率足够高，则荧光屏上显示一条水平亮线，此线称为扫描线。扫描频率用面板上的"扫描速率"旋钮调节，它包括断续"粗调"和连续"微调"。

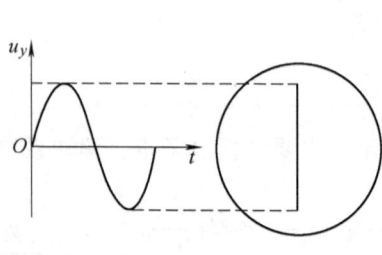

图 3-22-3　竖直偏转板上加正弦电压

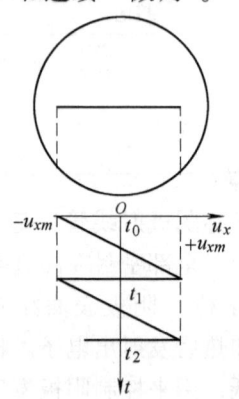

图 3-22-4　水平偏转板上加扫描电压

如果在竖直偏转板上加周期为 T_y 的正弦电压 u_u，同时在水平偏转板上加周期为 T_x 的锯齿电压 u_x，电子束受竖直和水平两个方向的电场力的作用，电子束的运动是两个相互垂直运动的合成。若 $T_x = T_y$，在屏上显示出一个完整周期的正弦电压波图形。如图 3-22-5 所示。

3. 触发同步

分析图 3-22-1 可看出，当扫描电压的周期 T_x 为被观测信号周期 T_y 的整数倍时，即

$$T_x = nT_y \quad (n = 1, 2, 3, \cdots) \quad (3\text{-}22\text{-}1)$$

每次锯齿波的扫描起始点会准确地落到被观测信号的同相位点，于是每次扫出完全相同而又重合的波形在屏上稳定地显示，即扫描信号和被观测信号达到同步，称为扫描同步。但若 $T_x \ne nT_y$（见图 3-22-6）时，则每次扫描起始点会在非同相位点，于是每次扫出的波形不重合，屏上将出现移动（向左或向右）的或杂乱的图形。

为了获得一定数目的波形，可调节"扫描速

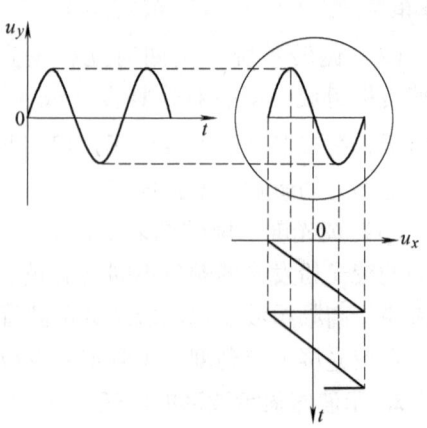

图 3-22-5　互相垂直运动的合成

率",使锯齿波的周期 T_x(或频率 f_x)与被测信号的周期 T_y(或频率 f_s)成合适的整数倍关系。

输入 Y 偏转板的被测信号与示波器内部的锯齿波电压是互相独立的,由于环境或其他因素的影响,它们的周期(或频率)可能发生微小的改变,仅靠调节"扫描速率"旋钮是无法实现扫描同步的。为此示波器内装有"触发同步"装置,让锯齿波电压的扫描起点自动跟着被测信号改变。其原理:从 Y 放大电路中取出部分待测信号作为触发信号,这种同步方式称为"内触发"。将该信号送至触发电路,当其电平达到某一选择的触发电平(见图 3-22-7A 点电平)时,触发电路便输出触发脉冲,用它去启动扫描电路进行扫描,即光点启动,由 A 点向 A' 点移动。当扫描电压由最大值迅速恢复到启动电压值时,光点从 A' 点迅速返回到 A 点。在锯齿波的扫描周期内,扫描电路不再受期间到来的触发脉冲(见图 3-22-7 中虚线所示脉冲)的任何影响,直至本次扫描结束。之后等到下一个触发脉冲到来时,它又重新启动扫描电路进行下一个扫描。这样每次扫描的起点会准确地落在同相位点,于是每次扫出的波形完全重合而稳定地显示在屏上。操作时调节"电平"旋钮。如果触发同步信号从仪器外部输入,则称为"外触发"。如果触发同步信号从电源变压器获得,则称为"电源同步"。面板上设有"触发源"选择键。

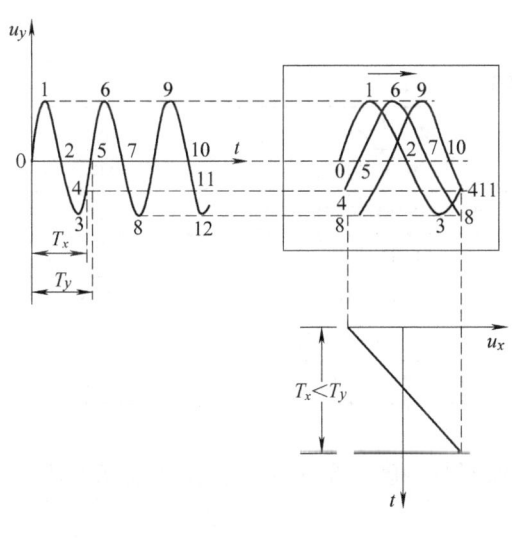

图 3-22-6

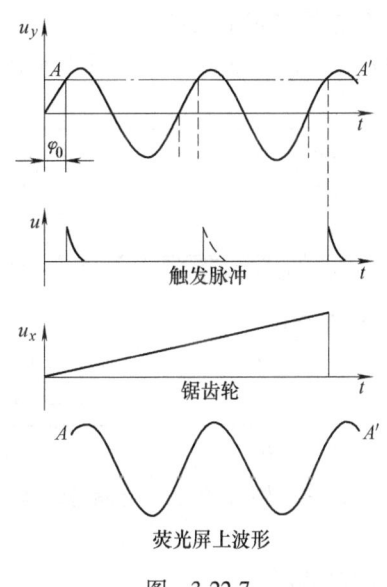

图 3-22-7

4. 李萨如图形测定频率的原理

在 X,Y 偏转板上分别加频率为 f_x,f_y 的两个正弦信号时,电子束将在 u_x 和 u_y 的共同作用下走出一个闭合曲线的轨迹呈现在屏上。这种图形称为李萨如图形。它的形状由两个信号的频率比和相位差而定,如果两个正弦电压的频率比为简单整数比,且相位差恒定时,屏上会显示稳定的李萨如图形(见图 3-22-8)。

根据李萨如图形可以测定信号的频率,其方法是:在图形的水平方向和垂直方向分别做一条切线,水平方向的切点个数为 n_x,垂直方向的切点个数为 n_y,两个方向的频率比等于切点个数比的反比,即

$$f_y : f_x = n_x : n_y \qquad (3\text{-}22\text{-}2)$$

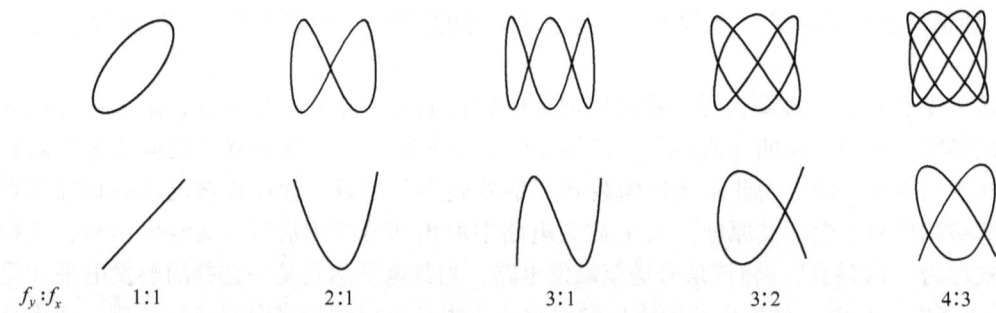

图 3-22-8　频率比成简单整数比的李萨如图形

若已知其中一个频率,则可用(3-22-2)式测定另一个频率。

实际操作时不可能调到 $f_y:f_x$ 成准确的倍数,因此两个振动的周相差发生缓慢的改变,图形不可能很稳定,调到变化最缓慢即可。

【实验内容】

1. 示波器使用前的准备

把各有关控制键置于表 3-22-1 所列作用位置。

表 3-22-1

控制件名称	作用位置	控制件名称	作用位置
INTEN 亮度	居中	输入耦合	AC
FOCUS 聚焦	居中	TRIGGER MODE 扫描方式	自动
POSITION 位移(三只)	居中	SLOPE 极性	⌐
MODE 垂直方式	CH1	TIME/DIV	0.5mS
VOLTS/DIV	0.1V	TRIGGER SOURCE 触发源	CH1
校准放最大	旋至波形到最大	COUPLING 耦合方式	AC 常态

接通电源,稍等预热,屏幕中出现光迹,分别调节亮度和聚焦旋钮,使光迹亮度适中、清晰。

2. 观测波形

1)接通信号发生器的电源,将输出频率调到 1000Hz,输出电压调到最大,波形选择调到正弦波,用电缆线将函数信号电压输出端(面板右下角)与示波器的"CH1"输入端相连,则示波器屏上显示形状复杂且不断移动的光波带。

2)顺时针转动"CH1"的"偏转灵敏度"旋钮,使屏上的光带幅度适中,再微调"电平"同步旋钮,直到显示稳定不动的正弦波形。最后调节"扫描速率"旋钮以改变波形个数,使屏幕上显示 2~3 个周期的波形。

3)改变信号发生器的"波形选择",在示波器上显示其余两种电压的波形进行观测。

3. 测量交流电压

把"VOLTS/DIV"开关的微调旋钮旋至校准位置(即波形在垂直方向放至最大),调节"VOLTS/DIV"开关,使波形在屏幕中的显示幅度尽可能大一些,以提高测量精度,调节

"电平"旋钮使波形稳定,分别调节 Y 轴、X 轴位移,使波形显示值方便读取,将此波形图如实记录到坐标纸上,如图 3-22-9 所示。根据"VOLTS/DIV"的指示值和波形在垂直方向的高度 H(大格),按下式计算交流电压的峰—峰值 U_{P-P} 和有效值 U

$$U_{P-P} = (V/DIV) \times H \quad (3-22-3)$$

$$U = \frac{U_{P-P}}{2\sqrt{2}} \quad (3-22-4)$$

例:若 V/DIV 挡级标称值为 2V/格,$H = 4.6$ 格(如图 3-22-9),则

$$U_{P-P} = 2V/\text{格} \times 4.6 \text{格} = 9.2V$$

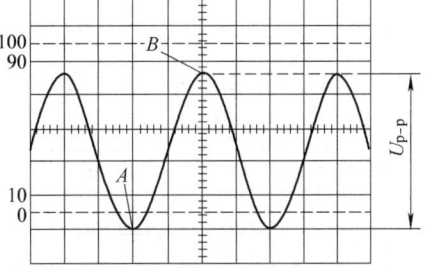

图 3-22-9 交流电压的测量

4. 测量直流电压

测量直流或含直流成分的电压时,先将 Y 轴耦合方式开关置"GND",调节 Y 轴位移使扫描基线(即"0"电平线)在一个合适的位置上,再将耦合开关转换到"DC",根据波形偏移原"0"电平线的垂直距离,用上述方法计算该直流电压值。若波形上移电压为"+",下移电压为"-"。

5. 测量交流电压的周期和频率

把"TIME/DIV"开关的微调旋钮旋至校准位置(即波形在水平方向放至最大),调节"TIME/DIV"开关,使一个周期的波形在屏幕中显示的尽可能长一些,调节"电平"旋钮使波形稳定,分别调节 Y 轴、X 轴位移,使波形显示值方便读取,将此波形图如实记录到坐标纸上。根据"TIME/DIV"开关的指示值和一个周期的波形在水平方向的长度 L(大格),按下式计算周期 T

$$T = (t/DIV) \times L \quad (3-22-5)$$

根据周期和频率的关系,计算交流电压的频率 f

$$f = 1/T \quad (3-22-6)$$

将计算出的频率与信号发生器显示的标准频率值 f' 比较,计算百分误差 E

$$E = \frac{f - f'}{f'} \times 100\% \quad (3-22-7)$$

6. 用李萨如图形测定交流电压的频率

将"TIME/DIV"开关逆时针旋至"X-Y"方式。两台信号发生器均输出正弦信号,分别接入示波器的"CH1"和"CH2"。调节有关旋钮使 X-Y 函数图形适中,仔细调节已知频率使图形变化缓慢,分别观测描画三种 $f_y:f_x$ 的李萨如图形,由已知频率和图形的切点数,根据 $f_y:f_x = n_x:n_y$,计算另一个信号频率。

【数据记录与处理】

1. 测量交流电压

$U_{标准} = $ _____ V

标称值(V/格)	H(格)	U_{P-p}/V	U/V	相对误差 E_U

2. 测量直流电压

标称值（V/格）	H（格）	U/V

3. 测量交流电压的周期和频率

$f_{标准}$ = _____ Hz

标称值（S/格）	L（格）	T/s	f/Hz	相对误差 E_f

4. 用李萨如图形测定交流电压的频率

频率 f_x	频率 f_y	切点个数	
		n_x	n_y

【思考题】

1）如果打开示波器的电源开关后，在屏幕上既看不到扫描线，又看不到光点，可能有哪些原因？应分别怎样调节？

2）"LEVEL"旋钮的作用是什么？什么时候需要调节它？观察李萨如图形时，能否用它把图形稳定下来？

实验23 用霍尔元件测磁场

霍尔元件因其体积小，使用简便，测量准确度高，可测量交、直流磁场等优点，已广泛用于磁场的测量，并配以其他装置用于位置、位移、转速、角度等物理量的测量和自动控制。砷化镓霍尔元件具有灵敏度高，线性范围广，温度系数小的特点，因而实验数据稳定可靠。

【实验目的】

1）了解产生霍尔效应的机理。
2）学习用霍尔元件测量磁感应强度的基本方法。
3）在恒定直流磁场中测量砷化镓霍尔元件的霍尔电压与霍尔电流的关系。
4）霍尔电流恒定时测量砷化镓霍尔元件在直流磁场下的灵敏度。

【实验仪器】

FD-HL-B 型霍尔效应实验仪，主要由直流电源（0~1.999mA 恒流源连续可调）、数字电压表（量程 0~199.9mV）、电磁铁（磁隙内磁场强度 -190mT~190mT 连续可调）、霍尔元件（砷化镓霍尔元件，最大工作电流不得超过 3mA）。

【实验原理】

如图 3-23-1 所示，由长度为 L、宽度为 b、厚度为 d 的 N 型半导体材料做成霍尔元件，若在其 M—N 两端加恒定电压，则有一恒定电流 I 沿 x 轴方向通过霍尔元件，因 N 型半导体是电子导电，故该电流 I 是由其平均速度为 v 的大量电子所形成，v 的方向沿 x 轴负方向。若自由电子浓度为 n，则电流 I 可表示为

$$I = endbv \tag{3-23-1}$$

若再沿 Z 轴方向加一均匀磁场 B，则上述自由电子受到洛伦兹力 F_m 的作用

$$F_m = -evB \tag{3-23-2}$$

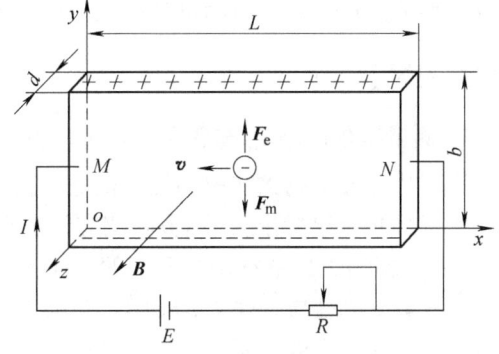

图 3-23-1 霍尔效应原理图

F_m 的方向沿 y 轴负方向。自由电子受洛伦兹力偏转的结果，向霍尔元件的下板面积聚，同时在上板面出现同数量的正电荷，这样就形成霍尔电场 E，该电场对电子产生的静电场力 F_e 的大小为

$$F_e = eE = \frac{eU_H}{b} \tag{3-23-3}$$

式中，U_H 为上下两表面的霍尔电压；F_m 的方向与 F_e 相反，当二者数值相等时该电场达到稳定，于是有

$$\frac{eU_H}{b} = evB$$

利用式（3-23-1）可得

$$U_H = bvB = \frac{IB}{ned} = R_H \frac{IB}{d} \tag{3-23-4}$$

可见，式中 $R_H = \frac{1}{ne}$，R_H 称为霍尔系数，在应用中一般将式（3-23-4）写成

$$U_H = K_H IB \tag{3-23-5}$$

式中，比例系数 K_H 称为霍尔元件灵敏度，$K_H = \frac{R_H}{d} = \frac{1}{ned}$，一般在 10.0V/(A·T) 左右。$K_H$ 愈大，霍尔效应愈明显。由于 K_H 与霍尔元件的载流子浓度和厚度成反比，所以霍尔元件是半导体薄片。

由式（3-23-5）可以看出，知道了霍尔片的灵敏度 K_H，只要测出霍尔电流 I 和霍尔电压 U_H，就可算出磁场 B 的大小。

由于霍尔效应的建立需要的时间很短（在 $10^{-12} \sim 10^{-14}$s 内），因此，通过霍尔元件的电流用交流电也可以。若工作电流 $I = I_0 \sin\omega t$，则

$$U_H = K_H IB = K_H BI_0 \sin\omega t \tag{3-23-6}$$

在使用交流电情况下，式（3-23-6）中的 I 和 U_H 应理解为有效值。

利用霍尔效应还可以判断半导体的类型。N 型半导体导电的载流子是电子，带负电；P 型半导体导电的载流子是空穴，相当于带正点的粒子。由图 3-23-1 可以看出，对于 N 型载

流子，霍尔电压 $U_H < 0$；对于 P 型载流子，$U_H > 0$。

在实际测量过程中还会伴随一些热磁副效应，它使所测的电压不止是 U_H，还会附加另外一些电压，分别用 U_0，U_E，U_N，U_R（详见附录），这些附加电压给测量带来误差。由于大多数附加电压的符号与磁场、电流方向有关，因此在测量时改变磁场方向和电流方向就可以减小和消除这些附加误差，故取 ($+B$, $+I$)，($+B$, $-I$)，($-B$, $-I$)，($-B$, $+I$) 四种条件下进行测量，将测量到的四个电压值取绝对值平均，作为 U_H 的测量结果。

【实验内容】

1. 测量霍尔电流 I_H 与霍尔电压 U_H 的关系

霍尔片已置于电磁铁中心处，接好电路。霍尔元件的 1，3 脚接工作电压，2，4 脚测霍尔电压（面板上已标出）。调节磁感应强度至一适当值（100～180mT）。调节霍尔元件的工作电流（根据 100Ω 取样电阻两端的电压 U_R 来计算），在不同霍尔电流下测量相应的霍尔电压，每次消除副效应。作 U_H-I_H 图，验证 I_H 与 U_H 的线性关系。（注意特斯拉计的调零：由于电磁铁存在一定的剩磁，在电磁铁通过一定电流的情况下切换其电流方向，若特斯拉计的示数仅改变符号而绝对值不变，才意味着调零成功）。

2. 测量砷化镓霍尔元件的灵敏度 K_H

霍尔电流 I_H 保持 1.000mA 不变（即 100Ω 取样电阻上的电压为 100.0mV），由 1，3 端输入在不同磁感应强度下测量样品霍尔元件的霍尔电压 U_H，计算霍尔元件的灵敏度。

【数据记录】

1. I_H 与 U_H 关系的测定（取磁感应强度为 150.0mT）

表 2-23-1　取样电阻电压、霍尔电压与霍尔电流关系测量数据表

U_R/mV	I_H/mA	U_1/mV	U_2/mV	U_3/mV	U_4/mV	U_H/mV
20.0	0.200					
40.0	0.400					
60.0	0.600					
80.0	0.800					
100.0	1.000					
120.0	1.200					
140.0	1.400					
160.0	1.600					
180.0	1.800					

根据表格得出 I_H 与 U_H 关系图，数据用最小二乘法对 U_H-I_H 进行线性拟合，得 U_H = _____，相关系数 r = _____。

2. 砷化镓霍尔元件灵敏度 K_H 的测定（取霍尔电流为 1.000mA）

表 2-23-2　磁感应强度与霍尔电压关系测量数据表

B/mT	U_1/mV	U_2/mV	U_3/mV	U_4/mV	U_H/mV
20.0					
40.0					
60.0					

(续)

B/mT	U_1/mV	U_2/mV	U_3/mV	U_4/mV	U_H/mV
80.0					
100.0					
120.0					
140.0					
160.0					
180.0					

根据表格得出 B 与 U_H 关系图，用最小二乘法对 U_H-B 进行线性拟合，得 U_H = _____，相关系数 r = _____，斜率为_____。根据实验电路的电源正负和数字电压表极性可判断出霍尔元件为 N 型半导体，那么 U_H 的符号应该为负。砷化镓霍尔元件的灵敏度为_____。

【注意事项】

1）要注意接线时，防止恒流源或电磁铁电源短路或过载，以免损坏电源。
2）实验时注意对不等位效应的观察，设法消除其对测量结果的影响。

【思考题】

1）试分析霍尔效应法测磁场的误差主要来源。
2）怎样利用霍尔效应确定载流子电荷的正负和测量载流子浓度？
3）除了换向法外，是否还有其他方法能消除霍尔效应副效应的影响？
4）如何测量交变磁场，写出主要步骤。

【补充说明】

霍尔效应的副效应及其消除方法

在测量霍尔电压时，会伴随产生一些副效应，影响到测量的精确度，这些副效应是：

（1）**不等位效应**　由于制造工艺技术的限制，霍尔元件的电位电极不可能接在同一等位面上，因此当电流 I 流过霍尔元件时，即使不加磁场，两电极间也会产生一电位差，称不等位电位差 U_0，显然 U_0 只与电流 I 有关，而与磁场无关。

（2）**埃廷豪森效应**（Etinghausen effect）　由于霍尔片内部的载流子速度服从统计分布，有快有慢，它们在磁场中受的洛伦兹力不同，则轨道偏转也不相同，动能大的载流子趋向霍尔片的一侧，而动能小的载流子趋向另一侧。载流子的动能转换为热能，使两侧的温升不同，形成一个横向温度梯，引起温差电压 U_E。U_E 的正、负与 I、B 的方向有关。

（3）**能斯特效应**（Nernst effect）　由于两个电流电极与霍尔片的接触电阻不相等，当有电流通过时，在两电流电极上有温度差存在，出现热扩散电流。在磁场的作用下，建立一个横向电场 E_N，而产生附加电压 U_N。U_N 的正、负仅取决于磁场的方向。

（4）**里纪-勒杜克效应**（Righi-Leduc effect）　由于热扩散电流载流子的迁移率不同，类似于埃廷豪森效应中载流子速度不同一样,也将形成一个横向的温度梯度而产生相应的温度电压 U_R,U_R 的正、负只与 B 的方向有关,和电流 I 的方向无关。

综上所述,实测的电压不仅包括霍尔电压 U_H,而且还包括 U_0、U_E、U_N 和 U_R 等这些附加电压,形成测量中的系统误差。但我们利用这些附加电压与电流 I 和磁感应强度 B 有关,测量时改变 I 和 B 的方向基本上可以消除这些附加误差的影响。具体方法如下:

当 ($+B$, $+I$) 时测量,$U_1 = U_H + U_0 + U_E + U_N + U_R$
当 ($+B$, $-I$) 时测量,$U_2 = -U_H - U_0 - U_E + U_N + U_R$
当 ($-B$, $-I$) 时测量,$U_3 = U_H - U_0 + U_E - U_N - U_R$
当 ($-B$, $+I$) 时测量,$U_4 = -U_H + U_0 - U_E - U_N - U_R$

作运算 $U_1 - U_2 + U_3 - U_4$,并取平均值,有

$$U_H + U_E = \frac{1}{4}(U_1 - U_2 + U_3 - U_4)$$

由于 U_E 方向始终与 U_H 相同,所以换向法不能消除它,但一般 $U_E \ll U_H$,故可以忽略不计,于是

$$U_H = \frac{1}{4}(U_1 - U_2 + U_3 - U_4)$$

温度差的建立需要较长时间(约几秒钟),因此如果采用交流电,使它来不及建立,就可以减小测量误差。

实验 24 动态磁滞回线的测定

【实验目的】

1)认识铁磁物质的磁化规律,比较两种典型的铁磁材料的动态磁特性。
2)测定软磁材料的基本磁化曲线。
3)测定软磁材料的饱和磁感应强度 B_m、剩磁 B_r 和矫顽力 H_c 的数值。

【实验仪器】

磁滞回线实验仪、磁滞回线测试仪、示波器。

【实验原理】

1. 铁磁材料的磁滞现象

铁磁物质(铁、钴、镍及其众多合金以及含铁的氧化物均属铁磁物质)有两个特征,一是在外磁场作用下能被强烈磁化,故磁导率 μ 很高;另一特征是磁滞,即在磁场作用停止后,铁磁物质仍保留磁化状态。图 3-24-1 为铁磁物质的磁感应强度 B 与磁场强度 H 之间的关系曲线。

图 3-24-1 中的原点 O 表示磁化之前铁磁物质处于磁中性状态,当磁化场 H 从零开始增加时,磁感应强度 B 随之上升,如曲线 Oa 段,这条曲线称为起始磁化曲线。当 H 增加到一定值时,B 的增加趋于缓慢,逐渐达饱和值 B_m。此时,当磁场 H 逐渐减小至零,B 值并不

沿原路返回，而是沿另一条曲线 ab 下降，由此可见，B 的变化滞后于 H 的变化，这种现象称为磁滞。磁滞的明显特征是当 H=0 时，B 不为零，而保留剩磁 B_r。当磁场反向从 0 逐渐变至 $-H_c$ 时，磁感应强度 B 消失，H_c 称为矫顽力，它的大小反映铁磁材料保持剩磁状态的能力，曲线 bc 称为退磁曲线。

当磁场按 $H_m \to 0 \to -H_m \to 0 \to H_m$ 次序变化，相应的磁感应强度 B 则沿闭合曲线 $a \to b \to c \to d \to e \to f \to a$ 变化，这个闭合曲线称为磁滞回线。如果将铁磁材料置于交变磁场中时（如变压器中的铁心），它将被反复磁化，由此得到的磁滞回线称为动态磁滞回线。在此过程中要消耗额外的能量，并以热的形式从铁磁材料中释放，这种损耗称为磁滞损耗，磁滞损耗与磁滞回线所围面积成正比。

当初始态为 H=B=0 的铁磁材料，在交变磁场强度由弱到强依次进行磁化时，可以得到面积由小到大向外扩张的一簇磁滞回线，如图 3-24-2 所示，这些磁滞回线顶点 a_1，a_2，a_3，…，a_n 的连线称为铁磁材料的基本磁化曲线。由此，可近似确定其磁导率为

$$\mu = \frac{B}{H} \quad (3\text{-}24\text{-}1)$$

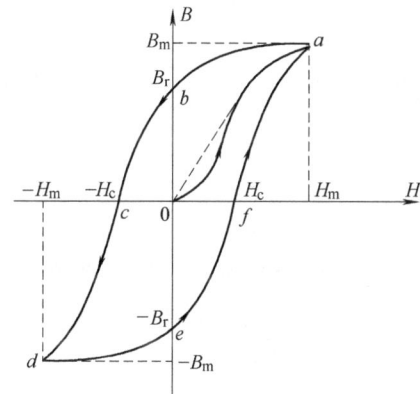
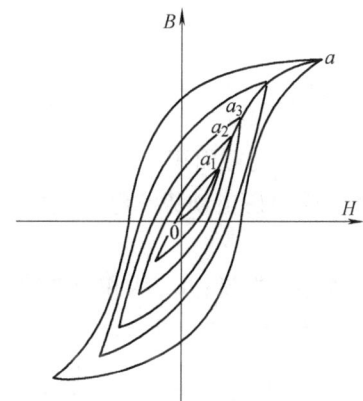

图 3-24-1　铁磁材料的磁滞回线　　　　图 3-24-2　铁磁材料的一簇磁滞回线

铁磁材料的相对磁导率可高达数千乃至数万，这一特点是它用途广泛的主要原因之一。

磁化曲线和磁滞回线是铁磁材料分类和选用的主要依据，软磁材料的磁滞回线狭长，矫顽力、剩磁和磁滞损耗均较小，是制造变压器、电机和交流磁铁的主要材料。而硬磁材料的磁滞回线较宽，矫顽力大，剩磁强，可用来制造永磁体。

2. 测量动态磁滞回线和基本磁化曲线的原理

实验线路原理图如图 3-24-3 所示。待测样品为 E1 型矽钢片，N 为励磁绕组，n 为用来测量磁感应强度 B 而设置的绕组。R_1 为励磁电流取样电阻，L 为样品的平均磁路。设通过 N 的交流励磁电流为 i，根据安培环路定律，样品的磁化场强 $H = Ni/L$，又因为 $i = U_H/R_1$，故有

$$H = \frac{N}{LR_1} U_H \quad (3\text{-}24\text{-}2)$$

式中，N、L、R_1 均为已知常数，可见 U_H 与 H 成正比，由 U_H 可确定 H。

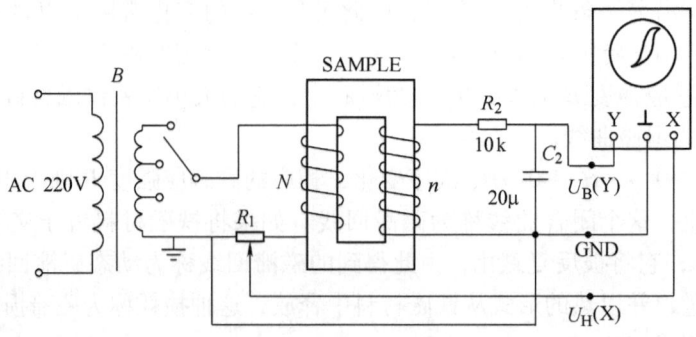

图 3-24-3 动态磁滞回线测量原理图

在交变磁场下，样品的磁感应强度瞬时值 B 是测量绕组 n 和 R_2、C_2 电路给定的，根据法拉第电磁感应定律，由于样品中磁通 Φ 的变化，在测量线圈中产生的感生电动势为

$$\mathscr{E}_2 = n\frac{d\Phi}{dt}, \text{即} \Phi = \frac{1}{n}\int \mathscr{E}_2 dt$$

则
$$B = \frac{\Phi}{S} = \frac{1}{nS}\int \mathscr{E}_2 dt \tag{3-24-3}$$

式中，S 为样品的截面积。

如果忽略自感电动势和电路损耗，回路方程为

$$\mathscr{E}_2 = i_2 R_2 + U_B$$

式中，i_2 为感生电流；U_B 为积分电容 C_2 两端的电压。设在 Δt 时间内 i_2 向电容 C_2 的充电电量为 Q，则 $U_B = Q/C_2$，所以 $\mathscr{E}_2 = i_2 R_2 + Q/C_2$。如果选取足够大的 R_2 和 C_2，使 $i_2 R_2 \gg Q/C_2$，则 $\mathscr{E}_2 = i_2 R_2$。又因为 $i_2 = \frac{dQ}{dt} = C_2 \frac{dU_B}{dt}$，

故有
$$\mathscr{E}_2 = C_2 R_2 \frac{dU_B}{dt} \tag{3-24-4}$$

由式（3-24-3）、式（3-24-4）可得

$$B = \frac{C_2 R_2}{nS} U_B \tag{3-24-5}$$

式中，C_2、R_2、n 和 S 均为已知常数。可见 U_B 与 B 成正比，由 U_B 可确定 B。

综上所述，将图 3-16-3 中的 U_H 和 U_B 分别接到示波器的"x 输入"和"y 输入"端，便可观察样品的动态 B-H 曲线。如将 U_H 和 U_B 接到测试仪的信号输入端，可测定样品的磁滞回线、饱和磁感应强度 B_m、剩磁 B_r、矫顽力 H_c、磁导率 μ、以及磁滞损耗 $[BH]$ 等参数。

【实验内容】

实验前先熟悉实验的原理和仪器的构成。使用仪器前先将信号源输出幅度调节旋钮逆时针到底（多圈电位器），使输出信号为最小。

标有红色箭头的线表示接线的方向，样品的更换是通过换接接线来完成的。

注意：由于信号源、电阻 R_1 和电容 C 的一端已经与地相连，所以不能与其他接线端相连接。否则会短路信号源、U_R 或 U_C，从而无法正确做出实验。

1. 比较并观察不同样品的动态磁滞回线

（1）观测动态磁滞回线　显示和观察两种样品分别在 25Hz，50Hz，100Hz，150Hz 交流信号下的磁滞回线图形，按原理图接线。

1）逆时针调节幅度调节旋钮到底，使信号输出最小。

2）调示波器显示工作方式为 X-Y 方式。

3）示波器 X 输入为 AC 方式，测量采样电阻 R_1 的电压。

4）示波器 Y 输入为 DC 方式，测量积分电容的电压。

5）选择样品 1 先进行实验。

6）接通示波器和 DH4516C 型动态磁滞回线实验仪电源，适当调节示波器辉度，以免荧光屏中心受损。预热 10min 后开始测量。

（2）将示波器光点调至显示屏中心　调节实验仪频率调节旋钮，频率显示窗显示 50.00Hz。

（3）单调增加磁化电流　即缓慢顺时针调节幅度调节旋钮，使示波器显示的磁滞回线上 B 值缓慢增加，并最终达到饱和。改变示波器上 X，Y 输入增益段开关并锁定增益电位器（一般为顺时针到底），调节 R_1 和 R_2 的大小，使示波器显示出典型的磁滞回线图形。

（4）单调减小磁化电流　即缓慢逆时针调节幅度调节旋钮，直到示波器最后显示为一点，位于显示屏的中心，即 X 和 Y 轴线的交点，如不在中间，可调节示波器的 X 和 Y 位移旋钮。

（5）单调增加磁化电流　即缓慢顺时针调节幅度调节旋钮，使示波器显示的磁滞回线上 B 值缓慢增加，并最终达到饱和，改变示波器上 X、Y 输入增益波段开关和 R_1，R_2 的值，示波器显示典型的磁滞回线图形。磁化电流在水平方向上的读数为 (-5.00，+5.00) 格。

（6）逆时针调节（幅度调节旋钮到底），使信号输出最小，调节实验仪频率调节旋钮，频率显示窗分别显示 25.00Hz，100.0Hz，150.0Hz，重复上述（3）～（5）的操作，比较磁滞回线形状的变化。实验结果表明磁滞回线形状与信号频率有关，频率越高磁滞回线包围面积越大，用于信号传输时的磁滞损耗也大。

（7）换实验样品 2　重复上述（2）～（6）步骤，观察 25.00Hz，50.00Hz，100.0Hz，150.0Hz 时的磁滞回线，并与样品 1 进行比较，看有何异同。

2. 测量并绘制磁化曲线和动态磁滞回线

（1）用样品 1 进行实验　在实验仪上接好实验线路，逆时针调节幅度调节旋钮到底，使信号输出最小。将示波器光点调至显示屏中心，并调节实验仪频率调节旋钮，使频率显示窗显示 50.00Hz。

（2）退磁

1）单调增加磁化电流，即缓慢顺时针调节幅度调节旋钮，使示波器显示的磁滞回线上 B 值增加变得缓慢，并最终达到饱和。改变示波器上 X，Y 输入增益段开并和 R_1，R_2 的值，示波器显示典型的磁滞回线图形。磁化电流在水平方向上的读数为 (-5.00，+5.00) 格，此后，保持示波器上 X，Y 输入增益波段开关和 R_1，R_2 值固定不变并锁定增益电位器（一一般为顺时针到底），以便进行 H，B 的标定。

2）单调减小磁化电流，即缓慢逆时针调节幅度调节旋钮，直到示波器最后显示为一点，位于显示屏的中心，即 X 和 Y 轴线的交点，如不在中间，可调节示波器的 X 和 Y 位移旋钮。实验中可用示波器 X、Y 输入的接地开关检查示波器的中心是否对准屏幕 X 和 Y 坐标的交点。

（3）磁化曲线（即测量大小不同的各个磁滞回线的顶点的连线） 单调增加磁化电流，即缓慢顺时针调节幅度调节旋钮，磁化电流在 X 方向读数为 0、0.20、0.40、0.60、0.80、1.00、2.00、3.00、4.00、5.00，单位为格，记录磁滞回线顶点在 Y 方向上读数记录在表3-24-1 中，单位为格，磁化电流在 X 方向上的读数为（-5.00，$+5.00$）格时，示波器显示典型的磁滞回线图形。此后，保持示波器上 X，Y 输入增益波段开关和 R_1，R_2 值固定不变并锁定增益电位器（一般为顺时针到底），以便进行 H，B 的标定。

由前所述 H，B 的计算公式分别为

$$H = \frac{NS_X}{LR_1} \cdot X$$

$$B = \frac{R_2 CS_Y}{nS} \cdot Y$$

上述公式中，铁心实验样品和实验装置参数如下：

$L = 0.130$m，$S = 1.24 \times 10^{-4}$m^2，$N = 100$ 匝，$n = 100$ 匝，R_1，R_2 值根据仪器面板上的选择值计算。$C = 1.0 \times 10^{-6}$F。其中，L 为铁心实验样品平均磁路长度；S 为铁心实验样品截面积；N 为磁化线圈匝数；n 为副线圈匝数；R_1 为磁化电流采样电阻，单位为 Ω；R_2 为积分电阻，单位为 Ω；C 为积分电容，单位为 F。S_X 为示波器 X 轴灵敏度，单位 V/格；S_Y 为示波器 Y 轴灵敏度，单位 V/格；所以得到一组实测的磁化曲线数据，经过上述 H，B 的公式计算，整理填入表3-24-1，并根据数据绘制磁化曲线。

表 3-24-1

$R_1 = $ _____ Ω $R_2 = $ _____ Ω $S_X = $ _____ V/格 $S_Y = $ _____ V/格

序号	1	2	3	4	5	6	7	8	9	10
X/格										
H/(A/m)										
Y/格										
B/T										

（4）动态磁滞回线 在磁化电流 X 方向上的读数为（-5.00，$+5.00$）格时，记填入示波器显示的磁滞回线在 X 坐标为 5.0、4.0、3.0、2.0、1.0、0、-1.0、-2.0、-3.0、-4.0、-5.0 格时，相对应的 Y 坐标填入表3-24-2。Y 最大值对应饱和磁感应强度 B_s；$X = 0$，Y 读数对应剩磁 B_r；$Y = 0$，X 读数对应矫顽力 H_c。将读出的 X，Y 值数据代入 H，B 的公式中进行计算，得到一组实测的磁滞回线数据，整理填入表3-24-2，并作磁滞回线图 B-H。B 的最大值对应饱和磁感应强度 $-B_S = $ _____ T，$B_S = $ _____ T。$H = 0$ 时，B 的读数对应剩磁 $-B_r = $ _____ T，$B_r = $ _____ T。当 $B = 0$ 时，H 读数对应矫顽力 $-H_c = $ _____ A/m、$H_c = $ _____ A/m。

表 3-24-2

$R_1 =$ _____ Ω $R_2 =$ _____ Ω $S_X =$ _____ V/格 $S_Y =$ ____ V/格

X/格	H/(A/m)	Y/格	B/T	Y/格	B/T
5.00					
4.00					
3.00					
2.00					
1.00					
0					
−1.00					
−2.00					
−3.00					
−4.00					
−5.00					

【注意事项】

1) 测量前要对样品退磁，使其处于磁中性状态。
2) 测量值和计算值要标清楚单位。

【思考题】

1) 证明 R_1 上的电压正比于磁场强度 H，且 C 上的电压正比于磁感应度 B。
2) 为什么要求 R_1 值取得很小，而 R_2 值取得很大？
3) 在测量过程中，如果改变了示波器 X 与 Y 轴的增益，对实验结果有何影响？

实验 25　数字示波器的原理和使用

数字存储示波器（DSO，Digital Storage Oscilloscope）是 20 世纪 70 年代初发展起来的一种新型示波器，它以数字编码的形式储存信号，可以方便地实现对模拟信号波形进行长期存储并能利用机内微处理器系统对存储的信号做进一步的处理，例如，对被测波形的频率、幅值、前后沿时间、平均值等参数的自动测量以及进行 FFT 等多种复杂的处理。数字示波器是集数据采集、A/D 转换、软件编程等一系列的高性能示波器，具有波形触发、存储、显示、测量、波形数据分析处理等独特优点，使用日益普及。

【实验目的】

1) 了解数字示波器的原理。
2) 学会数字示波器的基本用法。

【实验仪器】

数字存储示波器、函数信号发生器。

【实验原理】

1. 数字示波器基本结构如图 3-25-1 所示。

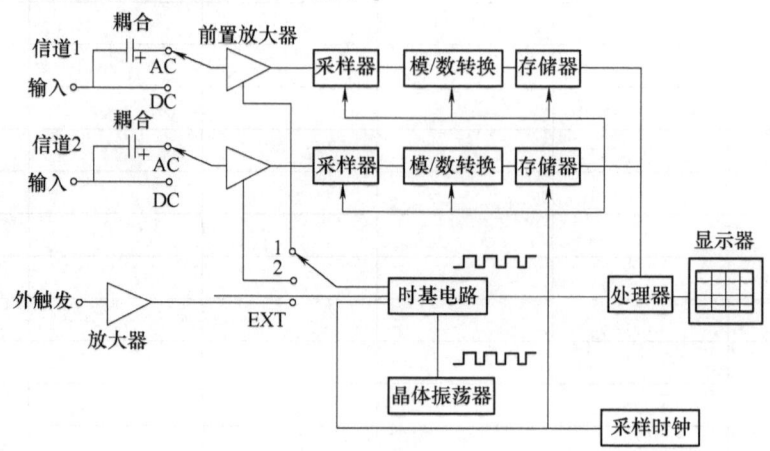

图 3-25-1　数字示波器的电路组成框图

当被测信号进入数字示波器（DSO）时，在信号到达阴极射线管（CRT）的偏转电路之前，要经过以下几个变换：

1）信号先经过耦合、放大，然后示波器将按一定的时间间隔对信号电压进行采样，经过采样后连续性的电信号变成离散的电信号。

2）用一个模/数转换器（ADC）对这些离散的电信号进行变换，就会生成代表每一采样电压的二进制字，这个过程称为数字化。

3）获得的二进制数值按时间顺序被储存在存储器中。

4）存储器中的数据用来加到 Y 偏转板在示波器的屏幕上以重建信号波形的幅度。存储器的读出地址计数脉冲加至另一个水平通道的十位数/模变换器（DAC），得到一个扫描电压，加至水平末级放大器放大后驱动 CRT 显示器的 X 偏转板，从而通过 CRT 屏幕上一细密的光点包络重现出模拟输入信号。

2. 工作原理

数字存储示波器的工作过程如图 3-25-2 所示，当被测信号接入时，首先对模拟量进行取样，图 3-25-2a 中的点 $a_0 \sim a_7$ 即对应于被测信号 u 的 8 个取样点，这种取样方式为"实时取样"，它对一个周期内信号的不同点进行取样。8 个取样点得到的数字量分别存储于 8 个存储单元中，显示时，取出 $D_0 \sim D_7$ 的数据，进行 D/A 转换，同时存储单元也经过 D/A 转换，形成图 3-25-2d 所示阶梯波，加到 X 水平系统，控制扫描电压，这样被测波形就将重现于荧光屏上，如图 3-25-2e 所示。只要 X 方向与 Y 方向的量化程度足够精细，图 3-25-2e 波形就能准确地代表图 3-25-2a 的波形。

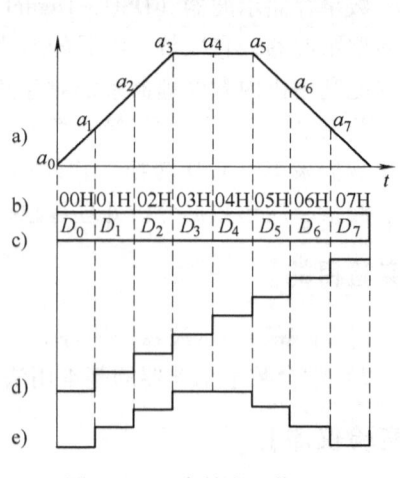

图 3-25-2　存储器工作过程

3. 数字示波器的主要技术指标

（1）**最大取样速率定义**　单位时间内完成的完整 A/D 转换的最高次数。最大取样速率主要由 A/D 转换器的最高转换速率来决定。最大取样速率愈高，仪器捕捉信号的能力愈强。

数字存储示波器在某个测量时刻的实际取样速率可根据示波器当时设定的扫描时间因数（t/div）推算。其推算公式为

$$f = \frac{N}{t/\text{div}}$$

式中，N 为每格的取样数；t/div 为扫描时间因数，即扫描一格所占用的时间，亦称扫描速度。

（2）**存储带宽**　存储带宽与取样速率密切相关。根据奈奎斯特取样定理，如果取样速率大于或等于信号最高频率分量的 2 倍，便可重现原信号波形。实际上，在数字存储示波器的设计中，为保证显示波形的分辨率，往往要求增加更多的取样点，一般一个周期取 4~10 点。带宽是决定示波器准确测量信号能力的基本参数之一。同时也是表征示波器能准确测量的频率范围。带宽的定义是指正弦输入信号衰减至真实幅值的 70.7%（−3dB）的频率点。没有足够的带宽，示波器就不能观测到高频的变化。幅值将会失真，信号沿将会变得平缓，细节将会丢失。5 倍原则：示波器需要的带宽 = 测量信号的最高频率分量的频率×5，5 倍原则可以提供 ±2% 的测量误差，对于通常的应用已足够。

（3）**分辨率**　分辨率用于反映存储信号波形细节的综合特性。分辨率包括垂直分辨率和水平分辨率。垂直分辨率与 A/D 转换器的分辨率相对应，常以屏幕每格的分级数（级/div）表示。水平分辨率由存储器的容量来决定，常以屏幕每格含多少个取样点（点/div）表示。

（4）**储容量**　存储容量又称记录长度，用记录一帧波形数据占有的存储容量来表示，常以字（word）为单位。存储容量与水平分辨率在数值上互为倒数关系。数字存储器的存储容量通常采用 256B，512B，1KB，4KB 等。存储容量愈大，水平分辨率就愈高。但存储容量并非越大越好，由于仪器最高取样速率的限制，若存储容量选取不恰当，往往会因时间窗口缩短而失去信号的重要成分，或者因时间窗口增大而使水平分辨率降低。

（5）**读出速度**　读出速度是指将存储的数据从存储器中读出的速度，常用（时间）/div 表示。其中，时间等于屏幕中每格内对应的存储容量×读脉冲周期。使用时，示波器应根据显示器、记录装置或打印机等对速度的不同要求，选择不同的读出速度。

【实验内容】

1. 测量和存储一未知信号

1）熟悉数字存储示波器及多功能函数信号发生器各旋钮、各按键的功能。

2）接通信号发生器的电源，向示波器任意输入一信号，利用示波器的自动测量功能（即按 auto 或 autoset 键）使波形显示达到最佳效果。

3）利用菜单区和显示屏右侧的功能键，自动测量显示屏当前所显示波形的峰峰值和频率等单数，并记录数据。

4）与函数信号发生器的输出的信号的参数进行比较，计算各个量的相对误差。

5) 利用菜单区的 save 按键和显示屏右侧的功能键选择存储类型为波形存储，同时设置波形存储位置为"No.1"，再按"保存"功能键，即可保存波形。若要调出该波形，只要找到波形存储位置，按"调出"功能键，即可调出所保存的波形了。

2. 利用李萨如图形测频率

将信号发生器的一路输出的正弦波作为 f_x 输入到 CH1 通道，将其另一路正弦信号作为未知 f_y 信号输入到 CH2 通道。按 auto 或 autoset 键显示这两路信号，在 horizontal（水平）区的 menu（菜单）中设置时基为 X-Y 模式合成李萨如图形，利用关系式 $f_y/f_x = n_x/n_y$ 测量并计算频率 f_y 值。

【思考题】

数字存储示波器与模拟示波器相比，有哪些优点？它能否取代模拟示波器？为什么？

实验 26　非线性电路混沌实验

非线性动力学以及与此相关的分岔混沌现象的研究是近二十多年来科学界研究的热门课题，从大量研究此学科的论文发表中可见一斑。混沌现象涉及物理学、数学、生物学、电子学、计算机科学和经济学等多领域，应用极为广泛。当前，非线性电路混沌实验已列入新的综合大学普通物理实验教学大纲，属于理工科院校基础物理实验范畴，备受学生欢迎。此实验仪具有以下几个优点：第一，采用基础物理中电磁学实验最基本电路，突出了物理实验教学中的重点内容；第二，采用开放性实验的平台，提供直观的电路基本元件，由学生自己接线，以提高学生的动手能力；第三，用示波器观测 LC 振荡器产生波形的周期分岔及混沌现象，图形明显，且重复性好，可连续观测数小时。

【实验目的】

1) 用 RLC 串联谐振电路，测量仪器提供的铁氧体介质在通过不同电流时的电感。解释电感变化的原因。

2) 用示波器观测 LC 振荡器产生的波形及经 RC 移相后的波形。

3) 用双踪示波器观测上述两个波形组成的相图（李萨如图）。

4) 改变 RC 移相器中可调电阻 R 的值，观察相图周期变化。记录倍周期分岔、阵发混沌、三倍周期、吸引子（周期混沌）和双吸引子（周期混沌）相图。

5) 测量由 TL072 双运放构成的有源非线性负阻"元件"的伏安特性，结合非线性电路的动力学方程，解释混沌产生的原因。

【实验仪器】

非线性电路混沌实验仪、示波器。

【实验原理】

1. 非线性电路与非线性动力学

实验电路如图 3-26-1 所示，图 3-26-1 中 R_2 是一个有源非线性负阻器件；电感器 L_1 和电

容器 C_1 是构成一个损耗可以忽略的谐振回路；可变电阻 R_1 和电容器 C_2 将振荡器产生的正弦信号移相输出。图 3-26-2 所示的是该电阻的伏安特性曲线，可以看出，加在此非线性元件上的电压与通过它的电流极性是相反的。由于加在此元件上的电压增加时，通过它的电流却减小，因而，将此元件称为非线性负阻元件。图 3-26-1 电路的非线性动力学方程为

$$C_2 \frac{dU_{C_2}}{dt} = G(U_{C_1} - U_{C_2}) - gU_{C_2}$$

$$C_1 \frac{dU_{C_1}}{dt} = G(U_{C_1} - U_{C_2}) + i_L$$

$$L \frac{di_L}{dt} = -U_{C_1} \tag{3-26-1}$$

式中，U_{C_1}，U_{C_2} 是 C_1，C_2 上的电压；i_L 是电感 L_1 上的电流；$G = 1/R_1$ 为电导；g 为 U 的函数。如果 R_2 是线性的，则 g 为常数，电路就是一般的振荡电路，得到的解是正弦函数，电阻 R_1 的作用是调节 C_1 和 C_2 的位相差，把 C_1 和 C_2 两端的电压分别输入到示波器的 X 轴和 Y 轴，则显示的图形是椭圆。但是，如果 R_2 是非线性的，则又会看见什么现象呢？

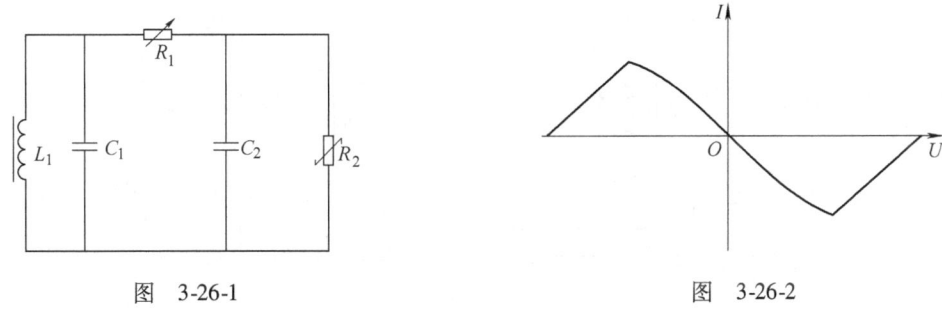

图 3-26-1　　　　　　　　　　图 3-26-2

实际电路中 R_2 是非线性元件，它的伏安特性如图 3-26-5 所示，是一个分段线性的电阻，整体呈现为非线性。g 一个分段线性函数。由于 g 总体是非线性函数，三元非线性方程组 (3-26-1) 没有解析解。若用计算机编程进行数据计算，当取适当电路参数时，可在显示屏上观察到模拟实验的混沌现象。

除了计算机数学模拟方法之外，更直接的方法是用示波器来观察混沌现象，实际非线性混沌实验电路如图 3-26-3 所示，图 3-26-3 中，非线性电阻是电路的关键，它是通过一个双运算放大器和 6 个电阻组合来实现的。电路中，L，C_1 并联构成振荡电路，W_1，W_2 和 C_2 的作用是分相，使 CH1 和 CH2 两处输入示波器的信号产生相位差，即可得到 X 和 Y 两个信号的合成图形，双运放 TL072 的前级和后级正、负反馈同时存在，正反馈的强弱与比值 $R_3/(W_1 + W_2)$，$R_4/(W_1 + W_2)$ 有关，负反馈的强弱与比值 R_2/R_1，R_5/R_4 有关。当正反馈大于负反馈时，振荡电路才能维持振荡。若调节 W_1，W_2 时正反馈发生变化，TL072 就处于振荡状态而表现出非线性。图 3-26-4 就是 TL072 与 6 个电阻组成的一个等效非线性电阻，它的伏安特性大致如图 3-26-5 所示。

2. 有源非线性负阻元件的实现

有源非线性负阻元件实现的方法有多种，这里使用的是一种较简单的电路，采用两个运算放大器和 6 个电阻来实现，其电路如图 3-26-4 所示，它的伏安特性曲线如图 3-26-5 所示，

实验所要研究的是该非线性元件对整个电路的影响,而非线性负阻元件的作用是使振动周期产生分岔和混沌等一系列非线性现象。

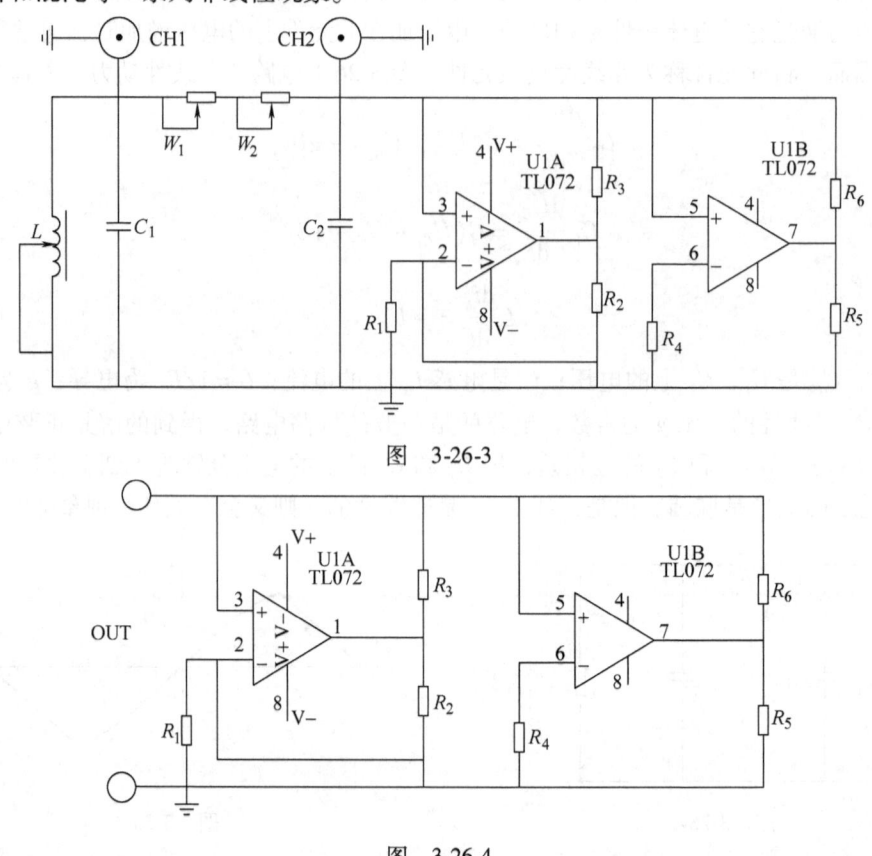

图 3-26-3

图 3-26-4

3. 实验现象的观察

把图 3-26-3 中的 CH1 和 CH2 接入示波器,将示波器调至 $X\text{-}Y$ 波形合成挡,调节可变电阻器的阻值,我们可以从示波器上观察到一系列现象。最初仪器刚打开时,电路中有一个短暂的稳态响应现象。这个稳态响应被称为系统的吸引子(attractor),这意味着系统的响应部分虽然初始条件各异,但仍会变化到一个稳态。在本实验中对于初始电路中的微小正负扰动,各对应于一个正负的稳态。当电导继续平滑增大到某一值时,我们发现响应部分的电压和电流开始周期性地回到同一个值,产生了振荡。这时,我们就说,我们观察到了一个单周期吸引子(period-one attractor),它的频率决定于电感与非线性电阻组成的回路的特性。

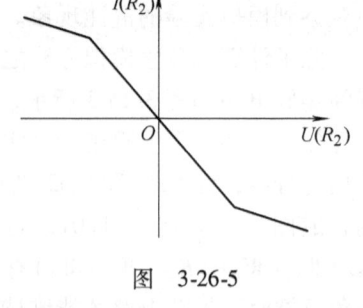

图 3-26-5

再增加电导[这里的电导值为 $1/(W_1+W_2)$]时,我们就观察到了一系列非线性的现象,先是电路中产生了一个不连续的变化:电流与电压的振荡周期变成了原来的二倍,也称分岔(bifurcation)。继续增加电导,我们还会发现二周期倍增到四周期,四周期倍增到八周期。如果精度足够,当我们连续地、越来越小地调节时就会发现一系列永无止境的周期倍增，最终在有限的范围内会成为无穷周期的循环，从而显示出混沌吸引（chaotic attractor）的性质。

需要注意的是，对应于前面所述的不同的初始稳态，调节电导会导致两个不同的但却是确定的混沌吸引子，这两个混沌吸引子是关于零电位对称的。

实验中，我们很容易地观察到倍周期和四周期现象。再有一点变化，就会导致一个单漩涡状的混沌吸引子，较明显的是三周期窗口。观察到这些窗口表明了我们得到的是混沌的解，而不是噪声。在调节的最后，我们看到吸引子突然充满了原本两个混沌吸引子所占据的空间，形成了双漩涡混沌吸引子（double scroll chaotic attractor）。由于示波器上的每一点对应着电路中的每一个状态，出现双混沌吸引子就意味着电路在这个状态时，相当于电路处于最初的那个响应状态，最终会到达哪一个状态完全取决于初始条件。

在实验中，尤其需要注意的是，由于示波器的扫描频率选择不合适，可能无法观察到正确的现象。这样，就需仔细分析，可以通过使用示波器的不同扫描频率挡来观察现象，以期得到最佳的扫描图像。

【实验内容】

1. 混沌现象的观察

1）按照电路原理图 3-26-3 进行接线，注意运算放大器的电源极性不要接反。

2）用同轴电缆将 Q_9 插座 CH1 连接双踪示波器 CH1 道（即 X 轴输入；Q_9 插座 CH2 连接双踪示波器 CH2 通道（即 Y 轴输入）；可以交换 X、Y 输入，使显示的图形相差 90°。

① 调节示波器相应的旋钮使其为 Y-X 状态工作，即 CH1 输入的大小反映在示波器的水平方向；CH2 输入的大小反映在示波器的垂直方向。

② CH2 输入和 CH1 输入可放在 DC 态或 AC 态，并适当调节输入增益 V/DIV 波段开关，使示波器显示大小适度、稳定的图像。

3）检查接线无误后即可打开电源开关，电源指示灯点亮，此时电压表不需要接入电路。

4）非线性电路混沌的现象观测：

① 首先把电感值调到 20mH 或 21mH。

② 右旋细调电位器 W_2 到底，左旋或右旋 W_1 粗调多圈电位器，使示波器出现一个圆圈，即略斜向的椭圆，如图 3-26-6a 所示。

③ 左旋多圈细调电位器 W_2 少许，示波器会出现二倍周期分岔，如图 3-26-6b 所示。

④ 再左旋多圈，细调电位器 W_2 少许，示波器会出现四倍分岔，如图 3-26-6c 所示。

⑤ 再左旋多圈，细调电位器 W_2 少许，示波器会出现三倍分岔，如图 3-26-6d 所示。

⑥ 再左旋多圈细调电位器 W_2 少许，示波器会出现双吸引子（混沌）现象，如图 3-26-6e 所示。

⑦ 观测的同时可以调节示波器相应的旋钮，来观测不同状态下，Y 轴输入或 X 轴输入的相位、幅度和跳变情况。

⑧ 电感的选择对实验现象的影响很大，只有选择合适的电感和电容才可能观测到最好的效果。有兴趣的话可以改变电感和电容的值来观测不同情况下的现象，分析产生此现象的原因，并从理论的角度去认识和理解非线性电路的混沌现象。

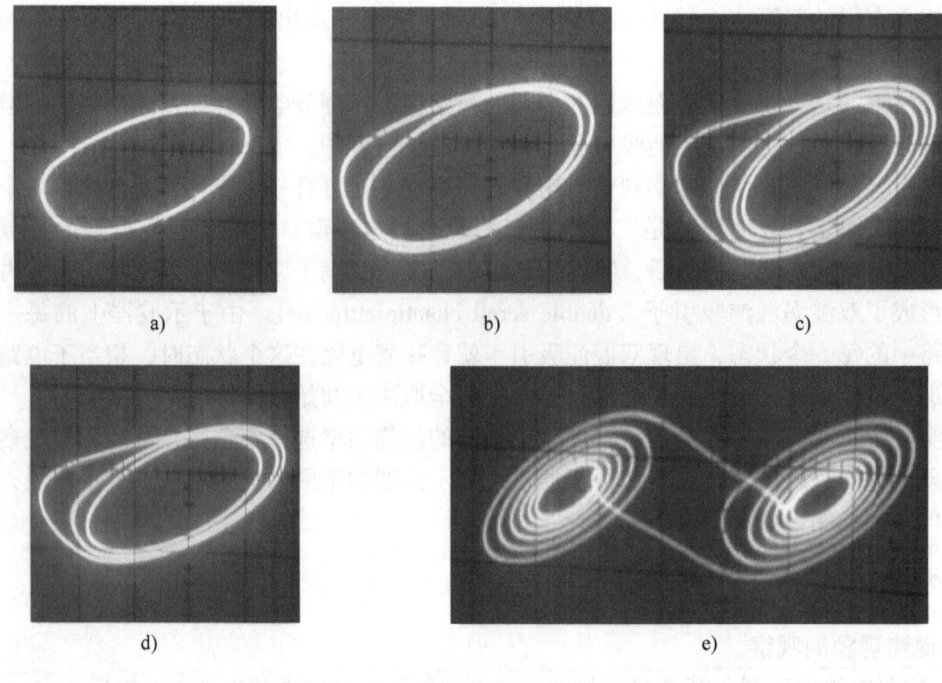

图 3-26-6

2. 有源非线性电阻伏安特性的测量

1）测量原理如图 3-26-7 所示，R 为可调电阻箱；V 为电压表；A 为电流表；R_2 为非线性负阻。其中，电流表为一般的 4 位半数字万用表，电阻箱可以选用普通电阻箱，注意，数字电流表的正极接电压表的正极。

2）检查接线无误后即可开启电源。

3）将电阻箱电阻由 99999.9Ω 起由大到小调节，记录电阻箱的电阻，数字电压表以及电流表上的对应读数填入表 3-26-1 中。由电压、电流关系在坐标轴上描点作出有源非线性电路的非线性负阻特性曲线（即 I-V 曲线，通过曲线拟合作出分段曲线）。从实验数据可以看出，测量的电流和电压的极性始终是相反的，变化是非线性的，验证了非线性负阻特性。实验过程中，可能会出现电压电流曲线在二、四象限，这属于正常现象，由于元件的差异，非线性负阻特性曲线可能不一样，请认真分析这种现象。

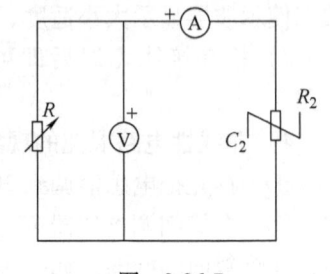

图 3-26-7

表 3-26-1

电压/V	电阻/Ω	电流/mA

此有源非线性电阻是通过采用 Kennedy 于 1993 年提出的使用两个运算放大器和 6 个电阻来实现的。在测定其非线性特性时，可将其作为一个黑匣子来研究，其非线性表现在其内

阻和其负载的大小有关，而且呈非线性。因此，通过电阻箱作其负载，可测定其特性，方便实验操作。电阻箱电阻变化的不连续对实验曲线影响甚小。

【注意事项】

1）双运算放大器的正负极不能接反，地线与电源接地点必须接触良好。

2）关掉电源以后，才能拆实验板上的接线。

3）使用前仪器先预热 10~15min。

【思考题】

1）试解释非线性负阻元件在本实验中的作用。

2）为什么要采用 RC 移相器，并且用相图来观测倍周期分岔等现象？如果不用移相器，可用哪些仪器或方法？

3）简述倍周期分岔、混沌、吸引子等概念的物理含义。

第四章 光 学 实 验

第一节 读数显微镜

读数显微镜结构如图 4-1 所示，其使用说明如下：

将被测件放在工作台面上，用压片固定。旋转棱镜室 19 至最舒适位置，用锁紧螺钉 18 止紧，调节目镜进行视度调整，使分划板清晰。转动调焦手轮，从目镜中观察，使被测件成像清晰为止，调整被测件，使其被测部分的横面和显微镜移动方向平行。转动测微鼓轮，使十字分划板的纵丝对准被测件的起点，记下此值 A。在标尺 5 上读取整数，在测微鼓轮上读取小数（仪器精度为 0.01mm，还要估读一位），此两数之和即是此点的读数，沿同方向转动测微鼓轮，使十字分划板的纵丝恰好停止于被测件的终点，记下此值 A'，则所测之长度计算可得 $L = A' - A$，为提高测量精度，可采用多次测量，取其平均值。

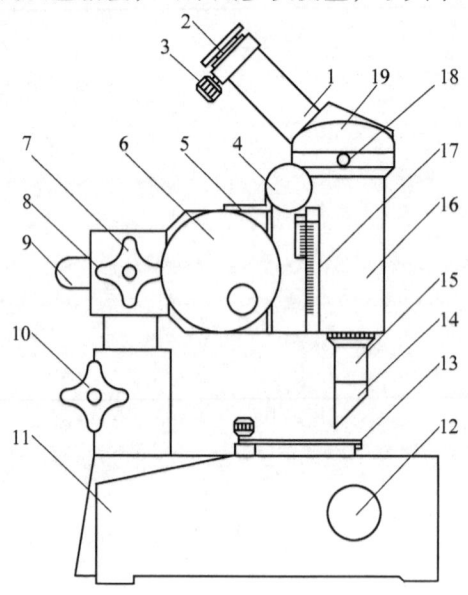

图 4-1 读数显微镜结构

1—目镜接筒 2—目镜 3—锁紧螺钉 4—调焦手轮 5—标尺 6—测微鼓轮 7—锁紧手轮Ⅰ 8—接头轴 9—方轴 10—锁紧手轮Ⅱ 11—底座 12—反光镜旋轮 13—压片 14—半反镜组 15—物镜组 16—镜筒 17—刻尺 18—锁紧螺钉 19—棱镜室

第二节 分 光 计

分光计是测量光线通过光学元件之后入射光和出射光之间的角度的光学仪器，其外形如图 4-2 所示。它由 5 部分组成：底座、望远镜、平行光管、载物台和读数盘。

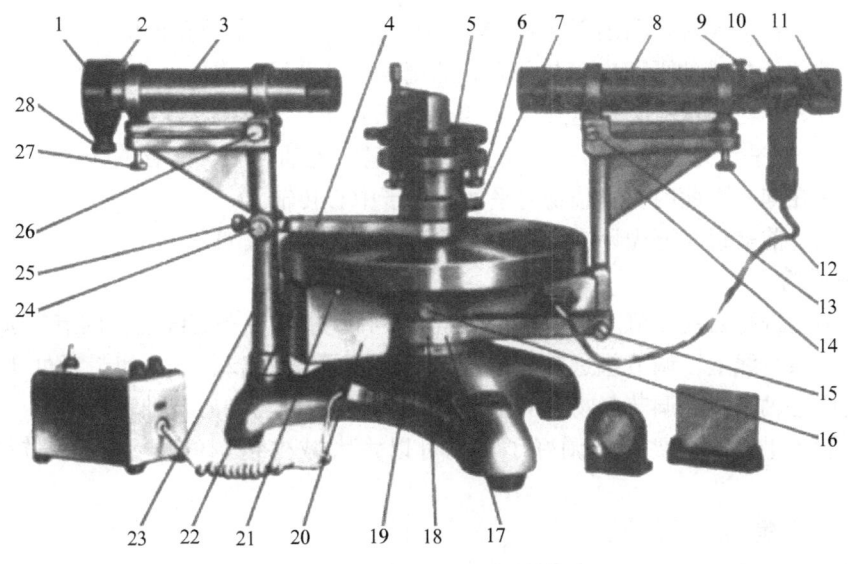

图 4-2　JJY1 分光计示意图

1—狭缝装置　2—狭缝装置锁紧螺钉　3—平行光管部件　4—制动架（二）　5—载物台
6—载物台调平螺钉（3只）　7—载物台锁紧螺钉　8—望远镜部件　9—目镜锁紧螺钉
10—阿贝式自准直目镜　11—目镜视度调节手轮　12—望远镜光轴高低调节螺钉
13—望远镜光轴水平调节螺钉　14—支臂　15—望远镜微调螺钉　16—转座与度角
止动螺钉　17—望远镜止动螺钉　18—制动架（一）　19—底座　20—转座　21—度盘
22—游标盘　23—立柱　24—游标盘微调螺钉　25—游标盘止动螺钉　26—行光管
光轴水平调节螺钉　27—平行光管光轴高低调节螺钉　28—狭缝宽度调节手轮

在底座 19 的中央固定一中心轴，度盘 21 和游标盘 22 套在中心轴上，可以绕中心轴旋转，度盘下端有一推力轴承支撑，使旋转轻便灵活。

立柱 23 固定在底座上，平行光管 3 安装在立杆上，平行光管的光轴位置可以通过立柱上的调节螺钉 26，27 来进行微调，平行光管带有一个狭缝装置 1，可沿光轴移动和转动，狭缝的宽度在 0.02~2mm 内可以调节。

阿贝式自准直望远镜 8 安装在支臂 14 上，支臂与转座 20 固定在一起，并套在度盘上，当松开止动螺钉 16 时，转座与度盘一起旋转，当旋紧止动螺钉时，转座与度盘可以相对转动。旋紧制动架（一）18 与底座上的止动螺钉 17 时，借助制动架（一）末端上的调节螺钉 15 可以对望远镜进行微调（旋转），同平行光管一样，望远镜系统的光轴位置，也可以通过调节螺钉 12，13 进行微调。望远镜系统的目镜 10 可以沿光轴移动和转动，目镜的视度可以调节。分划板视场如图 4-3 所示。

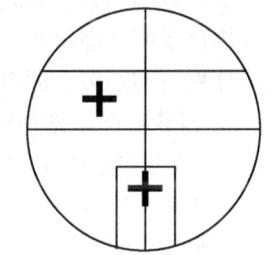

图 4-3　分划板视场

载物台 5 套在游标盘上，可以绕中心轴旋转，旋紧载物台锁紧螺钉 7 和制动架（二）与游标盘的止动螺钉 25 时，借助立柱上的调节螺钉 24 可以对载物台进行微调（旋转）。放松载物台锁紧螺钉时，载物台可根据需要升高或降低。调到所需位置后，再把锁紧螺钉旋紧，载物台有三个调平螺钉 6 用来调节使载物台面与旋转中心线垂直。

一、仪器调节

要测准入射光和出射光传播方向之间的角度，根据反射定律和折射定律，分光计必须满足以下两个要求：①入射光和出射光应当是平行光。②入射光线和出射光线与反射面（或折射面）的法线所构成的平面应当与分光计的刻度圆盘平行。

因此，分光计在测量前必须达到以下四点要求：①望远镜能接收平行光（即望远镜聚焦于无穷远）。②平行光管发射出平行光。③望远镜的光轴和平行光管的光轴垂直分光计的中心转轴，并在同一平面内。④载物台平面平行于中心转轴。

为此，测量前就得对分光计进行仔细的调节，其调节方法如下：

1. 目视粗调

用眼睛估测进行目视调节。将望远镜转至与平行光管在一条直线上，调节望远镜转至与平行光管在一条直线上，调节望远镜和平行光管的调平螺钉12、27，使二者处于同一水平线上，且与中心轴垂直。调节载物台的调平螺钉6，使台面与中心转轴垂直。

这一步骤很重要，只要这步调好了，就可以大大减少精调的盲目性，缩短精细调节过程。

2. 目镜的调焦

旋转目镜调焦手轮11，直到看清楚分划板上的刻线。

3. 望远镜的调焦

望远镜调焦的目的是将目镜分划板上的十字线调整到物镜的焦平面上，也就是望远镜对无穷远调焦。其方法如下：

1）接通灯源（把从变压器出来的6.3V电源插头插到底座的插座上，把目镜照明器上的插头插到转座的插座上），分划板下方的灯泡发光，光线经紧贴分划板的棱镜反射，把分划板叉丝照亮。

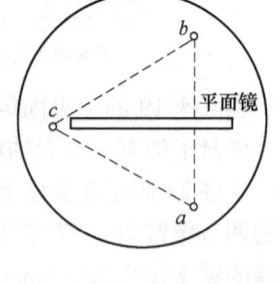

图 4-4

2）将双面镜放在载物台上，并使其反射面垂直于载物台下两个调平螺钉（a，b）的连线，如图4-4所示。转动载物台，使反射面与望远镜光轴大致垂直。

3）通过目镜在分划板上寻找小亮"十"字反射像，一般情况（目视调节得好）此时可以看到一个亮斑，若看不到，稍微转动载物台或调节螺钉6、12直到看到亮斑。之后松开锁紧螺钉9，前后拉动目镜筒，调节物镜至分划板的距离，即对望远镜进行调焦，使反射小"十"字像清晰。

4. 调节望远镜光轴与旋转主轴垂直

1）调节望远镜光轴调平螺钉12，使反射小"十"字与分划板的上十字线靠近一半距离。再调节载物台下、平面镜前的那个调平螺钉6，使反射小"十"字与分划板上十字线的另一半距离消失，达到二者重合（见图4-5）。

2）把载物台连同平面镜旋转180°，观察另一面的反射小"十"字，用上一步骤分别调螺钉12和6各减少一半距离的方法，使反射小"十"字与分划板的上十字线重合（见图4-5）。

3）重复步骤1）和2），用逐次逼近的方法，使反射小"十"字与分划板上十字间的偏差完全消失，即调节望远镜光轴与旋转主轴垂直。

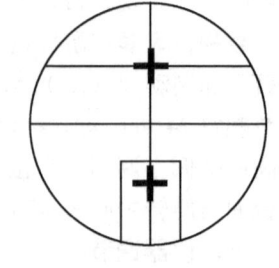

图 4-5

5. 将分划板十字线调"正"

稍微转动载物台和平面镜，观察反射小"十"字是否水平地移动，如果分划板的水平刻线与反射"十"字的移动方向不平行，就要转动目镜筒（注意不要破坏望远镜的调焦），使反射"十"字的移动方向与分划板的水平刻线平行，然后将目镜锁紧螺钉旋紧。

6. 平行光管的调焦

目的是把狭缝调整到物镜的焦平面上，也就是平行光管对无穷远调焦。其方法如下：

用钠灯点亮平行光管上的狭缝，将望远镜正对平行光管，从望远镜目镜中观察狭缝，并前后移动狭缝机构，使狭缝清晰地成象在望远镜分划板平面上，即平行光管发出平行光。

7. 将平行狭缝调成垂直

旋转狭缝机构，使狭缝与目镜分划板的垂直刻线平行，注意不要破坏平行光管的调焦，然后将狭缝装置锁紧螺钉旋紧。

8. 调整平行光管的光轴垂直于旋转主轴

调整平行光管光轴的调平螺钉 27，升高或降低狭缝像的位置，使狭缝位于目镜视场的中央（见图 4-6）。

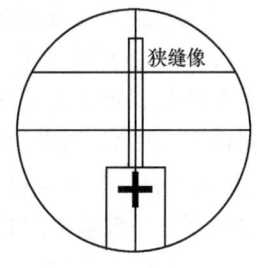

图 4-6

二、读数方法

分光计的读数圆盘由刻度圆盘和游标盘组成，刻度盘可绕轴转动，盘的边缘一周均匀刻着 $0°\sim360°$ 的分度线（每 $0.5°$ 处还刻有短线，即最小刻度值 $0.5°$ 或 $30'$）。圆盘对径方向设有两个游标读数装置（记为 α 游标、β 游标），每个游标读数装置上有 $0\sim30$ 的分度线（即最小刻度为 $1'$）。测量时读出两个数值，然后取平均，这样可以消除偏心引起的误差。角游标读数的方法与游标卡尺的读数方法相似，首先以角游标的零线为准读出"度"数，再找游标上与刻度盘正好重合的刻线，即为所求之"分"数。如图 4-7a 所示，游标尺上"26"与刻度盘上的刻度重合，故读数为 $149°26'$；如图 4-7b 所示，游标尺上"15"与刻度盘上的刻度重合，但零线过了刻度线的半度线，故读数为 $149°45'$。

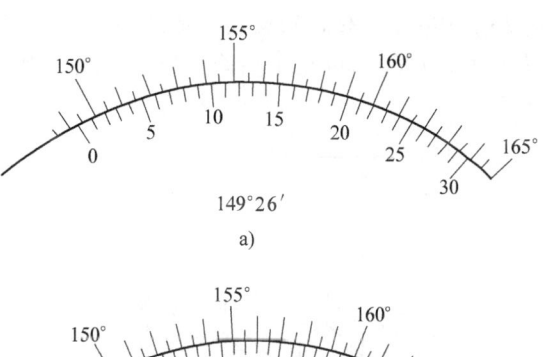

图 4-7

当刻度盘和望远镜被固定时，载物平台转过的角度可以从游标读数求出。反之，当载物平台被固定时，望远镜（连同刻度盘）转过的角度也可以从游标读数求出。计算方法为

$$\theta = \frac{|\alpha|+|\beta|}{2} = \frac{|\alpha_\text{终}-\alpha_\text{起}|+|\beta_\text{终}-\beta_\text{起}|}{2}$$

式中 $\alpha=|\alpha_\text{终}-\alpha_\text{起}|$ 及 $\beta=|\beta_\text{终}-\beta_\text{起}|$ 均为望远镜（或载物平台）转过的角度，两者应近似相等，求其平均消除偏心引起的误差。

测量时应注意，当望远镜（或载物平台）沿角度增加方向转动某角度 α，且过读数盘中

的 $360°$ 时，实际转角应为 $\alpha = (360° + \alpha_{终}) - \alpha_{起}$，当沿角度减小方向转动某角度 α，且过读数盘中的 $360°$ 时，实际转角应为 $\alpha = (360° - \alpha_{终}) + \alpha_{起}$。

第三节　迈克尔逊干涉仪

迈克尔逊干涉仪是一种分振幅双光束干涉仪，它的光路见图 4-8。从 S 发出的一束光射到分束板 G_1 上，被 G_1 后表面镀的半反射膜（一般镀金属银，近年也有镀铝或镀多层介质膜）分成两束光强近似相等的光束，即反射光 I 和透射光 II。G_1 与平面镜 M_1 和 M_2 均成 $45°$ 角，所以反射光 I 在近于垂直地入射到平面镜 M_1 后，经反射又沿原路返回，透过 G_1 向光屏 E 传播；透射光 II 在透过补偿板 G_2 后，近于垂直地入射到平面镜 M_2 上，经反射又沿原路返回，在 G_1 后表面反射，与光束 I 相遇而发生干涉。

补偿板 G_2 是一块材料、厚度均与 G_1 相同且与 G_1 平行放置的光学平板玻璃。它的作用是使光束 II 在玻璃中的光程与光束 I 相同。

迈克尔逊干涉仪的结构见图 4-9，平面镜 M6 和 M7 镜面的左右及俯仰角度可以通过它们背面的调节螺钉 5、8 调节，M7 更精细的调节由它下端的一对方向互相垂直的拉簧螺钉 11、15 来实现。M7 是固定不动的。M6 可在精密导轨 2 上移动以改变两光束之间的光程差，它的位置可以由导轨一侧的毫米尺、读数窗口 12 及微调手轮 14 这三处所示数值之和表示。粗调手轮 13 共分 100 个小格，每旋转一周，M6 移动 1mm，故它的每小格为 1/100mm。微调鼓轮共分 100 个小格，每旋转一周，M6 移动 1/100mm，故它的每小格为 1/10000mm。读数时还要在 1/10000mm 格中估读一位，因此，测量时若以 mm 为单位，应读出小数点后五位。

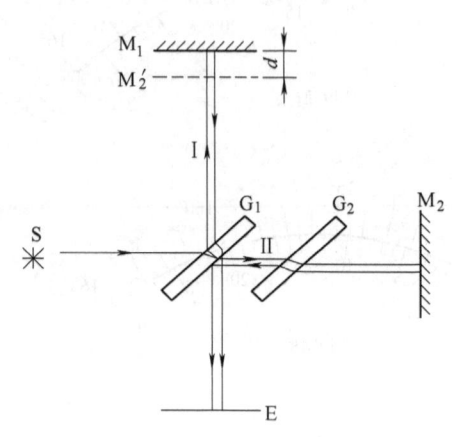

图 4-8　迈克尔逊干涉仪
原理光路图

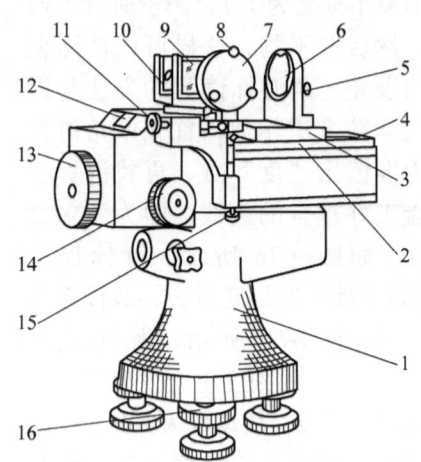

图 4-9　迈克尔逊干涉仪结构图
1—底座　2—导轨　3—拖板　4—精密丝杠　5、8—调节螺钉
6—可移动反射镜　7—固定反射镜　9—补偿板 G_2　10—分光板 G_1　11—水平拉簧螺钉　12—读数窗口　13—粗调手轮
14—微调手轮　15—垂直拉簧螺钉　16—水平调节螺钉

使用迈克尔逊干涉仪应注意：

1) 该仪器很精密，各镜面必须保持清洁，切忌用手触摸光学面；精密丝杠和导轨的精度也很高，操作时要轻调慢拧。

2）为了使测量结果正确，必须消除螺距差，即在测量前，应将粗调手轮和微调手轮按某一方向（如顺时针方向）旋转几圈，直到干涉条纹开始变化以后，才可开始读数测量（测量时仍按原方向转动）。

3）做完实验后，要把各微动螺钉恢复到放松状态。

第四节 常用光源

1. 钠光灯

钠光灯工作时，在可见光区域发射出两条极强的黄色谱线，波长分别为 589.0nm 和 589.6nm，通常称为双钠线。因两条谱线很近，实验中可认为是较好的单色光源。通常取它们的中心近似值 589.3nm 作为单色光源的标准参考波长，许多光学常数常以它作为基准，由于它的强度大、光色单纯，因此，钠光灯是实验室中最重要的常用单色光源之一。

国产的钠光灯分低压和高压两种，其工作原理都是金属蒸气弧光放电，实验室中常用的是低压钠光灯。

使用钠光灯时应注意：

1）钠灯点燃后需等一段时间才能正常使用（起燃时间 5~6min）。

2）钠灯点燃后不要轻易熄灭它，因为忽燃忽熄容易损坏。另外，正常使用也有一定消耗，其使用寿命在 500h 左右，所以在使用时应尽量将使用时间集中。

3）钠灯工作时不得撞击或振动，否则灼热的灯丝容易震坏。

2. 汞灯

汞灯（又称水银灯）是利用水银蒸气放电发光灯的总称。按其工作时的水银蒸气压的高低，可分为低压汞灯、高压汞灯和超高压汞灯。

通常在一个大气压或小于一个大气压下工作的汞灯称为低压汞灯，其辐射能量几乎集中在 253.7nm 这一谱线上，因此它只能作为紫外光源使用。高压汞灯的水银蒸气压可从几个大气压到 25 个大气压，由于增加管内水银蒸气压可提高灯的发光效率，因而大大提高了灯的亮度，激发更多的谱线是光学实验中比较理想的标准光源。超高压汞灯的水银蒸气一般都在 25 个大气压以上，由于水银蒸气压的提高，使可见光区发射谱线展宽，并大大增加，所以可作为各种光学仪器和投影系统等的高亮度光源。

高压汞灯在紫外、可见和近红外区域都有辐射。在高压汞灯的辐射中，可见光约占总辐射的 37%，其中一半集中在绿线 546.1nm 和黄线 577.0nm、579.1nm，因此高压汞灯是光学实验室的标准光源。

使用高压汞灯的注意事项：

汞灯在使用中不可直接接 220V 电源，否则要烧毁。汞灯熄灭后不能立刻开启，因为灯熄灭后，内部还保持着较高的水银蒸气压，要等灯管冷却，水银蒸气凝结后才能再次点燃，否则将影响其使用寿命。汞灯的紫外线很强，不可用眼直视。

3. 激光光源

激光是 20 世纪 60 年代出现的新型光源，已被广泛应用于物理实验室，除了作教学演示外，还在光的干涉、衍射和偏振等现象的研究方面获得了重要应用。和普通光源相比，激光具有以下特点：光谱亮度高，能量高度集中，方向性好，单色性强，相干性好。因此，实验室常将它作为强的定向光源和单色光源。

实验室常用的激光光源是氦氖激光器。它由激光工作物质、激励装置和光学谐振腔三部分组成。充有氦氖混合气体的放电管会在激励作用下产生受激辐射形成激光，经谐振腔加强到一定程度后，从谐振腔的一块反射镜发射出去。谐振腔的两块反射镜可以是凹球面镜、平面镜，或一凹球面镜和一平面镜。有的激光器将反射镜安装在管外，以便调节与更换。如果使放电管的窗口与管轴成布儒斯特角，则发出的光是完全偏振光。

氦氖激光器的电极用钴制成，两端加 $2\sim3kV$ 直流电压，管长 $10\sim100cm$，毛细管内径 $1\sim5mm$。反射镜的反射峰值配合在 632.8nm，以抑制其他波长的谐振，使 632.8nm 输出为最大。从这类氦氖激光器可获得连续输出 0.5mW 到几十毫瓦的单色红光。使用激光器时应严格遵守操作规程进行安全操作，禁止用手直接触摸电极和导线，并要注意眼睛不能直接正对光源，以防受到伤害。

4. 多束光纤激光源

HNL—55700 多束光纤激光源采用 550mm 中功率激光管和高传输性光纤，通过精密光学分束机构分至七束光纤，每束光纤长 4m，与一台迈克尔逊干涉仪配用。使用时将光纤输出端安装在干涉仪左端的托架上，调节托架，使激光束射于分束板中央。光纤发出的光是球面波，所以无需在光源与干涉仪之间放置凸透镜。

使用该仪器时应注意：

1）氦氖激光束系高亮度、高能量光束，勿用裸眼直接对准强光，以免损伤眼睛。
2）光纤为传光介质，可弯曲，但切不可折、压。
3）为保护激光源和激光管，激光源连续点燃时间勿超过 3h。

实验27 用牛顿环测平凸透镜的曲率半径

【实验目的】

1）了解等厚干涉条纹的形成及特点。
2）掌握读数显微镜的使用方法。
3）学会用逐差法处理数据。

【实验仪器】

读数显微镜、牛顿环、钠灯及电源。

【实验原理】

牛顿环装置是由曲率半径较大的平凸透镜和平板玻璃组成，如图 4-27-1 所示。在透镜凸面和平板玻璃间形成一层空气薄膜，且空气层以接触点为中心向四周逐渐增厚，当单色光垂直入射到透镜上时，入射光将在此空气薄膜上下两表面反射，产生相干光，形成的干涉条纹是以接触点为圆心的一系列明暗相间、内疏外密的同心圆环，称为牛顿环。

设 R 为平凸透镜的曲率半径，r 为牛顿环某暗环的半径，e 为其空气薄膜的厚度，λ 为入射光的波长。则透镜下表面所反射的光与玻璃平板上表面的反射光发生干涉，两束相干光

的光程差为

$$\Delta = 2e + \frac{\lambda}{2} \tag{4-27-1}$$

其中 $\lambda/2$ 为附加光程差。这是由于反射光从光疏介质（空气）入射到光密介质（玻璃），反射时有半波损失；而反射光是从光密介质（玻璃）入射到光疏介质（空气），反射时无半波损失而引起的。

由图中的几何关系可得

$$r^2 = R^2 - (R-e)^2 = 2Re - e^2 \tag{4-27-2}$$

由于 $e \ll R$，所以 $e^2 \ll 2Re^2$，可将 e^2 从式中略去，得 $e = r^2/2R$，将此式代入式（4-27-1）得光程差为

$$\Delta = \frac{r^2}{R} + \frac{\lambda}{2} \tag{4-27-3}$$

根据光的干涉条件，当 $\Delta = \frac{r^2}{R} + \frac{\lambda}{2} = (2k+1)\frac{\lambda}{2}$ 时，干涉条纹为暗纹，于是得

$$r^2 = kR\lambda \quad (k = 0, 1, 2, 3, \cdots) \tag{4-27-4}$$

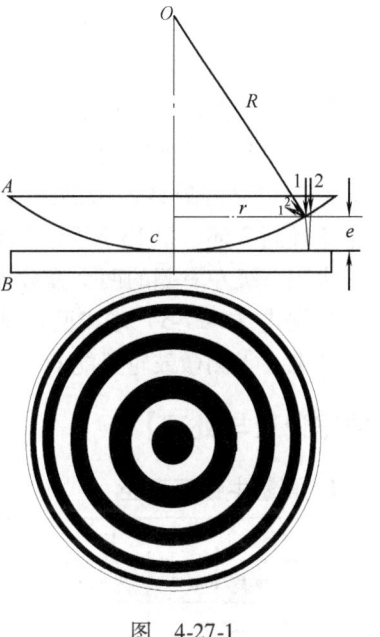

图 4-27-1

由上式可见，当 $k=0$ 时，$r=0$，接触点为暗纹。在已知单色光波长的情况下，只要测的暗环的半径和其级数，就可算出透镜的曲率半径。但由于接触点不是一个理想的点，而是一个模糊圆斑。因此通常取两个暗环直径的平方差来计算透镜的曲率半径。

设第 m 级暗环和第 n 级暗环的直径分别为：$D_m^2 = 4mR\lambda$ 和 $D_n^2 = 4nR\lambda$，两式相减得

$$R = \frac{D_m^2 - D_n^2}{4(m-n)\lambda} \tag{4-27-5}$$

由此可计算出透镜的曲率半径 R。

【实验内容】

1. 调整测量仪器

1）放置好仪器，开启钠灯，使光射到读数显微镜的 $45°$ 半反射镜上，经反射后光垂直入射到牛顿环装置上。

2）旋转显微镜目镜，使十字叉丝像清晰。

3）移动读数显微镜位置，调节 $45°$ 半反射镜，使显微镜目镜中视场明亮。

4）转动调焦手轮，先将显微镜的物镜降到靠近牛顿环装置，然后缓慢自下而上调节镜筒，直到目镜中同时看到清晰的十字叉丝像和牛顿环的像为止。

5）转动测微鼓轮移动显微镜镜筒，或移动牛顿环装置，使目镜中的十字叉丝和牛顿环中心大致重合。

2. 观察干涉条纹的特征

观察牛顿环中心是暗斑还是亮斑或是一个模糊不清的圆斑、条纹形状、条纹间距等，并

对观察到的现象做出解释。

3. 测牛顿环的直径

转动测微鼓轮，移动显微镜镜筒，观察十字叉丝是否有一条与镜筒移动方向垂直，而另一条与镜筒移动方向平行，若不符旋松锁紧螺钉，适当转动目镜，使之达到上面所述状态。

转动测微鼓轮，先使显微镜镜筒向左移动，依顺序数到第25环，然后反向转到第17环，使叉丝与环的外侧相切，记录数据。继续转动鼓轮，使叉丝依次与第16环到13环、第7环到3环的外侧相切，顺次记下各环的读数。再继续转动测微鼓轮，使叉丝依次与圆心右方第3环到7环、第13环到17环的内侧相切，顺次记下各环的读数。

由同一级左右侧的两个读数相减算出各暗环的直径。为提高准确性，采用逐差法处理数据，根据式（4-27-5）求出凸透镜的曲率半径。

注意：①测微鼓轮只能向一个方向移动，避免产生回程差。②环数不要数错。

【数据记录与处理】

1. 测量牛顿环直径

暗环数	17	16	15	14	13	7	6	5	4	3
环的左边读数/mm										
环的右边读数/mm										
环直径 D/mm										

2. 用逐差法计算透镜的曲率半径

$m - n = 10$ $\lambda = 589.3 \text{nm}$

组 合	曲率半径 R_i/mm	$\bar{R}$/mm
17 与 7		
16 与 6		
15 与 5		
14 与 4		
13 与 3		

曲率半径 R 的不确定度：$\sigma_R = \sqrt{S_R^2 + \Delta_仪^2} = \qquad$ mm

测量结果：$R = \bar{R} \pm \sigma_R = ($ 　　$\pm$　　$)$ mm

【思考题】

1）你观察到的牛顿环中心是亮斑还是暗斑？为什么？
2）牛顿环干涉中心是高级次还是低级次？为什么？
3）牛顿环干涉条纹间距如何变化？为什么？

实验 28　测三棱镜材料的折射率

【实验目的】

1）学会分光计的调节和使用方法。
2）用最小偏向角法测定三棱镜材料的折射率。

【实验仪器】

分光计、低压钠灯、电源、三棱镜。

【实验原理】

如图 4-28-1 所示，ABC 表示一块三棱镜，AB 和 AC 面经过抛光，光线沿 P 在 AB 面上入射，经过棱镜在 AC 面上沿 P′方向出射，P 和 P′之间的夹角 δ 称为偏向角，偏向角 δ 的大小随入射角 i_1 的改变而改变。而当 $i_1 = i_2'$ 时，δ 为最小（证明略），这个时候的偏向角称为最小偏向角，记作 $δ_{\min}$。

由图中可以看出，这时折射角

$$i_1' = \frac{A}{2}$$

$δ_{\min}/2 = i_1 - i_1' = i_1 - \dfrac{A}{2}$，则

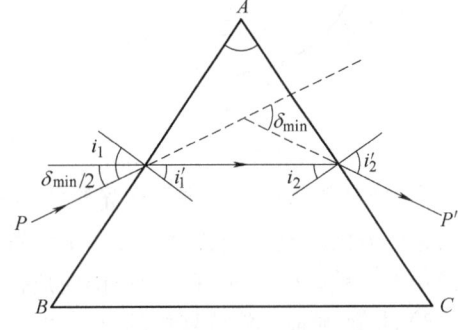

图 4-28-1　棱镜的折射

$$i_1 = \frac{1}{2}(δ_{\min} + A)$$

设棱镜材料折射率为 n，根据折射定律 $\sin i_1 = n\sin i_1'$，有

$$n = \frac{\sin i_1}{\sin i_1'} = \frac{\sin\dfrac{A + δ_{\min}}{2}}{\sin\dfrac{A}{2}}$$

由此可知，只要测出顶角 A 和最小偏向角 $δ_{\min}$，就可以求得材料的折射率 n。

【实验内容】

1. 将分光计按照本章第二节中所介绍的调整要求和方法调整好

2. 测量顶角（反射法）

1）如图 4-28-2 所示，置三棱镜于载物台上，顶角 A 正对平行光管，且使顶角位于平台中央，使 AB、AC 两面均能看到狭缝的反射像为准。

2）将望远镜转至 AB 面一边，使 AB 面反射的狭缝像的中线与望远镜分化板竖线重合，记下两读数窗口数 $α_1$，$β_1$。

3）在固定载物台的情况下，将望远镜转至 AC 面的一边，使狭缝像的中心线与望远镜分化板竖线重合，记下 α_2、β_2 读数值。重复测量三次。

3. 最小偏向角

1）如图 4-28-3 所示放置三棱镜，用单色光（如钠灯）照明平行光管的狭缝，从平行光管发出的平行光束经过棱镜的折射而偏折一个角度。

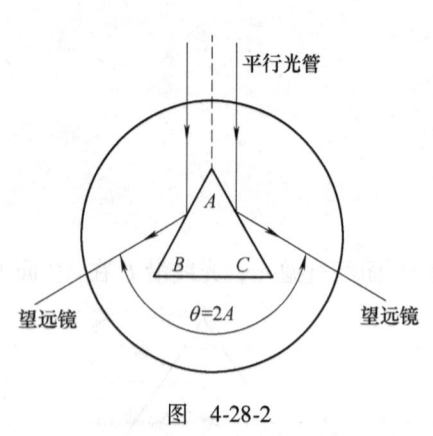
图 4-28-2

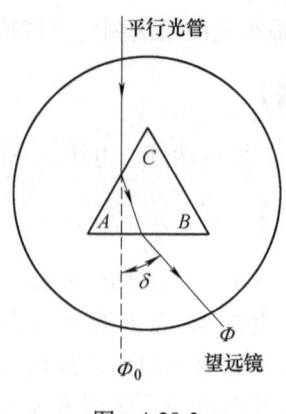
图 4-28-3

2）转动望远镜，找到平行光管的狭缝像，慢慢转动载物台，开头从望远镜看到的狭缝像沿某一方向移动，当转到这样一个位置，即看到的狭缝像，刚刚开始要反向移动，此时的棱镜位置，就是平行光束以最小偏向角折射光的位置 Φ。

3）精确调整，使分划板的十字线对准狭缝像中央。记下对径方向上游标所指示的读数 α_2、β_2。

4）取下棱镜，转动望远镜，将望远镜直接对准平行光管，使分划板十字线精确地对准狭缝中央，望远镜此时位置为最小偏向角入射光的位置 Φ_0。记下对径方向上游标所指示的两个读数 α_0、β_0。

5）重复以上步骤测量三次。

【数据记录与处理】

1. 测顶角 A 实验数据记录与处理

测量次数	望远镜位置读数				计算结果			顶角 A
	AB 面		AC 面					
	α_1	β_1	α_2	β_2	α	β	$\theta = \dfrac{|\alpha| + |\beta|}{2}$	—
1								
2								
3								
平均值	—	—	—	—				

2. 测量最小偏向角 δ_{min} 实验数据记录表

测量次数	望远镜位置读数				计算结果		$\delta_{min} = \theta$
	Φ_0		Φ				
	α_0	β_0	α_2	β_2	α	β	$\theta = \dfrac{|\alpha| + |\beta|}{2}$
1							
2							
3							
平均值	—	—	—	—	—	—	

3. 计算三棱镜的折射率

$$n = \frac{\sin i_1}{\sin i_1'} = \frac{\sin \dfrac{A + \delta_{min}}{2}}{\sin \dfrac{A}{2}}$$

【思考题】

1）在测量三棱镜顶角 A 和最小偏向角 δ_{min} 时，若分光计没有调好，对测量结果有何影响？

2）如果测量的最小偏向角稍有偏离，对实验结果有何影响？

实验 29　光 栅 实 验

【实验目的】

1）熟练掌握分光仪的调节和使用方法。
2）加深对光栅衍射原理的理解。
3）学会用透射光栅测定光栅常数和光波波长。

【实验仪器】

JJY 分光仪、透射光栅、低压汞灯、平面镜。

【实验原理】

衍射光栅是由一组数目很多而且平行排列的等宽、等距的狭缝组成（见图 4-29-1）。透射光栅是在光学玻璃底板上刻制而成的。当光照射在光栅面上时，被刻过的痕迹是不透明间隙，使光线散射；而光线只能在刻痕间的透明狭缝中通过。把一个透明狭缝宽度 a 和一个不透明间隙宽度 b 的和（$a+b$）称为光栅的光栅常数。

如图 4-29-1 所示，若以平行光束垂直入射到光栅面上，并在其后用透镜聚焦，这样每一个狭缝衍射的光线在透镜的主焦面上互相叠加而发生干涉。因此，光栅的衍射现象实际上是单缝衍射和多缝干涉的总结果。

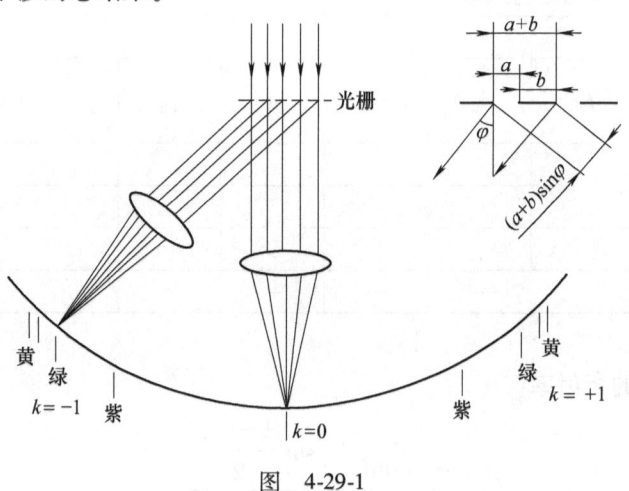

图 4-29-1

若将光栅直立于分光仪的载物台上，并使平行光管射出的单色平行光垂直投向光栅面，则两相邻狭缝中的相应光束之间的光程差与衍射角和光栅常数 $(a+b)$ 之间有关系式

$$\delta = (a+b)\sin\varphi \tag{4-29-1}$$

根据干涉加强的条件，衍射光谱中明条纹的位置由下式决定

$$\delta = (a+b)\sin\varphi = k\lambda \quad (k=0, \pm 1, \pm 2, \cdots) \tag{4-29-2}$$

若令 $d = a+b$，则

$$\delta = d\sin\varphi = k\lambda \quad (k=0, \pm 1, \pm 2, \cdots) \tag{4-29-3}$$

式（4-29-2）、式（4-29-3）中，k 为衍射光谱的级次。此两式表示，在透镜的焦面上适合上述 φ 角处将产生干涉加强。在分光仪上，当我们绕主轴转动望远镜到某一角度 φ，而使得上式成立时，则可看到明亮条纹，如图 4-29-1 所示。在 $\varphi = 0$ 的方向上可以观察到中央极强的 0 级"谱线"，其他级数的谱线对称地分布在零级"谱线"的两侧，分别用 ±1，±2，…级表示。

如果入射光为复色光，对于不同波长的光，虽然入射角相等，但是它们的衍射角除零级以外，在同一级光谱线中是不同的。因此，复色光经光栅衍射后，将按波长分开，并按波长大小顺序依次排列成一组彩色谱线，这就是光谱。

根据式（4-29-3）可知，如果已知单色光波的波长 λ，则可以根据衍射的级次 k（在本实验中只观察第 1，2，3 级条纹，所以是 $k=0$，±1，±2，±3）和测得的衍射角 φ 来测定光栅 d 常数；反之，如果已知 d，也可以用测得某一未知波长 λ 的 k 级谱线的衍射角 φ 来测定该谱线的波长 λ。本实验先应用水银光谱的绿色谱线（设波长已知）测定光栅常数，然后用此光栅测定汞灯的其余谱线的波长。

【实验内容】

1. 分光计的调节

1）利用分光计进行光栅的衍射实验，首先要求调节好分光计，即满足：望远镜聚焦于无穷远；望远镜的光轴与分光计的中心轴垂直；平行光管出射平行光。

2）汞灯光源照亮狭缝，狭缝宽调至约1mm，叉丝竖线与狭缝平行，狭缝中心点位于分划板中心叉丝交点位置，消除视差，调好后固定望远镜。

2. 衍射光栅的调节

（1）平行光管出射的平行光垂直于光栅面

1）如图 4-29-2a 所示，光栅面置于载物平台上，垂直于载物台调平螺钉 a、b 的连线。

2）望远镜对准狭缝，平行光管和望远镜光轴保持在同一水平线上。转动载物台，目视判断使光栅面与望远镜光轴基本垂直。

3）通过望远镜目镜观察，找到由光栅平面反射回来的反射十字像，仔细调节螺钉 a、b 使反射"十"字像位于叉丝上方交点位置，如图 4-29-2b 所示，则光栅面与望远镜光轴垂直，同时平行光管出射的平行光与光栅面垂直。

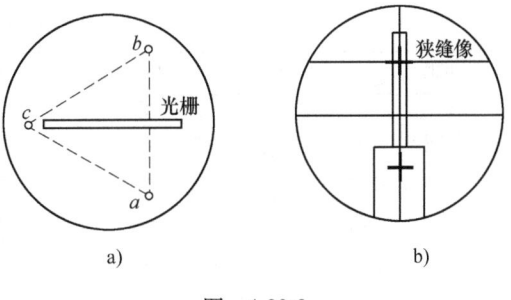

图 4-29-2

（2）平行光管的狭缝与光栅刻痕平行 固定载物台，转动望远镜，这时从目镜中可以观察到汞灯的一系列光谱线。注意观察判断中心亮条纹左右两侧光谱线的排列方向与望远镜分划板中心叉丝水平线是否平行，若平行，说明狭缝与光栅刻痕平行，否则可调节载物台倾斜度螺钉 c 来实现。

3. 测定光栅常数

转动望远镜，观察汞灯绿光（已知 $\lambda = 546.07$nm）的各级衍射光谱。让望远镜对准中央零级亮条纹，使叉丝竖线和 0 级亮线中心重合，从两个游标窗口上读得 α_0，β_0，转动望远镜，使叉丝竖线依次对准左右两边 $k = \pm 1$ 的绿色条纹，记下相应的 $\alpha_{左1}$，$\beta_{左1}$，$\alpha_{右1}$，$\beta_{右1}$，则

$$\varphi_{左1} = \frac{|\alpha_{左1} - \alpha_0| + |\beta_{左1} - \beta_0|}{2}$$

$$\varphi_{右1} = \frac{|\alpha_{右1} - \alpha_0| + |\beta_{右1} - \beta_0|}{2}$$

由此得"1"级绿条纹的 $\varphi_1 = \dfrac{\varphi_{左1} + \varphi_{右1}}{2}$，如图 4-29-3 所示，将 φ_1 代入式（4-29-3）求得 d_1。用同样方法测出 φ_2，φ_3，求出 d_2、d_3，则所测光栅常数为

$$d = \frac{1}{3}(d_1 + d_2 + d_3)$$

4. 测定未知光波的波长

转动望远镜，让叉丝竖线依次对准 0 级、左右 $k = \pm 1$，± 2，± 3 的紫色亮条纹，由上述方法，测出相应的衍射角 $\varphi_{紫1}$，$\varphi_{紫2}$，$\varphi_{紫3}$，已知光栅常数 d，利用式（4-29-3）计算出 λ_1，λ_2，λ_3，故紫光的波长为

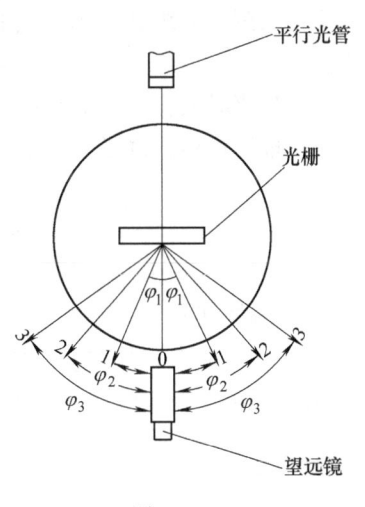

图 4-29-3

$$\lambda_{紫} = \frac{1}{3}(\lambda_1 + \lambda_2 + \lambda_3)$$

用同样方法测出黄1、黄2的衍射角，计算出各波长及百分偏差（$\lambda_{紫}=435.8\text{nm}$，$\lambda_{黄1}=577.0\text{nm}$，$\lambda_{黄2}=579.1\text{nm}$）。

【数据记录与处理】

实验数据记录表

级别	数据	紫光	绿光	黄光1	黄光2
$k=0$	α_0				
	β_0				
$k=\pm 1$	$\alpha_{左1}$				
	$\beta_{左1}$				
	$\alpha_{右1}$				
	$\beta_{右1}$				
$k=\pm 2$	$\alpha_{左2}$				
	$\beta_{左2}$				
	$\alpha_{右2}$				
	$\beta_{右2}$				
$k=\pm 3$	$\alpha_{左3}$				
	$\beta_{左3}$				
	$\alpha_{右3}$				
	$\beta_{右3}$				

【思考题】

1）为什么光栅刻痕的数量不但要多而且要均匀？

2）试测±1级紫光所对应的φ值是否相等？相等说明什么问题？不相等又说明什么问题？

3）当狭缝太宽、太窄时将会出现什么现象？对实验结果有何影响？

4）根据观察，试说明光栅分光与棱镜分光的光谱线各有何特点？

实验30 偏振光的研究

光的偏振证实了光是横波。对于光偏振现象的研究，不仅使人们对光的传播（反射、折射、吸收和散射）规律有了新的认识，而且使光在计量、晶体性质研究和实验应力分析等领域有了更广泛的应用。本实验着重观察光的偏振现象，加深对光的偏振规律的理解。

【实验目的】

1）了解偏振光的产生和检验方法。

2）测定布儒斯特角。
3）观测 1/4 波片和 1/2 波片对偏振光的作用。

【实验仪器】

偏振光实验仪（包括偏振片、布儒斯特角装置、1/4 波片和 1/2 波片等）、光电池、电流计、氦氖激光器。

【实验原理】

1. 偏振光的基本概念

光是电磁波，它的电矢量 E 和磁矢量 H 相互垂直，且均垂直于光的传播方向 C。在这种电磁波中起光作用的主要是电场矢量，因此常以电矢量 E 代表光的振动方向。光的振动方向相对于传播方向的一种空间取向称为偏振，电矢量 E 和光的传播方向 C 所构成的平面称为振动面。

在传播过程中，若电矢量 E 的振动始终在某一确定方向的光，称为平面偏振光或线偏振光，如图 4-30-1c 所示是偏振光的振动面平行于书纸面（见图 4-30-1a）和垂直于书纸面（见图 4-30-1b）的情形，图的下方是示意表示法。光源发射的光是由大量原子或分子辐射构成的。单个原子或分子辐射的光是偏振的。由于大量原子或分子的热运动和辐射的随机性，它们所发射的光的振动面出现在各个方向的几率是相同的。一般说，在 10^{-6} s 内各个方向电矢量的时间平均值相等，故这种光源发射的光对外不显现偏振的性质，称为自然光（见图 4-30-1d）。在发光过程中，有些光的振动面在某个特定方向上出现的几率大于其他方向，即在较长时间内电矢量在某一方向上较强，这样的光称为部分偏振光（见图 4-30-1e）。还有一些光，电矢量 E 绕着传播方向均匀旋转，大小也随时间有规律的变化，其末端在垂直于传播方向的平面上的轨迹呈椭圆的光，称为椭圆偏振光（见图 4-30-1f）。而大小保持不变的光，称为圆偏振光（见图 4-30-1g）。根据电矢量旋转方向的不同，这种偏振光有左旋光和右

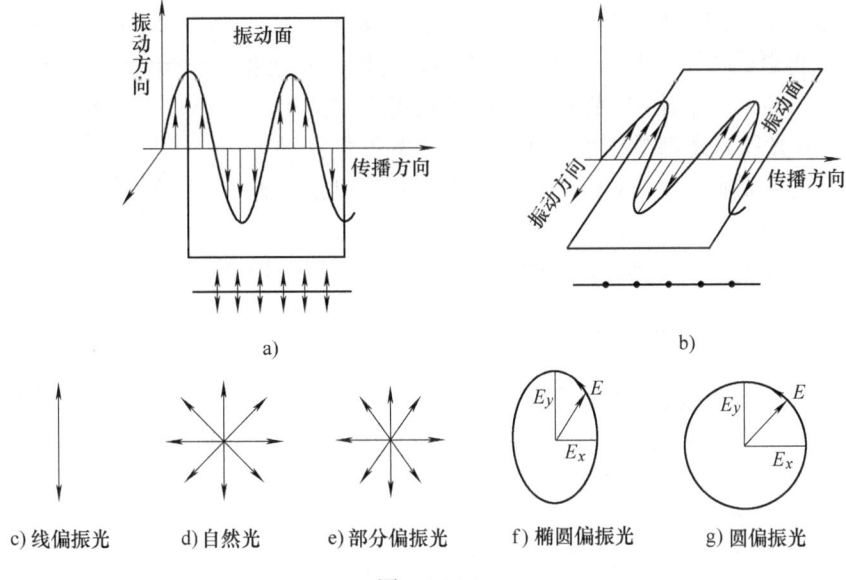

图 4-30-1

旋光的区别。

产生偏振光的过程称为起偏，起偏的装置称为起偏器。检验光是否偏振光、振动面的取向及偏振化的程度等称为检偏。实际上，起偏器和检偏器是通用的，当偏振器用于检查偏振光时，则称为检偏器。各种偏振器只允许某一方向的偏振光通过，这一方向称为偏振器的偏振化方向，通俗地称为通光方向。

2. 获得线偏振光的常用方法

（1）**反射、折射引起的偏振**　通常自然光在两种介质的界面上发生反射和折射时，反射光和折射光都将成为部分偏振光。布儒斯特（D. Brewster）在1812年指出：反射光偏振化的程度与入射角 i 有关，当入射角达到某一特定值 i_0 满足

$$\tan i_0 = \frac{n_2}{n_1} \tag{4-30-1}$$

时，反射光成为线偏振光，其振动方向垂直于入射面，此即为布儒斯特定律（如图4-30-2）。式中，n_2 和 n_1 分别是反射介质和入射介质的折射率；i_0 称为起偏角，又称为布儒斯特角。

如果某单色自然光（其波长为 λ）由空气射向折射率 $n(\lambda) = 1.54$ 的玻璃时，$i_0 = 57.0°$。此时，折射光为部分偏振光，且平行于入射面的电矢量振动较强。为了获得线偏振的折射光，可使其发生多次折射，如利用玻璃堆，以消除垂直于入射面的电矢量。

图4-30-2　布儒斯特定律示意图

（2）**晶体起偏**　晶体起偏是利用某些晶体的双折射现象来获得线偏振光。

对于各向异性的晶体，一束入射光通常被分解成两束折射光线，这种现象称为双折射现象。其中一条折射光线恒遵守折射定律，称为寻常光，简称 o 光，它在介质中传播时，各个方向的速度相同；另一条光线不满足折射定律，它在各向异性介质内的速度随方向而变，称为非寻常光，简称 e 光。

在一些双折射晶体中，有一个或几个方向 o 光和 e 光的速度相同，这个方向称为晶体的光轴。光轴和光线构成的平面称为主截面。o 光和 e 光都是线偏振光。o 光的电矢量振动方向垂直于自己的主截面，e 光的电矢量振动方向在自己的主截面内，见图4-30-3。

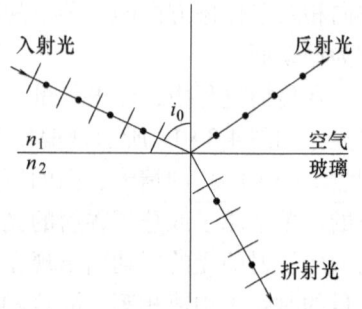

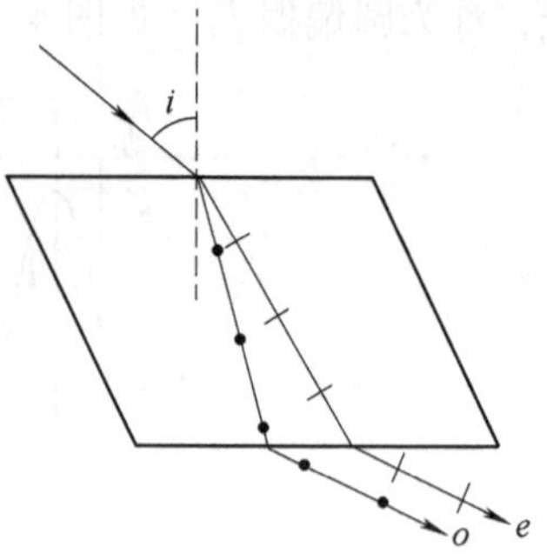

（3）**偏振片起偏**　聚乙烯醇胶膜内部含有刷状结构的链状分子。在胶膜被拉伸时，这些链状分子被拉直并平行排列在拉伸方向上。这种胶膜具有二向色性，能吸收光振动方向与拉伸方向垂直的光而只让与拉伸方向相平行的光振动通过，用这种物质制成的片子称为偏振片。利用它可获得大面积的线偏振光，而且出射光的偏振化程度可达98%。为使用方便，在偏振片上标记"｜"，此标记表明该偏振片允许通过的光振动方向，即该偏振片的偏振化方向。

图4-30-3　双折射现象

3. 偏振光的检验

按照马吕斯定律，强度为 I_0 的线偏振光通过检偏器后，透射光的强度为

$$I = I_0 \cos^2\theta \tag{4-30-2}$$

式中，θ 为入射光偏振方向与检偏器偏振轴之间的夹角。显然，当以光线传播方向为轴转动检偏器时，透射光强度 I 将发生周期性变化。当 $\theta = 0°$ 时，透射光强度最大；当 $\theta = 90°$ 时，透射光强度为最小（消光状态），接近于全暗；当 $0° < \theta < 90°$ 时，透光强度 I 介于最大值和最小值之间。因此，根据透射光强度变化的情况，可以区别线偏振光、自然光和部分偏振光。图 4-30-4 表示自然光通过起偏器和检偏器的变化。

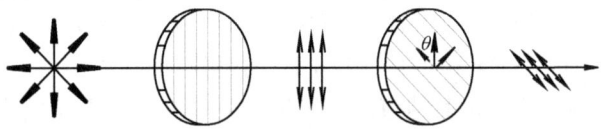

图 4-30-4　自然光通过起偏器和检偏器的变化

4. 线偏振光通过晶体片（波片）的情形

当线偏振光垂直入射到厚度为 L、表面平行于自身光轴的单轴晶片上时，晶体内的 o 光和 e 光传播方向相同，但传播速度不同（见图 4-30-5）。这两种偏振光通过晶片后，它们的相位差 ϕ 为

$$\phi = \frac{2\pi}{\lambda}(n_o - n_e)L \qquad (4\text{-}30\text{-}3)$$

式中，λ 为入射偏振光在真空中的波长；n_o 和 n_e 分别为晶片对 o 光和 e 光的折射率。

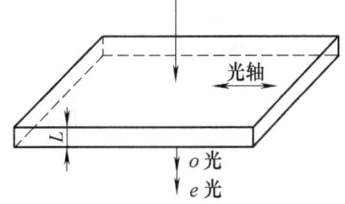

图 4-30-5　线偏振光垂直通过晶体片的情形

我们知道，两个互相垂直、频率相同且位相差恒定的简谐振动（如通过晶片后的 o 光和 e 光的振动），可用下列方程式表示

$$x = A_e \sin\omega t$$
$$y = A_o \sin(\omega t + \phi)$$

消去式中的 t，经三角运算后得到合振动的方程式为

$$\frac{x^2}{A_e^2} + \frac{y^2}{A_o^2} - \frac{2xy}{A_e A_o}\cos\phi = \sin^2\phi \qquad (4\text{-}30\text{-}4)$$

此式一般为椭圆方程，即 o 光和 e 光的合成光振动面的取向和电矢量 E 的大小随时间作有规则的变化，其电矢量 E 末端在垂直于传播方向的平面上的轨迹由式（4-30-4）来确定。

当 $\phi = k\pi (k = 0, 1, 2, \cdots。以下的 k 意义相同)$ 时，式（4-30-4）变为直线方程，表示合振动是线偏振光；当 $\phi = (2k+1)\pi/2$ 时，式（4-30-4）变为正椭圆方程，表示合振动是正椭圆偏振光（在 $A_o = A_e$ 时，合振动为圆偏振光）；当 ϕ 不等于以上各值时，合振动为不同长短轴的椭圆偏振光。

由此可知，o 光和 e 光经晶片射出后的合振动随其相位差 ϕ 的不同，有不同的偏振状态。在偏振技术中，将这种能使互相垂直的光振动产生一定位相差的晶体片叫做波片。

1) 当晶片厚度满足 $\phi = 2k\pi$ 时，这样的晶片称为全波片。平面偏振光通过全波片后，其偏振状态不变。

2) 当晶片厚度满足 $\phi = (2k+1)\pi$ 时，相当于 o 光和 e 光的光程差为 $\lambda/2$ 的奇数倍，这样的晶片称为二分之一波片（$\lambda/2$ 波片）。与晶片光轴成 θ 角的平面偏振光通过 $\lambda/2$ 波片后，仍为线偏振光，但其振动面转动了 2θ 角。

3) 当晶片厚度满足 $\phi = (2k+1)\pi/2$ 时，相当于 o 光和 e 光的光程差为 $\lambda/4$ 的奇数倍，这样的晶片称为四分之一波片（$\lambda/4$ 波片）。当振幅为 A 的线偏振光垂直射到 $\lambda/4$ 波片，且振动方向与波片光轴成 θ 角时（见图 4-30-6），由于 o 光和 e 光的振幅分别为 $A\sin\theta$ 和 $A\cos\theta$，所以通过 $\lambda/4$ 波片后合成光的偏振动状态也将随 θ 的角变化而不同：

1) 当 $\theta = 0°$ 时，获得振动方向平行于光轴的线偏振光（e 光）；
2) 当 $\theta = \pi/2$ 时，获得振动方向垂直于光轴的线偏振光（o 光）；
3) 当 $\theta = \pi/4$ 时，$A_o = A_e$，获得圆偏振光；
4) 当 θ 为其他值时，经过 $\lambda/4$ 波片后透射出的光为椭圆偏振光。

5. 椭圆偏振光的测量

椭圆偏振光的测量包括长、短轴之比及长、短轴方位的测定。当检偏器方位与椭圆长轴的夹角为 ϕ（见图 4-30-7）时，则透射光强为

$$I = A_1^2\cos^2\phi + A_2^2\sin^2\phi \tag{4-30-5}$$

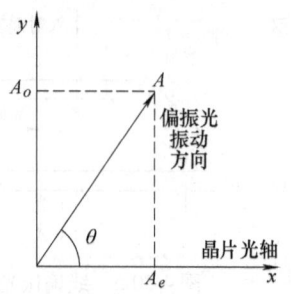

图 4-30-6 线偏振光通过波长后的分解情况

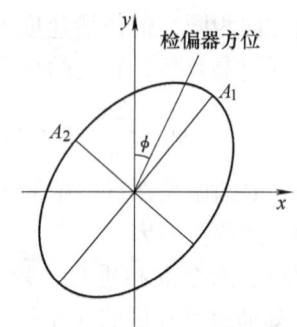

图 4-30-7 椭圆偏振光的测量

当 $\phi = k\pi$ 时，$I = I_{\max} = A_1^2$。
当 $\phi = (2k+1)\pi/2$ 时，$I = I_{\min} = A_2^2$。
则椭圆长短之比为 $\dfrac{A_1}{A_2} = \sqrt{\dfrac{I_{\max}}{I_{\min}}}$

椭圆长短轴的方位即为 $I_{\max}$ 的方位。

【实验内容】

1. 观察偏振光现象，并验证马吕斯定律

1）在导轨左侧放置光源，连接电源。
2）在导轨的右侧放置转台，使转臂刻线对准零位，拧紧锁定螺钉（光源与转台离的不要太远）。
3）在转臂的外侧孔中插入光电转换器，调节光源的微调螺钉和光电转换器，使其光源的光斑全部射入光电转换器的遮光罩内。
4）在光源与转台之间放入起偏器，调节起偏器高低，使其光斑全部照入起偏器，并使刻线对准零位。
5）旋转起偏器，在任何角度，功率计显示电流不变，说明此时为自然光。
6）在转臂的内侧孔中插入检偏器，刻线对准零位，此时光通量最大，旋转检偏器，功率计显示功率变小，当旋转 90°显示功率最小，说明此时为偏振光。

7）根据马吕斯定律，定量观测光电流 I（光强）随检偏器转角的变化关系，并求出 I-$\cos^2\theta$ 关系曲线，验证马吕斯定律。光电流 I（光强）与光功率成线性关系，因此，可以用光功率代替光电流 I。

2. 观测光以布儒斯特角入射的偏振现象

去掉起偏器，把玻璃堆放置在转台中心位置，用压片固定，调节转台使玻璃堆与入射光线垂直，再将玻璃堆转至布儒斯特角，转动转臂，观察功率计读数，在读数最大处固定转臂，旋转检偏器，旋转一周，观察功率计功率的变化，并分析原因。

3. 观察波片现象，并加深波片的基本概念

1）在光源前加入滤光片，使出射光中心波长为650nm。

2）先调节起偏器和检偏器的偏振轴垂直，把 $\lambda/4$ 波片旋入起偏器上，旋转波片使消光再将 $\lambda/4$ 波片转动15°，然后将检偏器转动360°，观察现象，并分析这时从 $\lambda/4$ 波片出来光的偏振状态。依次将转动总角度为30°，45°，60°，75°，90°，每次将检偏器转动，记录所观察到的现象。分析与理论是否符合，如有误差，分析误差原因。

3）将 $\lambda/4$ 波片换成 $\lambda/2$ 波片，旋转波片使消光。

① 把检偏器转动360°，观察消光的次数并解释该现象。将 $\lambda/2$ 波片转任意角度，这时消光现象被破坏。把检偏器转动360°，观察发生的现象并作出解释。

② 仍使起偏器和检偏器处于正交（即处于消光现象时），插入 $\lambda/2$ 波片，使消光，再将 $\lambda/2$ 波片转10°，破坏其消光。转动检偏器至消光位置，并记录检偏器所转动的角度。

③ 继续将 $\lambda/2$ 波片转10°（即总转动角为20°），记录检偏器达到消光所转总角度。依次使 $\lambda/2$ 波片总转角为30°，40°，记录检偏器消光时所转总角度。对实验结果进行分析，是否与理论符合，如有误差，分析误差原因。

【思考题】

1）如何利用起偏器和检偏器区别自然光和偏振光？
2）如何利用测定布儒斯特角来确定起偏器的偏振化方向？为什么？
3）设计一个实验装置，用来区别自然光、椭圆偏振光、圆偏振光＋自然光、椭圆偏振光＋自然光、线偏振光＋自然光等五种光？

【补充说明】

硒光电池

光电池是根据"光生伏特效应"制成的。常用的光电池有硒光电池和硅光电池。硒光电池的结构见图4-30-8。在铝（或铜）片上涂硒，再用溅射的方法，使硒层上形成一层半透明的氧化镉，在正反两面喷上低熔点合金作为电极。当光透过氧化镉薄膜照射到硒上时，由于光生伏特效应，就在上下两极间产生电动势，上面为负极，下面为正极。连上外电路，就形成光电流。光电池的特点是使用时不必另加电源。

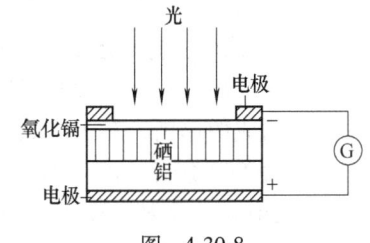

图 4-30-8

不同型号的光电池特性不同。光电池主要特性有以下

两条：

1）光谱特性曲线（或称光谱响应曲线）是在光通量不太大时，单色灵敏度与光波波长的关系曲线。单色灵敏度：对波长为 $\lambda \to \lambda + \Delta\lambda$ 的"单色"辐射，其辐射通量为 Φ_λ，光电池中所得到的光电流为 i_λ，比值 i_λ/Φ_λ 即为光电池在该波长的单色灵敏度。这个比值是随 λ 而变化的。有了光谱特性曲线，就能知道该光电池在哪个波长范围内工作才有较大的灵敏度。硒光电池的光谱特性曲线与人眼的光谱特性相近。

2）光电特性曲线是光电流（或电压）随光通量（或照度）及负载电阻的变化曲线。在光通量不太大，外电路电阻比较小的情况下，它们之间具有线性关系。即波长一定时，光电流与光通量成正比，$i_\lambda \propto \Phi_\lambda$。

光电池正负极两端如连接光电流显示器，例如光点检流计或带有放大功能的仪表，就构成光功率计，用于测量光强。

实验31 迈克尔逊干涉实验

迈克尔逊干涉仪是一种在近代物理和近代计量技术中有着重要影响的光学仪器。迈克尔逊（Michelson）和他的合作者曾经利用这种干涉仪完成了著名的迈克尔逊—莫雷"以太漂移"实验；进行了光谱线精细结构的研究和用光的波长标定标准米尺等重要工作，为物理学的发展做出了重大贡献。近30年来，特别是有了激光光源后，光的单色性得到了很大提高，迈克尔逊干涉仪的原理得到了更广泛的应用，例如用激光作长度和微小长度的精确测量、精确定位等。我国制造的激光测长仪，在1m长度上的测量误差不超过 $0.5\mu m$。

【实验目的】

1）了解迈克尔逊干涉仪的结构及调节方法。
2）了解非定域干涉、等倾干涉及等厚干涉条纹的形成条件，并观察它们的干涉现象。
3）测量 He—Ne 激光波长。

【实验仪器】

迈克尔逊干涉仪、多束光纤激光源。

【实验原理】

在本章第三节的图4-4中 M_2' 是 M_2 被 G_1 半反射膜所成的虚像，观察者从 E 处看来，光束Ⅱ好像从平面 M_2' 射来。因此，干涉仪所产生的干涉条纹就如同平面 M_1 与 M_2' 之间的空气薄膜所产生的干涉条纹一样。下面讨论的各种干涉条纹的形成都是这样考虑的。

1. 点光源产生的非定域干涉条纹

激光束经短焦距凸透镜会聚后可得点光源 S，S 发出球面波。如图4-31-1所示，由于 G_1 半反射膜的成像作用，对 M_1 来说，S 如处于 S' 位置一样，即 $SG_1 = S'G_1$（物距等于像距），而对于 E 处的观察者，由于 M_1 镜面的反射，S' 如处于 S_1 位置一样，即 $S'M_1 = S_1M_1$。又由于 G_1 半反射膜的反射，M_2 如处于 M_2' 位置一样，同样对于 E 处的观察者，点光源 S 如处于 S_2' 位置。E 处的观察者所看到的干涉条纹，犹如是虚光源 S_1 和 S_2' 发出的两列球面波，在它们相遇的空间处相干涉，因此在这个光场中任何地方放置毛玻璃屏都能观察到干涉条纹。这种干涉称为非定域干涉。

随着 S_1，S_2' 与毛玻璃屏的相对位置不同，干涉条纹的形状也不同。当毛玻璃屏与 S_1S_2' 连线垂直（M_1 与 M_2' 大体平行）时（见图 4-31-2），得到明暗相间的圆条纹，圆心在 S_1S_2' 连线与毛玻璃屏的交点 O 处；当毛玻璃 E 与 S_1S_2' 连线的垂直平分线垂直（M_1，M_2 与 E 的距离大体相等，且它们之间有一个小夹角）时，将得到直线条纹。其他情况下得到的是椭圆、双曲线干涉条纹。

下面分析非定域干涉圆条纹的特性（见图 4-31-2）。

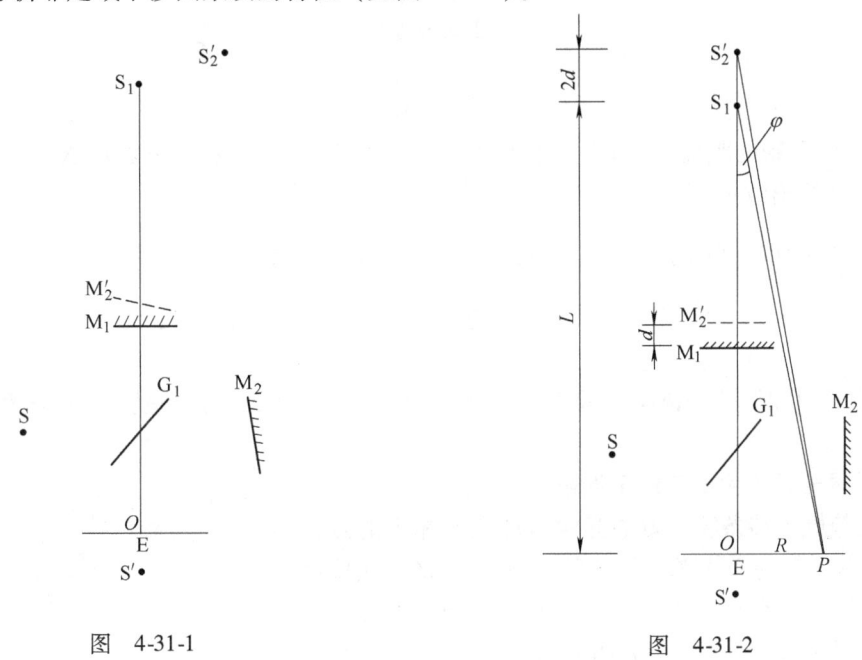

图 4-31-1　　　　　　　　　　　　图 4-31-2

S_1，S_2' 到接收屏上任一点 P 的光程差为

$$\delta = \sqrt{(L+2d)^2 + R^2} - \sqrt{L^2 + R^2}$$

当 $L \gg d$ 时，展开$^{\ominus}$上式并略去 d^2/L^2，则有

$$\delta = 2Ld/\sqrt{L^2+R^2} = 2d\cos\varphi$$

式中，φ 是圆形干涉条纹的倾角。所以亮纹产生的条件为

$$2d\cos\varphi = k\lambda \quad (k = 0,1,2,\cdots) \tag{4-31-1}$$

由上式可见点光源非定域等倾干涉圆条纹的特点：

1）具有相同入射倾角 φ 的所有光线的光程差相同，所以干涉情况也完全相同，对应于同一级次，形成以光轴为圆心的同心圆环。

$\ominus \quad \delta = \sqrt{(L+2d)^2 + R^2} - \sqrt{L^2 + R^2} = \sqrt{L^2+R^2}\left(\sqrt{1 + \dfrac{4Ld+4d^2}{L^2+R^2}} - 1\right)$

当 $L \gg d$ 把上式展开

$\delta = \sqrt{L^2+R^2}\left[\dfrac{1}{2}\dfrac{4Ld+4d^2}{L^2+R^2} - \dfrac{1}{8}\dfrac{16L^2d^2}{(L^2+R^2)^2}\right] = \dfrac{2Ld}{\sqrt{L^2+R^2}}\left[1 + \dfrac{dR^2}{L(L^2+R^2)}\right] = 2d\cos\varphi\left[1 + \dfrac{d}{L}\sin^2\varphi\right] = 2d\cos\varphi$

2）如 $\varphi = 0$ 时，干涉圆环就在圆心处，光程差 δ 最大，式（4-31-1）变为
$$2d = k\lambda \tag{4-31-2}$$
其 k 也为最高级次。

3）当移动 M_1 使 d 增加时，为保持 $2d = k\lambda$，圆心处的干涉级别愈来愈高，就可看到圆条纹从中心一个一个"冒"出来；反之，当 d 减小时，条纹就从中心一个一个"缩"进去。每"冒"出或"缩"进一个亮圆环，相当于 S_1，S_2' 的距离改变了一个波长 λ，即 d 改变了 $\lambda/2$。若 M_1 移动了距离 Δd，所引起干涉条纹从中心"冒"出或"缩"进的数目为 Δk，则有

$$2\Delta d = \Delta k\lambda$$
$$\lambda = \frac{2\Delta d}{\Delta k} \tag{4-31-3}$$

所以测出 M_1 移动的距离 Δd 和数出相应的条纹"冒"出或"缩"进数目 Δk，就可以由式（4-31-3）计算出波长 λ。

4）可以证明相邻两条纹角间距 $\Delta\varphi = \dfrac{\lambda}{2d\sin\varphi}$，所以 d 越小，条纹间距越大；d 越大，条纹间距越小，条纹越密；当 d 一定时，φ 越小，$\Delta\varphi$ 越大，在离圆心远处（φ 大），条纹间距变小。

5）当 $d = 0$ 时，则 $\Delta k = 0$，即整个干涉场内无干涉条纹，见到的是一片明暗程度相同的视场。

2. 扩展光源产生的定域干涉条纹

（1）**等倾干涉条纹** 普通光源是许多不相干的点光源的组合体，称为面光源。把两块毛玻璃叠放（或仪器带的小塑料罩）在点光源前，使球面波经漫反射变成扩展光源，即面光源。用扩展光源照明并以光源中心到 M_2 的垂线为轴来确定入射倾角，则射向 M_2 的光线具有不同的倾角。现考察同一倾角 φ 的光线发生的干涉情况：如果 M_1、M_2' 相平行（见图 4-31-3），入射倾角为 φ 的光线，

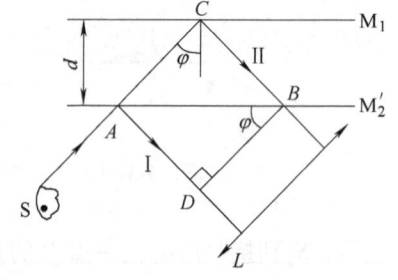

图 4-31-3　等倾干涉

经 M_1，M_2' 反射成为相互平行的 Ⅰ、Ⅱ 两支。Ⅰ，Ⅱ 两支的光程差 δ 计算如下：过 B 作 BD 垂直于光束 Ⅰ，则

$$\delta = AC + BC - AD = \frac{2d}{\cos\varphi} - 2d \cdot \tan\varphi \cdot \sin\varphi = 2d\left(\frac{1}{\cos\varphi} - \frac{\sin^2\varphi}{\cos\varphi}\right) = 2d\cos\varphi$$

由此可见，光程差只取决于入射角。若用凸透镜 L 把光束聚焦，则入射角相同的光线在透镜 L 的焦平面上发生干涉，干涉条纹为圆环形。考虑其它倾角的光所形成的干涉，干涉图样是一组明暗相间的同心圆，每一个圆各自对应一恒定的倾角 φ，故称为等倾干涉。等倾干涉定域于无穷远，需要通过凸透镜在其焦平面上才能接收到干涉条纹。直接用眼睛（聚焦到无穷远）也可以观察到此条纹。

（2）**等厚干涉条纹** 当 M_1 与 M_2' 有一很小角度 α（见图 4-31-4），且 M_1，M_2' 所形成的空气楔很薄时，用扩展光源照明就出现等厚干涉条纹。等厚干涉条纹定域在 M_1 镜附近，若用眼睛观测，应将眼睛聚焦在此。

由于 M_1 与 M_2' 交角 α 很小，经过镜 M_1，M_2' 反射的两光束，其光程差仍可近似地表示为 $\delta = 2d\cos\varphi$。在镜 M_1，M_2' 相交处，由于 $d=0$，光程差为零，应观察到直线亮条纹，但由于光束 I 和 II 是分别在分束板 G_1 背面镀膜的内、外侧反射的，相位突变的情况不同，会有附加光程差，故 M_1 和 M_2' 相交处的干涉条纹（中央条纹）就不一定是亮的。

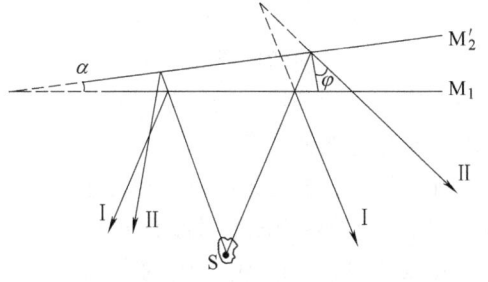

图 4-31-4 等厚干涉

由于 φ 是有限的（决定于反射镜对眼睛的张角，一般比较小），$\delta = 2d\cos\varphi \approx 2d(1-\varphi^2/2)$。在交棱附近，$\delta$ 中第二项 $d\varphi^2$ 可以忽略，光程差主要决定于厚度 d，所以在空气楔上厚度相同的地方光程差相同，干涉条纹是平行于两镜交棱的等间隔的直线条纹。在远离交棱处 $d\varphi^2$ 项（与波长大小可比）的作用不能忽视，而同一干涉条纹上光程差相等，为使 $\delta = 2d(1-\varphi^2/2) = k\lambda$，必须用增大 d 来补偿 φ 的增大而一起光程差的减小，所以干涉条纹在 φ 逐渐增大的地方要向 d 增大的方向移动，使得干涉条纹逐渐变成弧形，弯曲方向凸向中央条纹。

在 $d=0$ 处，可用白光光源观测到由不同波长叠加成的中央暗条纹。在其两侧，由于不同波长条纹不再重合，形成左右对称的彩色条纹。

【实验内容】

1. 非定域干涉条纹的调节与观察

（1）点燃激光器，将光纤固定在迈克尔逊干涉仪的托架上，调整托架，使激光均匀照亮 G_1。

（2）取下光屏，眼睛平视 G_1 中的光点，仔细调节 M_1，M_2 镜背后的螺钉，使两排光点中最亮的两个光点（它们分别是 M_1，M_2 镜反射形成的主光点）严格重合（如图 4-31-5），然后装上光屏，即可观察到干涉圆条纹。

（3）微调 M_2 下方的拉紧螺钉 11 和 15，将干涉圆环中心调至光屏中央。

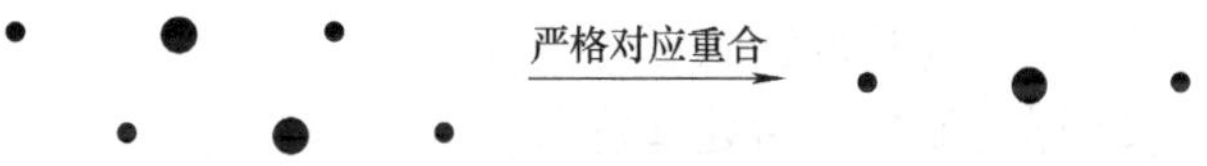

图 4-31-5

（4）将粗调手轮 13 和微调鼓轮 14 依次按某一方向（如顺时针方向）旋转几圈，直到干涉条纹开始变化，即"冒出"或"缩进"，观察此现象。

2. 利用非定域干涉条纹测定 He-Ne 激光的波长

在上一步骤的基础上，即干涉条纹"冒出"或"缩进"变化开始后，记下 M_1 的位置 d_0，然后继续向同方向转动微调手轮 14，干涉环每"冒出"或"缩进" 50 级记录一次 M_1 的位置 d_i，直到记录至 450 条。将数据填入表格（自己设计），用逐差法处理数据，按式 (4-31-3) 计算 He-Ne 激光的波长。

3. 定域条纹的调节与观察

（1）等倾条纹的调节与观察 把毛玻璃放在光纤与 G_1 之间，使球面波经漫反射变为扩展光源，用眼睛（聚焦到无穷远）直接观察等倾圆条纹。进一步调节 M_2 的微动螺钉，使眼睛移动时条纹不"冒"也不"缩"，仅仅是圆心随眼睛移，这时看到即为等倾条纹（为什么?)。

(2) 等厚和白光干涉条纹的调节与观察　接着上一步骤的操作，移动 M_1 镜，在 M_1，M_2' 大致重合的位置，即圆条纹粗而疏时，调节 M_2 的微动螺钉，使 M_1，M_2' 有一很小夹角，转动粗调手轮，使弯曲条纹往圆心方向移动，在视场中将出现直线干涉条纹。M_1，M_2' 夹角不可太大，否则条纹太密，难以观察。可将条纹间距调至 2~3mm，同时观察干涉条纹从弯曲变直再变弯曲的现象。

在干涉条纹变直的附近，再加上白光光源（激光仍存在，以利于调节过程观察变化情况），用微调手轮缓慢地沿原方向移动 M_1，直到视场中出现彩色条纹（白光干涉条纹）为止。花纹的中心就是 M_1，M_2' 的交线。由于白光干涉长度极小，条纹很少，移动 M_1 镜时需缓慢，否则就会一晃而过。

【思考题】

1) 迈克尔逊干涉仪是利用什么方法产生两束相干光的?

2) 实验中怎样才能观察到非定域的直线条纹和双曲线条纹?

3) 迈克尔逊干涉仪的分束板 G_1 应使反射光和透射光的光强比接近 1∶1，这是为什么?

4) 观察等倾和等厚干涉的先决条件是什么? 为什么在观察到等倾干涉后，在不改变 M_1，M_2 镜倾角的前提下（保持原来方位不变），继续改变光程差，使 $d = 0$，会出现等厚干涉条纹? 这两者是否矛盾?

实验 32　数码照相实验

【实验目的】

1) 学习先进的数码影像技术。
2) 学习影像的后处理技术。

【实验仪器】

数码相机一台（HP photosmart R607）、计算机一台（HP Compaq d248 MT）、彩色打印机一台、Adobe Photoshop CS 图像处理软件。

【实验原理】

数码相机又称数字相机（Digital Still Camera），简称 DSC，是 20 世纪末开发出的新型照相机。它不需要胶卷，而是把图像信息存储在快闪存储器（Flash Memory）中，将它与计算机相连，不仅可以立即在计算机显示器屏幕或照相机内装的液晶显示器（LCD）上显示出来，还可以运用图像处理软件进行修正与处理，图像信息能够长久保存，或者从网上传输，也可以用彩色视频打印机成像于纸上，获得"照片"。

数码相机的系统结构，可用框图表示，如图 4-32-1 所示。

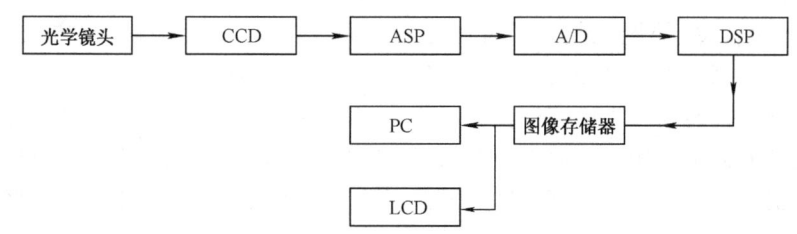

图 4-32-1 数码相机原理框图

数码相机的系统核心部位应当首推 CCD（Charge Coupled Device）光电转换器件和 DSP（Digital Signal Processor）数字信号处理器件。CCD 是数码相机的感光元件，它的性能可以通过像素数和相当于传统相机底片的感光度来表示。在数码相机影像捕获的过程中，光线通过镜头到达感光器件 CCD 上，CCD 将光强转化为电荷积累，其上每个像素单元形成一个与所感受光线一一对应的模拟量（电流或电压），图 4-32-2 是 CCD 一个像素单元光电 MOS（金属氧化物半导体）的结构及偏压示意图。在反偏压作用下，二极管 P-N 结两侧会形成多数载流子被耗尽的所谓"耗尽层"。反偏压越高，耗尽层愈宽（见图 4-32-2 虚线区域）。摄影时光照射到 CCD 光敏面上，光子被像元吸收产生电子－空穴对，多数载流子进入耗尽区以外的衬底，然后通过接地消失。而光生少数载流子（电子）会很容易向此耗尽区像元的表面聚集，即相当于该像元是电子的"势阱"。在各势阱内存放的电子数的多少正比于该像元处的入射光照度。于是，景物像各点的光子数分布就变成了相应像元势阱中的电子数分布，并被存储起来，从而起到可光电转换和电荷贮存的作用。

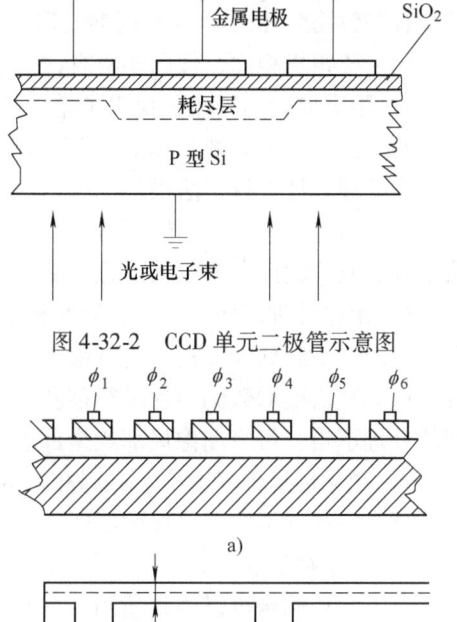

图 4-32-2　CCD 单元二极管示意图

势阱中的这些信号电荷可以通过顺序移动像元反偏压的方法沿表面传输（见图 4-32-3）。反偏压时钟脉冲按三相驱动模式的下列三组分别加入：1，4，7，…；2，5，8，…；3，6，9，…，分别记其相电压为 ϕ_1，ϕ_2 和 ϕ_3。设某时刻反偏压加在 ϕ_1 相的各像元上，光生电子分别存储于它们的势阱里面，它们分别代表了相应图像信息的电子密度，并使其势阱电位变化了 $\Delta\phi_3$。在紧接着的下一时刻，ϕ_2 上加反偏压，势阱沿传输方向变宽两倍，原势阱下的电子会向右扩散运动；如果 ϕ_1 电位降低到二极管暗电流水平而保持 ϕ_2 为高电位，则 ϕ_1 势阱下的电子会全部转移到 ϕ_2 势阱

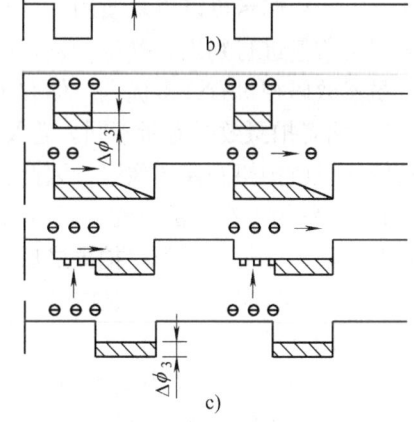

图 4-32-3　三相驱动 CCD 电荷传输示意图
a）电极的型衬底　b）由 ϕ_1 产生的势阱
c）ϕ_2 使电荷传至右单元

下。这样，ϕ_1、ϕ_2、ϕ_3 不断重复，即可使光生电荷（电子）向其输出端方向传输。因此，CCD 经光电转换、信号电荷存储、传输，最终输出信号电压，然后由模数转换器（A/D）读入这些模拟量，并转换成为一定位长的数字量，这些数字量通过数字信号处理器（DSP）进行一系列复杂的数字算法，对数码图像信号进行优化处理，其效果将直接影响数码照片的品质。数码相机中的照片是以数字文件形式存在的，生成数字文件后压缩芯片将文件以一定格式压缩，保存在内置的快闪存储器、可拔插的 PC 卡或软磁盘上。

数码相机的图像数据输出方式有两种：数字信号输出和视频信号输出。数字信号输出是利用数据线将数据传送给计算机设备；视频信号输出是通过视频电缆线将视频信号输出到电视机等设备上，其对应的关键部位是串行接口和视频信号接口。现在许多数码相机有液晶显示屏（LCD），这样就不需要将图像文件输出到其他设备上，可以在数码相机上直接观看图像。有些数码照相机的 LCD 还兼有取景器的作用。

与传统相机相比，数码相机有许多优点：

1) 不需要使用胶卷，免去了繁琐的显影、定影、水洗和晾干等处理过程，所以不会将用过的显影剂、定影剂和其他可能的有害物质造成环境污染。将数码相机与计算机相连，运行图像处理软件进行干法操作，就可以随心所欲地使拍摄的相片光彩夺目、姿态万千。

2) 图像处理快捷。传统摄影过程复杂，从拍摄到取照片一般要几个小时，而数码照相从拍摄到照片输出完毕只需要几分钟。

3) 图像处理轻便灵活。数码相机能够方便、快速地生成可供计算机处理的图像，然后直接把图像下载到计算机中进行编辑处理。数码暗室技术利用丰富、强大的数码图像处理工具，可以轻松地对数码照片进行创新、修描、校色等常规编修，还可以进行特殊效果处理，即使处理不当，可将图像局部或全部恢复重作，充分体现出作者的创造力。

4) 图像传送即时面广。数码相机的最大优势在于其信息的数字化。图像数字信息可借助全球数字通讯网实现图像的实时传递，这种优越性是传统相机无法比拟的。

5) 易于存储和检查。数码相机将模拟转换生成的数字化影像文件记录在内置存储器或存储卡上，存储卡可以重复使用。这些影像文件可随时调入计算机进行图像处理，及时对拍摄影像的质量进行判别、确认，发现不足可删除重拍。

虽然数码相机有许多优点，但和传统相机相比也有不足之处：

1) 两者拍摄效果有所不同。普及型数码相机的面阵 CCD 芯片所采集图像的像素，要小于传统相机所拍摄图像的像素，因此在较暗或较亮的光线下会丢失图像的部分细节。

2) 数码相机在拍摄之前，需用 1.5s 左右时间进行调整光圈、改变快门速度、检查自动聚焦和打开闪光灯等操作。拍摄之后，要对相片进行图像压缩处理并存储影像文件，等待 3 至 10s 或更长时间间隔后才能拍摄下一张相片。所以普通数码相机连续拍摄的速度无法达到专业拍摄的要求。

3) 耗电量较大。尤其是配有彩色液晶显示屏（LCD）的数码相机，因为 LCD 的耗电要占用整部相机 1/3 以上的电量。

4) 价格较昂贵。由于数码相机可发展成计算机的外围设备，前期投资（数码相机、计算机、图像处理软件和彩色打印机）费用较昂贵。

随着光学、电子和计算机技术的发展以及数码相机技术的自身发展，数码相机将会不断克服上述不足，在方便、快捷、精确和价格低廉方面将不断进步，日趋完善。

数码相机与传统相机之间各有优缺点，在科技照相实验中引进数码照相的同时，应对传统相机的摄影技术、暗室技术有所了解和提高，对两种照相技术进行比较，通过实验真正体会它们之间的差别。

【实验内容】

1）用数码相机在实验室内拍摄一些图像质量较高的人物和景物（仪器）照片。拍摄时相机要拿稳。

① 拍摄两张不同景深的人物照片。其中一张用闪光灯，且要求消除红眼。

② 拍摄两张微距和超微距的仪器照片，照片上要有拍摄时间。

2）拍摄一张自己的照片，按 Photoshop 教程，在计算机上进行数字图像处理，制作一幅人像照片，也可以创作艺术照片、贺卡和生日卡。还可采用一定算法编程进行图像处理。相片中有标明班级、姓名、学号。将处理之后的照片进行数码冲印或彩色打印。

3）以上照片作适当处理和说明后，放在一个电子文件夹里。

【思考题】

1）在拍摄照片时应该注意哪些问题？

2）你拍摄的照片各选用怎样的图像质量？

3）数码照相与传统照相各有那些优缺点？照片各有哪些优缺点？

实验 33 空气折射率的测量

本实验是利用迈克尔逊干涉仪完成的，两束相干光在空间各有一段光路是分开的，在其中一支光路中放进被研究对象而不影响另一支光路，让学生进一步了解光的干涉现象及其形成条件，以及学习调节光路的方法，同时也为测量空气折射率提供一种思路和方法。

【实验目的】

1）通过自行搭建干涉装置，掌握分振幅法产生双光束以实现干涉的原理。

2）掌握用干涉条纹计数法测量空气折射率的原理和方法。

【实验仪器】

空气折射率测定仪，迈克尔逊干涉仪。

【实验原理】

由图 4-33-1 可知，迈克尔逊干涉仪中，当光束垂直入射至 C，D 镜面时两光束的光程差 δ 可以表示成

$$\delta = 2(n_1 L_1 - n_2 L_2) \tag{4-33-1}$$

式中，n_1 和 n_2 分别是路程 L_1 和 L_2 上介质的折射率。

设单色光在真空中的波长为 λ_0，当

$$\delta = K\lambda_0, \quad K = 0, 1, 2, \cdots \tag{4-33-2}$$

时产生相长干涉，相应地在接收屏中心总光强为极大。由式（4-33-1）可知，两束相干光的光程差不但与几何路程有关，而且与路程上介质的折射率有关。当 L_1 支路上介质折射率改变 Δn_1 时，因光程差的相应变化而引起的干涉条纹变化数为 ΔK，由式（4-33-1）和式（4-33-2）可知

$$\Delta n_1 = \frac{\Delta K \lambda_0}{2L_1} \tag{4-33-3}$$

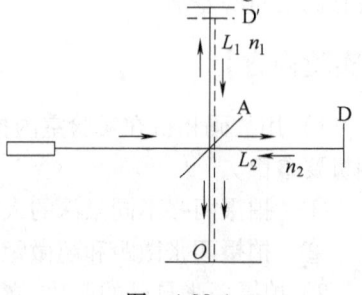

图 4-33-1

由式（4-33-3）可知：如测出接收屏上某一处干涉条纹的变化数 ΔK，就能测出光路中折射率的微小变化。

当管内压强由大气压强 p_b 变到 0 时，折射率由 n 变到 1，若屏上某一点（通常观察屏的中心）条纹变化数为 m，则由式（4-33-3）可知

$$n - 1 = \frac{m\lambda_0}{2L} \tag{4-33-4}$$

通常在温度处于 15～30℃ 范围时，空气折射率可用下式求得

$$(n-1)_{t,p} = \frac{2.8793p}{1 + 0.003671t} \times 10^{-9} \tag{4-33-5}$$

式中，温度 t 的单位为℃；压强 p 的单位为 Pa。因此，在一定温度下，$(n-1)_{t,p}$ 可以看成是压强 p 的线性函数。由式（4-33-4）可知，压强从 p 变为真空时的条纹变化数 m 与压强 p 的关系也是一线性函数，因而还有

$$\frac{m}{p} = \frac{m_1}{p_1} = \frac{m_2}{p_2}，由此得$$

$$m = \frac{m_2 - m_1}{p_2 - p_1}p \tag{4-33-6}$$

代入式（4-33-4）得

$$n - 1 = \frac{\lambda_0}{2L} \frac{m_2 - m_1}{p_2 - p_1} p \tag{4-33-7}$$

可见，只要测出管内压强由 p_1 变到 p_2 时的条纹变化数 $m_2 - m_1$，即可由式（4-33-7）计算压强为 p 时的空气折射率 n，管内压强不必从 0 开始。

在迈克尔逊干涉仪的一支光路中加入一个与打气相连的密封管，其长度为 L，如图 4-33-2 所示，数字仪表用来测管内气压，它的读数为管内压强高于室内大气压强的差值。在 O 处用毛玻璃作接收屏，在它上面可看到干涉条纹。

调好光路后，先将密封管充气，使管内压强与大气压的差大于 0.09MPa，读出数字仪表数值 p_1，取对应的 $m_1 = 0$。然后微调阀门慢慢放气，此时在接收屏上会看到条纹移动，当移动 60 个条纹时，记一次数字仪表数值 p_2。再重复前面的步骤，求出移动 60 个条纹所对应的管内压强的变化值 $p_2 - p_1$ 的绝对平均值 p_p，并求出其标准偏差 S_p，代入式（4-33-7），算出空

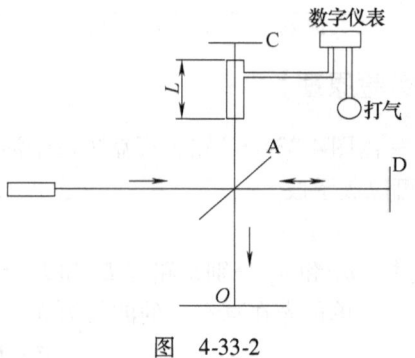

图 4-33-2

气折射率为

$$n = 1 + \frac{\lambda_0}{2L}\frac{60}{p_p}p_b \tag{4-33-8}$$

式中，p_b 为实验时的大气压强。

【实验步骤】

1）转动迈克尔逊仪粗动手轮，将移动镜移动到（或直接放置）标尺 100cm 处；按迈克尔逊干涉仪的使用说明调节光路，在投影屏上观察到干涉条纹。

2）将气室组件放置导轨上（移动镜的前方），按迈克尔逊干涉仪的方法调节光路，在投影屏上观察到干涉条纹即可；注意：由于气室的通光窗玻璃可能产生多次反射光点，可用调动 C，D 镜背后的三颗滚花螺钉来判断，光点发生变化的即是。

3）将气管 1 一端与气室组件相连，另一端与数字仪表的出气孔相连；气管 2 与数字仪表的进气孔相连。

4）接通电源，按电源开关，电源指示灯亮，液晶屏显示".000"。

5）关闭气球上的阀门，鼓气使气压值大于 0.09MPa，读出数字仪表的数值 p_2，打开阀门，慢慢放气，当移动 60 个条纹时，记下数字仪表的数值 p_1。

6）重复前面的 5 个步骤，一共取 6 组数据，求出移动 60 个条纹所对应的管内压强的变化值 $p_2 - p_1$ 的 6 次平均值 p_p，并求出其标准偏差 S_p。

【数据记录与处理】

室温 $t = $ _____ ℃；大气压 $p_b = $ _____ Pa；$L = 95$mm；$\lambda_0 = 633.0$nm；$m = 60$。

i	1	2	3	4	5	6
p_1/MPa						
p_2/MPa						
$(p_2 - p_1)$/MPa						
平均值 p_p/MPa						

$S_p = $ _____ MPa。

代入公式，计算空气折射率。

【注意事项】

1）激光属强光，会灼伤眼睛，注意不要让激光直接照射眼睛。

2）鼓气阀门不要用力旋转，以免损坏。

3）仪器应妥善地放在干燥、清洁的房间内，防止震动。

4）光学零件不用时，应存放在清洁的干燥盒内，以防发霉。镜片一般不允许擦拭，必须要擦拭时，须先用备件毛刷，小心掸去灰尘，再用脱脂清洁棉花球滴上酒精和乙醚混合液轻拭。

【思考题】

1）实验中充气后，在放气的同时可看到在屏上某一点处有条纹移过，这表明，在该点处的光强是怎样变化的？

2）能否对其他气体物质进行测量？

实验 34 旋 光 实 验

当线偏振光通过某些物质时，其振动面将以光的传播方向为轴发生旋转，这被称为旋光现象。具有旋光性的晶体或溶液称为旋光物质。人们最早发现石英晶体有这种现象，后来继续发现在糖溶液、松节油、硫化汞、氯化钠等液体中和其他一些晶体中都有此现象。有的旋光物质使偏振光的振动面顺时针方向旋转，称为右旋物质，反之称为左旋物质。本实验就是对旋光现象进行观察与研究。

【实验目的】

1）观察旋光现象，了解旋光物质的旋光性质。
2）学习测定旋光溶液浓度的基本方法。

【实验仪器】

偏振光、旋光实验仪。

【实验原理】

线偏振光通过某些物质的溶液后，偏振光的振动面将旋转一定的角度，这种现象称为旋光现象。旋转的角度称为该物质的旋光度。溶液的旋光度与溶液中所含旋光物质的旋光能力、溶液的性质、溶液浓度、样品管长度、温度及光的波长等有关。当其他条件均固定时，旋光度 φ 与溶液浓度 c 成线性关系，即

$$\varphi = \beta c \tag{4-34-1}$$

式中，比例常数 β 与物质旋光能力、溶剂性质、样品管长度、温度及光的波长等有关；c 为溶液的浓度。

物质的旋光能力用比旋光度即旋光率来度量，旋光率用下式表示：

$$[\alpha]_\lambda^t = \frac{\varphi}{lc} \tag{4-34-2}$$

式中，$[\alpha]_\lambda^t$ 右上角的 t 表示实验时温度（单位：℃），λ 是指旋光仪采用的单色光源的波长（单位：nm），不同波长的偏振光将旋转不同的角度，这种现象称为旋光色散；φ 为测得的旋光度（°）；l 为样品管的长度（单位：dm）；c 为溶液浓度（单位：g/100mL）。

由式（4-34-2）可知：

1）偏振光的振动面是随着光在旋光物质中向前进行而逐渐旋转的，因而振动面转过的角度 φ 与透过的长度 l 成正比。

2）振动面转过的角度 φ 不仅与透过的长度 l 成正比，而且还与溶液浓度 c 成正比。

旋光性物质还有右旋和左旋之分。当面对光射来方向观察，如果振动面按顺时针方向旋转，则称右旋物质；如果振动面向逆时针方向旋转，称左旋物质。

【实验内容】

1. 仪器的安装和调节

先将光源与起偏器、光电转换器调节成等高同轴。再插入检偏器，使检偏器与起偏器等高同轴（检偏器与起偏器平行）。将比色皿框固定在转台上。

2. 测定旋光溶液的旋光率

将装满纯水的比色皿装入样品架，旋转检偏器使面板上功率计读数显示最大（大约在 1000 左右，读数大小可用电位器调节），然后再旋转检偏器使功率计读数显示最小，记录此时检偏器角度指示所在刻度 θ_1。

取下比色皿，将浓度已知的比色皿中的葡萄糖溶液装入样品架，重新转动检偏器，使功率计读数显示再次为最小，此时检偏器角度指示刻度为 θ_2，则旋光度：$\varphi_1 = |\theta_2 - \theta_1|$，重复上述步骤测量 5 次取平均值。根据公式：$[\alpha]_\lambda^t = \dfrac{\varphi}{lc}$ 计算旋光率（比色皿尺寸 L 由实验室给出）。

3. 测定葡萄糖溶液的浓度

已知旋光率测出其未知溶液的浓度：用同上的方法测出未知浓度为 c_2 的旋光溶液的旋光度 φ_2，将测得的 $[\alpha]_\lambda^t$ 值代入式（4-34-1）计算出旋光溶液的浓度 c_2。

用比较法测出未知浓度：测出未知浓度的旋光溶液的旋光度 φ_3，将已知浓度 c_1 及所对应的旋光度 φ_1 代入式（4-34-1）则有：$[\alpha]_\lambda^t = \dfrac{\varphi_1}{lc_1}$；$[\alpha]_\lambda^t = \dfrac{\varphi_3}{lc_3}$ 则：$c_3 = \dfrac{\varphi_3}{\varphi_1} c_1$。

4. 旋光度与比色皿尺寸的关系

将浓度一致的葡萄糖溶液装入不同尺寸的比色皿中，记录下它们所对应的旋光度，做一比较，分析旋光度与比色皿尺寸成什么关系。

5. 数据记录与处理

请同学自行设计表格记录、处理数据。

【思考题】

1）什么是旋光现象？物质的旋光度与哪些因素有关？物质的旋光率怎么定义？

2）如何用实验的方法确定旋光物质是左旋还是右旋？

3）为何用检偏器透过光强为零（消光）的位置而不是最大值（P_1 和 P_2 透光轴平行）的位置来测量旋光度？

第五章 近代物理和综合性实验

实验 35 用光电效应法测定普朗克常量

1905年爱因斯坦把普朗克关于黑体辐射能量量子化的观点应用于光辐射,提出了"光子"概念,从而成功地解释了光电效应,建立了有名的爱因斯坦方程。约十年后,密立根以精确的光电效应实验证明了爱因斯坦的光电效应方程,并测定了普朗克常量,推动了量子理论的发展。爱因斯坦和普朗克都因光电效应等方面的杰出贡献,分别于1921年和1923年获得诺贝尔物理学奖。

【实验目的】

1)加深对光电效应和光的量子性的了解。
2)用光电效应法测定普朗克常量。

【实验原理】

1. 光电效应

1887年,H·赫兹在验证电磁波存在时意外地发现:当光照射到金属表面时,会有电子从金属表面逸出。这个现象被称为光电效应。

密立根设计的光电效应实验原理图见图5-35-1所示,GD为光电管,K为光电管阴极,A为光电管阳极,P为微电流计,V为电压表,R为滑线变阻器。调节R可使A、K之间获得从$-U$到$+U$连续变化的电压。当光照射光电管阴极时,阴极释放出的电子在电场的作用下向阳极迁移,并在回路中形成电流。

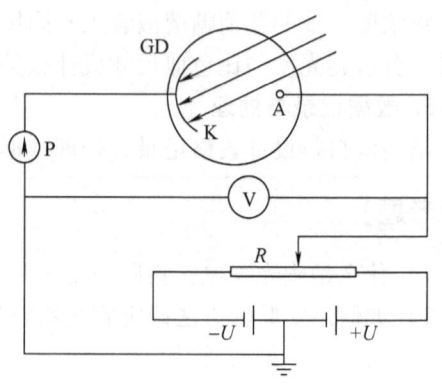

图5-35-1 光电效应实验线路原理图

光电效应有如下实验规律:

(1)饱和电流 光强一定时,随着光电管两端电压的增大,光电流趋于一个饱和值I_M,对不同的光强,饱和电流I_M与光强成正比(见图5-35-2)。

(2)截止电压 当光电管两端加反向电压时,光电流迅速减小,但不立即为零,直至反向电压达到$-U_a$时,光电流为零,U_a称为截止电压。此时具有最大初动能的光电子被反向电场所阻挡,即能克服反向电场力作功抵达阳极A的电子数为零。由功能原理知

$$eU_a = \frac{1}{2}mv_{max}^2 \qquad (5\text{-}35\text{-}1)$$

实验表明光电子的最大初动能与入射光强无关,只与入射光的频率有关。

（3）截止频率　改变入射光频率 ν 时，截止电压 U_a 随之改变，U_a 与 ν 成线性关系（见图 5-35-3）。当入射光频率 ν 减小到低于 ν_a 时，无论光多么强，光电效应不再发生。ν_a 称为截止频率。对于不同金属的阴极，ν_a 的值不同，但这些直线的斜率都相同。

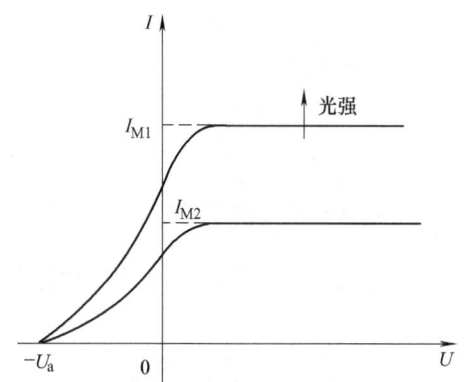

图 5-35-2　光电管的伏安特性曲线

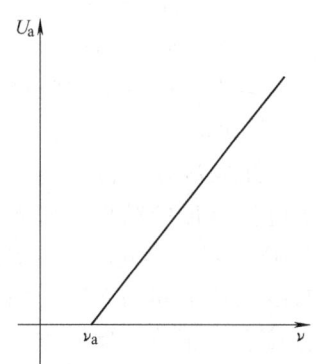

图 5-35-3　截止电压 U_a 与入射光频率 ν 的关系曲线

（4）光电效应是瞬时效应　照射到光阴极上的光无论多么弱，立即产生光电子，延迟时间最多不超过 10^{-9} s。

2. 爱因斯坦方程

上述实验规律是光的波动理论所无法解释的，爱因斯坦光量子假说成功地解释了这些规律。他假设光束是由能量为 $h\nu$ 的粒子（称光子）组成，其中 h 为普朗克常量，当光束照射金属时是以光粒子的形式射在表面，金属中的电子要么不吸收能量，要么就吸收一个光子的全部能量 $h\nu$。只有当这能量大于电子摆脱金属表面约束所需要的逸出功 W 时，电子才会以一定的初速度逸出金属表面。根据能量守恒有

$$h\nu = \frac{1}{2}mv_{\max}^2 + W \tag{5-35-2}$$

式（5-35-2）称为爱因斯坦光电效应方程。

对于给定的金属材料 W 是一个定值，具有截止频率 ν_a 的光子恰恰具有逸出功 W，而没有多余的动能，则

$$W = h\nu_a \tag{5-35-3}$$

将式（5-35-1）和式（5-35-3）代入式（5-35-2），爱因斯坦光电效应方程可改写为

$$h\nu = eU_a + h\nu_a$$

$$U_a = \frac{h}{e}(\nu - \nu_a) \tag{5-35-4}$$

式（5-35-4）表明了 U_a 与 ν 成一直线关系，由直线斜率 k 可求出普朗克常量 h，即 $h = ke$，由截距可求出截止频率 ν_a。这正是密立根验证爱因斯坦光电效应方程的实验思想。

3. 截止电压的确定

实验测量的光电管伏安特性如图 5-35-4 所示，它要比图 5-35-2 复杂。这是由于：

（1）存在暗电流和本底电流　在完全没有光照射光电管的情形下，由于阴极本身的热

电子发射等所产生的电流称为暗电流。本底电流则是由于外界各种漫反射光入射到光电管上所致。

（2）存在反向电流　在制造光电管的过程中，阳极不可避免地被阴极材料所沾染，而且这种沾染在光电管使用过程中会日趋严重。在光的照射下，被沾染的阳极也会发射光电子，形成阳极电流即反向电流。

因此，实测电流是阴极光电流、阳极反向电流和暗电流叠加的结果。究竟如何确定截止电压 U_a 呢？对于不同的光电管，应根据电流特性曲线采用不同的方法：如光电流特性的正向电流上升很快，反向电流很小，则可用光电流特性曲线与暗电流曲线交点的电压 U_a' 近似当作 U_a（交点法）；若特性曲线的反向电流虽然较大，但其饱和得很快，则可用反向电流开始饱和时的拐点电压 U_a'' 近似当作 U_a（拐点法）。本实验采用后者。

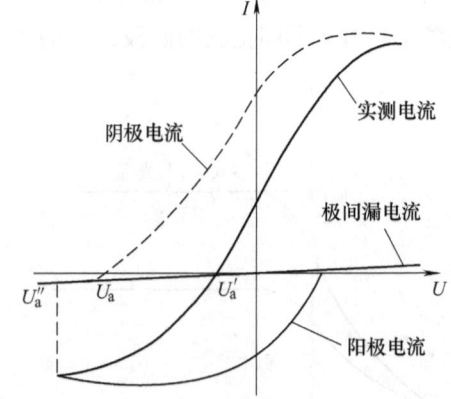

图 5-35-4　实测电流特性曲线

【实验仪器】

GD—Ⅲ型光电效应实验仪主要部件如下：

（1）光电管（带暗盒）　采用 GD—27 型光电管，阳极为镍圈，阴极为银氧钾，光谱响应范围 340.0～700.0nm，暗电流约 10^{-12}A。为了避免杂散光和外界电磁场对微弱光电流的干扰，光电管安装在铝质暗盒中。暗盒窗口安放可变光阑和五种滤色片，转动手柄选取。

（2）光源　采用 GGQ-50W Hg 仪器用高压汞灯。光谱范围 303.2～872.0nm，较强的谱线为 365.0nm、404.7nm、435.8nm、491.6nm、546.1nm、577.0nm、579.9nm。

（3）干涉滤色片　材料为有色玻璃，它能使光源中某种谱线的光透过，而不允许其附近的谱线通过，因而可获得所需的单色光。本仪器的五种滤色片透过谱线分别为 365.0nm、404.7nm、435.8nm、546.1nm、577.0nm。

（4）微电流放大器（包括光电管工作电源）　电流测量范围 10^{-6}～10^{-13}A，十进变换，微电流测量用 $3\frac{1}{2}$ 位直流数字电流表；光电管工作电压 0～±3V 连续可调，电压测量用 $3\frac{1}{2}$ 位直流数字电压表。

【实验内容与操作步骤】

1. 预热

暂不连线，将微电流放大器的"电流调节"旋钮置〈短路〉挡，"电压调节"旋钮反时针旋到底，打开电源开关，预热 20min。在光窗上装入 φ5mm 的光阑（即将此光阑旋转到暗盒的指针处）。打开汞灯电源开关，预热汞灯。

2. 调零、校准

将微电流放大器的功能键拨向〈调零 校准〉位，"电流调节"旋钮置〈短路〉挡，调节调零旋钮使电流表显示零；再将"电流调节"旋钮置〈校准〉挡，调节"校准"旋钮使电流表显示100。"调零"和"校准"反复调整,使之都能满足要求。然后,将功能键拨向"测量"位,电压量程选择键按入。

3. 粗测截止电压 U_a

将暗盒的"K"端(光电管阴极)用屏蔽电缆与微电流放大器的"电流输入"端相连,"A"端(光电管阳极)和"地"端用电源线与微电流放大器的"电压输出"端相连。暗盒离开汞灯30~50cm,换上波长为404.7nm的滤光片(即将此滤光片旋转到暗盒的指针处),"电流调节"旋钮置⟨10^{-6}⟩挡。电压从最小值 -3V 调起,缓慢增加,观测一遍不同电压下的光电流的变化情况,粗略判断电流刚开始明显变化时对应的电压值,以便下面精测截止电压 U_a。

4. 测定单色光伏安特性曲线

电压从 -3V 缓慢增加,每隔0.2V 记录一次相应的电压和电流值(在电流刚开始明显变化的地方每隔0.1V记录一次),直到电流随电压显著增加为止。然后,依次换上波长为435.8nm、546.1nm 和 577.0nm 的滤色片,用同样方法,记录下光电流和电压的对应值。将数据填入表5-35-1。并在坐标纸上分别作出这四种单色光的 I-U 性能曲线。

5. 确定截止电压 U_a

从曲线上找出电流开始明显变化的"抬头点",此点的电压值即为截止电压 U_a(或直接从记录的数据中找出电流开始明显变化的电压值),其方法是利用直尺寻找曲线从水平或接近水平开始抬头处的拐点,该拐点的电压即为与该频率对应的截止电压 U_a。将 ν 和 U_a 填入表5-35-2。

6. 测定普朗克常量 h

在坐标纸上作出 U_a-ν 曲线,求出该直线的斜率 k,$k = \Delta U_a / \Delta \nu$。进而求出普朗克常量 h,$h = ke$,与公认值进行比较求出百分偏差 E。

【数据记录与处理】

表5-35-1 不同光频、不同电压值下的光电流

404.7nm	V/V							...	
	$I/10^{-12}$ A							...	(约100)
435.8nm	V/V								...	
	$I/10^{-12}$ A							...	(约100)
546.1nm	V/V							...	
	$I/10^{-12}$ A							...	(约100)
577.0nm	V/V							...	
	$I/10^{-12}$ A							...	(约100)

表 5-35-2　测量结果处理表

波　　长 λ				
频　　率 ν				
截止电压 U_a				
斜　　率 k				
普朗克常量 h				
百分误差 E				

【注意事项】

1）汞灯关闭后不要立即开启，待汞灯冷却后再开启，否则影响其寿命。
2）光电管应尽量减少光照，测试完毕后要用遮光罩将光孔盖住。
3）测试完毕要将微电流放大器的"电流调节"旋钮置〈短路〉挡。
4）不要晃动微电流输入电缆，并将其远离微电流放大器。
5）不要用手触摸干涉滤色片。

【预习思考题】

1）何为光电效应？它的实验规律有哪几方面？
2）爱因斯坦公式的内容是怎样的？它的物理意义是什么？
3）本实验是如何找出不同入射光的截止电压的？又是如何测定普朗克常量 h 的？

【思考题】

1）实验时如果改变光电管的照度，对光电流与反向电压的关系曲线有何影响？
2）实验时能否将干涉滤色片插到光源的光阑口上？为什么？
3）试总结要做好本实验应注意哪些问题？

实验36　密立根油滴实验

电子是人类认识的第一个基本粒子，电子电荷的数值是一个基本的物理常数。作为这一认识的先驱者，汤姆逊在1897年测定了阴极射线的电子电荷与质量比 e/m，从而证明了电子的存在。接着，美国物理学家密立根经过七年的努力，在1911年成功地采用油滴法测定了电子的电荷量，令人信服地揭示了电荷量的量子本性。密立根油滴实验在近代物理学发展史上具有重要意义，获得了1923年的诺贝尔物理学奖。本实验运用CCD微机油滴仪，重温这一著名的实验，不仅要了解密立根所用的基本实验方法，更要借鉴与学习密立根用宏观的力学模式揭示微观粒子量子本性的物理构思、精湛的实验设计和严谨的科学作风，从而更好地提高我们的实验素质和能力。

【实验目的】

1）验证电荷的量子性，即不连续性。

2) 测定电子电荷 e。

3) 了解 CCD 成像系统的原理与应用。

【实验仪器】

OM98 CCD 微机油滴仪、喷雾器、喷雾油。

【实验原理】

油滴法测定电子电荷，是从观察和测定带电油滴在电场中的运动情况入手的。用喷雾器将油滴喷出时，微小的油滴由于摩擦而带电。如果将一颗质量为 m、带电荷量为 q 的油滴落入水平放置、间距为 d、所加电压为 U 的两块平行极板之间，如图 5-36-1 所示，油滴将同时受到重力 $m\boldsymbol{g}$ 和电场力 $q\boldsymbol{E}$ 的作用，$E=U/d$ 为平行极板间的电场强度。适当调节电压的大小和方向，使电场力与重力方向相反而大小相等，即

$$q\frac{U_n}{d} = mg \quad (5\text{-}36\text{-}1)$$

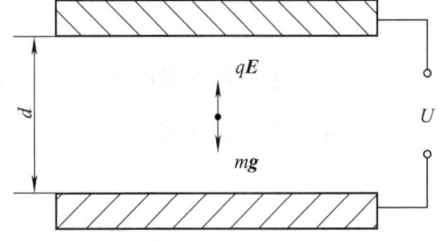

图 5-36-1　两平行极板之间的带电油滴

则带电油滴受合力为零（空气浮力忽略不计），相对静止地悬浮在电场中并保持平衡。测出该油滴质量 m、平衡电压 U_n 及平行极板距离 d，就可由式（5-36-1）求出油滴所带的电荷量 q。

实验表明，对于同一个油滴，如果分别使它的电荷量为 q_1，q_2，q_3，…（可以用紫外线、X 射线或放射性物质发出的射线照射两平行极板间的空气使其电离。运动中的油滴与电离了的空气分子碰撞，会改变油滴所带的电荷量），则能够使油滴在电场中平衡的电压 U_{n1}，U_{n2}，U_{n3}，…，只能是一些不连续的特定值，这个事实揭示了电荷存在最小的基本单元，油滴所带电荷量只能是电荷最小单元 e 的整数倍，即 $q=ne$。实验中测出各个电荷量 q_1，q_2，q_3，…，然后再求出它们的最大公约数，这个最大公约数就是电子电荷 e。对于不同的油滴，也发现有同样规律。本实验用后一种方法进行测量。

式（5-36-1）中油滴的质量 m 的数量级在 10^{-18} kg 左右，对于这样微小的油滴质量进行直接测量是极为困难的。但是，油滴在表面张力作用下，一般呈球状，因此

$$m = (4/3)\pi r^3 \rho \quad (5\text{-}36\text{-}2)$$

式中，ρ 为油的密度；r 为油滴的半径。r 的数值同样很难直接测量，但可以通过研究油滴在空气这一粘滞介质中的运动规律来间接测量。

当电场撤消后，油滴在空气中自由下落时同时受到重力 $F=mg=(4/3)\pi r^3 \rho g$、空气浮力（忽略不计）和空气黏滞阻力 F_r 的作用。根据流体力学的斯托克斯定律知，$F_r = 6\pi r \eta v$，其中，η 是空气动力黏度；v 是油滴下降速度。当油滴的速度增大到一定值 v_s 时，重力和阻力平衡，油滴将匀速下降，此时 $mg = F_r$，即

$$\frac{4}{3}\pi r^3 \rho g = 6\pi r \eta v_s \quad (5\text{-}36\text{-}3)$$

整理得

$$r = \sqrt{\frac{9\eta v_s}{2g\rho}} \quad (5\text{-}36\text{-}4)$$

另一方面，由于油滴极为微小（约为 10^{-6} m），它的直径已与空气分子之间的间隙相当，空气已不能看做连续介质，因此，斯托克斯定律应修正为

$$F_r = \frac{6\pi r \eta v}{1 + \dfrac{b}{pr}} \tag{5-36-5}$$

式中，p 为大气压强；b 为修正系数。于是，r 变为

$$r = \sqrt{\frac{9\eta v_s}{2\rho g \left(1 + \dfrac{b}{pr}\right)}} \tag{5-36-6}$$

式 (5-36-6) 中还包含油滴的半径 r，但因它是处于修正项中，不需要十分精确，故它仍可用式 (5-36-4) 计算。将式 (5-36-6) 代入式 (5-36-2)，可得油滴质量为

$$m = \frac{4}{3}\pi\rho \left[\frac{9\eta v_s}{2\rho g} \frac{1}{\left(1 + \dfrac{b}{pr}\right)}\right]^{\frac{3}{2}} \tag{5-36-7}$$

再将式 (5-36-7) 代入式 (5-36-1)，可得油滴的电荷量

$$q = ne = \frac{18\pi}{\sqrt{2\rho g}} \cdot \left[\frac{\eta v_s}{1 + \dfrac{b}{pr}}\right]^{\frac{3}{2}} \cdot \frac{d}{U_n} \tag{5-36-8}$$

式中，v_s 可通过观测油滴匀速下降一段距离 L 和所用时间 t 来测定，即

$$v_s = \frac{L}{t} \tag{5-36-9}$$

将式 (5-36-9) 代入式 (5-36-8) 得

$$q = ne = \frac{18\pi}{\sqrt{2\rho g}} \left[\frac{\eta L}{t\left(1 + \dfrac{b}{pr}\right)}\right]^{\frac{3}{2}} \frac{d}{U_n} \tag{5-36-10}$$

式 (5-36-10) 中的其他常数分别为

重力加速度 $g = 9.80 \text{ m/s}^2$
油的密度 $\rho = 981 \text{ kg/m}^3$
空气的动力黏度 $\eta = 1.83 \times 10^{-5} \text{ Pa·s}$
修正常数 $b = 8.21 \times 10^{-3} \text{ m·Pa}$
大气压强 $p = 1.013 \times 10^5 \text{ Pa}$
平行极板间距 $d = 5.00 \times 10^{-3} \text{ m}$
匀速下降距离 L $L = 2.00 \times 10^{-3} \text{ m}$

将以上数值代入式 (5-36-10)，得近似公式

$$q = ne = \frac{1.43 \times 10^{-14}}{[t(1 + 0.02\sqrt{t})]^{\frac{3}{2}}} \frac{1}{U_n} \tag{5-36-11}$$

由式（5-36-11）可知，欲测一颗油滴的电荷量，只需测出它的平衡电压 U_n，然后撤去电压，让油滴在空气中自由下落，并在下降到匀速后，测出下降距离 L 时所用的时间 t 即可。

【仪器描述】

OM98 CCD 微机油滴仪主要由油滴盒、显微镜、CCD 电子显示系统和电源箱组成。

1）油滴盒，结构如图 5-36-2 所示，在两块平行金属圆电极板间垫以胶木圆环构成。上电极板中央有一个 $\phi0.4mm$ 的小孔，油滴从油雾杯经小孔落入油滴盒。胶木圆环上有照明孔和显微镜观察孔。油滴盒放在有机玻璃防风罩中。油雾杯底有油雾孔及其开关。

2）显微镜，用来观察和测量油滴的运动规律。

3）CCD 电子显示系统（简介见附录），由 CCD 摄像头和视频监视器组成。电视显微镜的总放大倍数 60×（9in 监视器、标准物镜）。

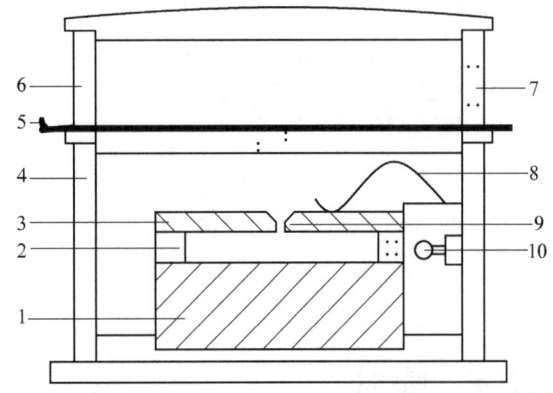

图 5-36-2 油滴盒结构图
1—下电极板 2—胶木垫 3—上电极板 4—防风罩
5—油雾杯开关 6—油雾杯 7—喷油孔 8—压簧及
上电极板导线 9—$\phi0.4mm$ 落油孔 10—照明灯

4）电路箱，箱内装有照明、测量显示、高压产生和记时电路。

① 照明。半导体发光器件发光，光线经油滴散射后，在电视屏幕上可以看到黑暗的背景中明亮而清晰的油滴。

② 测量显示。该电路产生电子分划板刻度，如图 5-36-3 所示，标准分化板 A 是 8×3 结构，即垂直线视场 8 格（南京激光仪器厂的油滴仪是 4 格）为 2mm。CCD 电子显示系统是把原来从显微镜中看到的图像通过 CCD 呈现在监视器的屏幕上，便于观察。

③ 高压电路。提供直流平衡电压和直流提升电压。500V 平衡电压连续可调，用于使带电油滴在电场中静止。200V 提升电压叠加（或减）在平衡电压上，以控制带电油滴在电场中的上下位置。油滴仪面板如图 5-36-4 所示，开关 K_1 控制极板电压的极性。K_2 控制极板电压的大小，当 K_2 处于"平衡"挡时，可用电位器 W 调节平衡电压；当 K_2 拨向"提升"挡时，在平衡电压的基础上增加提升电压；拨向"0V"挡时，极板上电压为 0V。

④ 记时。K_2 的"平衡"、"0V"挡与计时器的"计时/停"（K_3）联动。在 K_2 由"平衡"拨向"0V"，油滴下落的同时计时开始，油滴下落到预定距离时，迅速将 K_2 由"0V"挡拨向"平衡"，油滴停止下落的同时计时停止。由于空气阻力的存在，油滴是先经一段变速运动然后进入匀速运动的。但这变速运动时间非常短，小于 0.01s，与计时器精度相当，所以实验中忽略不计。

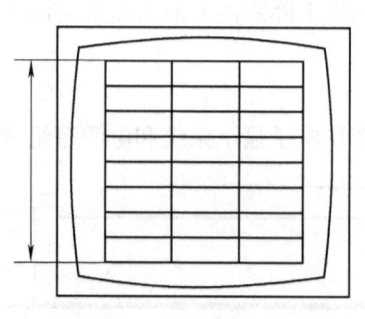

图 5-36-3 显示中的分划板

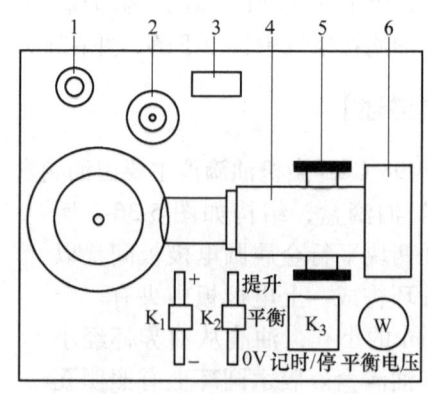

图 5-36-4 油滴仪面板图
1—电缆插座 2—水准仪 3—开关
4—显微镜 5—调焦手轮 6—CCD 摄像头

【实验方法、操作】

1. 调整仪器

视频电缆将 CCD 与监视器相连。监视器阻抗选择开关拨在 75Ω 处。打开电源开关，显示出标准分划板刻度线及电压 U 值和时间 t 值。调节箱底部的三只调平螺钉，将水准泡调到中央，使平行电极板处于水平位置。调节显微镜手轮，将镜筒前端移至防风罩口，喷油后在前后 1mm 内调焦即可。

2. 选择油滴

选择一颗合适的油滴十分重要。体积大的油滴，虽然比较明亮，但带电荷较多，下降速度也快，时间不易测准。油滴太小，则容易受热扰动等影响，测量结果涨落很大，同样不易测准。只有那些质量适中而带电荷量不多的油滴才合适。通常选择平衡电压为 200~300V，匀速下落时间在 20s 左右的油滴较适宜。对于 9in 的监视器，选择目视直径在 0.5~1mm 的油滴。

3. 测量

K_1 置"+"或"−"挡（一定不能在空挡，否则极板上没有电压），K_2 置"平衡"挡，调节 W 使极板电压为 200~300V。用喷雾器喷入油滴，调节显微镜焦距使油滴清晰。选取一颗合适油滴，仔细调节平衡电压，直到油滴静止。K_2 拨向"提升"挡，将油滴移至最上边的刻线上，进一步观察和调节平衡电压，并确定油滴在此刻线上的踏线位置。按一下 K_3 让计时器停止计时，然后将 K_2 拨向"0V"挡，油滴徐徐下降，计时器开始计时，当油滴到达最末的刻线时，迅速将 K_2 拨向"平衡"，油滴静止，计时也停止。记录下平衡电压 U_n 和时间 t 的值，即完成一次测量。在正式测量之前要练习测量几次，使测出的各次时间离散性较小。

本实验要求分别选择 3~5 颗油滴进行测量，对同一颗油滴测定 6 次。每次测量都要检查和调整平衡电压，以减小偶然误差和油滴挥发带来的影响。

4. 数据处理

1）求出电子电荷 e。将测得的每组 U_n 和 t 值代入式（5-36-11）中，分别计算出油滴的电荷量 q，然后再求这些 q 值的最大公约数，即为电子电荷 e 的实验值。如果测量误差较大，欲求出各个 q 值的最大公约数比较困难，可采用"反过来验证"的办法，即用公认的电子电荷值 $e=1.602\times10^{-19}$ C 去除 q 值，得出一个很接近整数的值，其整数部分就是油滴所带的电荷数 n，用 n 去除 q 值，所得结果即为电子电荷的实验值 e。

2）将电子电荷的实验值取平均值，并与公认值比较，求出相对误差。

【注意事项】

1）喷雾器喷少许"油雾"即可，否则会堵塞 $\phi 0.4$mm 的落油孔。若喷油后经调节显微镜仍看不到油滴，应检查喷雾杯的开关是否打开，或者将上电极板取下，清除落油孔的积油使其通畅（擦干净后可用头发丝通一下）。

2）为使平衡电压测值准确，应适当延长观察平衡状态的时间。

3）实验时应将电极板调到水平位置，保证电场力方向与重力方向平行。否则，油滴会大幅度漂移。

4）在实验中平衡电压有明显改变，则应放弃测量，或作为一颗新电荷重新测量。若能在电荷改变前后都测满足够数据，那将是极好的机会，想一想为什么？

【预习思考题】

1）实验中如何选择油滴？
2）对同一个油滴重复测量时，为了防止油滴丢失，应注意什么？
3）实验过程中，如果油滴从视场中消失，应如何处理？

【思考题】

1）一个油滴下落极快，说明了什么？若平衡电压太小，又说明了什么？
2）观察中发现油滴形象变模糊了，是什么问题？为什么会发生？如何处理？
3）长时间监测一个油滴，会发现由于油的挥发其质量不断减小。试分析，油滴的发挥将使哪些测量值发生变化？

【补充说明】

CCD 电子显示系统简介

CCD 是英文 Charge Coupled Device 的缩写，意为电荷耦合器件，它是一种以电荷量反映光量大小，用耦合方式传输电荷量的新型器件。这种半导体光电传感器用作摄像器件具有体积小、重量轻、工作电压低、功耗小、自动扫描、实时转移、光谱范围宽和寿命长等一系列优点。所以，自 1970 年问世以来发展迅速，是目前较实用的一种图像传感器。它有一维和二维两种。一维用于位移、尺寸的检测，二维用于平面图形、文字的传输。现在二维 CCD 器件已作为固态摄像器件应用于可视电话和无线电传真领域，在生产过程监视和检测上的应用也日渐广泛。CCD 电子显示系统是把原来从显微镜或望远镜中看到的图像通过 CCD 呈现在监视器的屏幕上，便于观察。

CCD 的结构与 MOS（金属—氧化物—半导体）器件基本类似。半导体硅片作为衬底，在硅表面上氧化一层二氧化硅薄膜，再上面是一层金属膜，作为电极。用于图像显示的 CCD 器件的工作过程大致是：用光学成像系统将景物像成在 CCD 的像敏面上，像敏面再将照在每一像敏元上的照度信号转变为少数载流子密度信号，在驱动脉冲的作用下顺序地移出器件，成为视频信号输入监视器，在荧光屏上把原来景物的图像显示出来。可见，这种 CCD 的作用是将二维平面的光学图像信号转变为有规律的连续的一维输出的视频信号。

使用 CCD 器件时应注意：CCD 工作电源为直流 12V，正负极性不要接错，切勿使 CCD 视频输出短路；禁止 CCD 直对太阳光、激光等强光源，防止 CCD 受潮和受撞击；不要用手触摸 CCD 前面的镜面玻璃，如有玷污，可用透镜纸沾混合洗液清除。

实验 37　全息照相实验

【实验目的】

1）了解全息照相的基本原理和特点。
2）初步掌握全息照相的方法，拍摄一幅漫反射三维全息照片。
3）学会全息片的再现观察。

【实验仪器】

全息台及附件，氦氖激光器，光开关，曝光定时器，全息底片，被摄物体，洗相设备。

【实验原理】

全息照相分两步：波前记录和波前再现。记录是将物体射出的光波与另一光波——参考光波相干涉，用感光片将这些干涉条纹记录下来，称为全息图或全息照片。全息图具有光栅状结构，当用原记录时用的参考光或其它相干光照射全息图时，光通过全息图后发生衍射，其衍射光波与物体光波相似，构成物体的再现像。

1. 全息图的记录

全息图记录的一般光路如图 5-37-1 所示。激光器输出的光束用分束器分为两束。透射的一束（光强较弱）经全反镜 2 反射到全息底片上作为参考光；反射的一束（光强较强）经全反镜 1 反射到物体上，再经物体表面漫反射，作为物光射到全息底片上。参考光与物光相干涉，在这种干涉场中的全息底片，经曝光、显影和定影处理以后，就将物光波的全部信息（振幅和相位）以干涉条纹的形式记录下来。这就是波前记录过程。所得到的全息图实际是一种较复杂的光栅结构。（若透射光光强较强，反射光光强较弱，

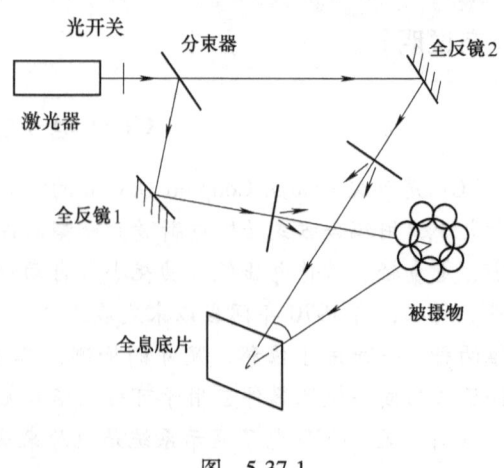

图　5-37-1

则将图 5-37-1 中的被摄物跟全息底片互换位置）

2. 全息图的再现

拍摄好的全息底片放回原光路中，用参考光波照射全息片时，经过底片衍射后得到零级光波，从底片透射而出；另外，在两侧有正一级衍射和负一级衍射光波存在。人眼迎着正一级衍射光看去，可看到一个与被拍物体完全一样的立体的无失真的虚像。在负一级位置上，可用屏接收到一个实像，称为共轭像，如图 5-37-2 所示。

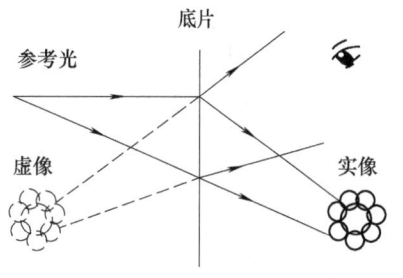

图 5-37-2

3. 全息图的特点

全息照相有以下几个特点。

1) 三维立体像。因为记录的是光波的全部信息，即振幅与相位同时记录在全息片上。

2) 全息照片可以分割。打碎的全息照片仍能再现出原被拍物体的全部形像。因为任一小部分全息图记录的干涉像是由物体所有点漫反射来的光与参考光相干涉而成的。

3) 全息图的亮度随入射光的强弱而变化。再现光愈强，像的亮度愈大，反之就暗。

4) 一张全息片可以多次曝光。可以转动底片角度拍摄多次。再现时作同样转动，不同角度会出现不同图像。也可以不转动底片而改变被拍物的状态进行多次曝光，再现时可观察到状态的变化情况。

4. 在拍摄全息图时，物光和参考光的光程差 Δ 等于零最理想

当物光和参考光在底片上任一点相遇时，光强度 I 仅依赖于两束光的光程差 Δ。当 $\Delta = d_2 - d_1 = k\lambda$ 时，光强度 I 最大，得亮条纹；当 $\Delta = d_2 - d_1 = \left(k + \dfrac{1}{2}\right)\lambda$ 时，光强度 I 最小，得暗条纹。式中的 k 为整数。而干涉条纹的调制度定义为

$$M = \frac{I_{\max} - I_{\min}}{I_{\max} + I_{\min}}$$

当 $M = 1$ 时，调制度最好。而 M 与光程差 Δ 以及激光管模数 n 是奇数还是偶数有关。若激光管长为 L，而 L 在 200～300mm 之间时，可以认为是单纵模，$n = 1$。因此，计算 $\Delta - 0$ 时，干涉条纹在奇数或偶数时，M 都为 1，调制度最好。当然，$\Delta = 2kL$ 时也可得到同样的结果。但在光路调节中，后者较麻烦，一般不用。所以，我们采用 $\Delta = 0$ 这个光程差。实际上，在调节光路中，不能严格达到光程差为零，只要 $\Delta < 0.5 \sim 2\text{cm}$ 时，即可拍出很好的全息照片。

5. 反射式全息照相

反射式全息照相也称为白光重现全息照相。这种全息照相用相干光记录全息图，而用"白光"照明得到重现像。由于重现时眼睛接收的是白光在底片上的反射光，故称为反射式全息照相，这方法的关键在于利用厂布喇格条件来选择波长。

记录全息图时，物光和参考光从底片的正反两面分别引入而在乳胶层内发生干涉，见图 5-37-3a。干涉极大值在显影后所形成的银层基本上平行于底片。由于参考光和物光之间夹角接近于 180°，相邻两银层之间距离近似于半波长，有

$$d \approx \frac{\lambda}{2\sin(180°/2)} = \frac{\lambda}{2}$$

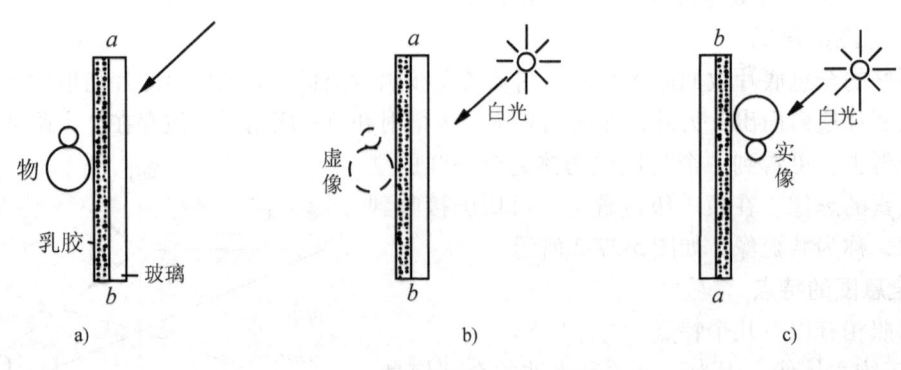

图 5-37-3

当用波长为 632.8nm 的激光作光源时，这一距离约为 0.32μm（在乳胶内，$n>1$，因此银层间距离还要更小）。而全息底片乳胶层厚度为 6～15μm，这样在乳胶层厚度内就能形成几十片金属银层，因而体全息图是一个具有三维结构的衍射物体。重现光在这三维物体上的衍射极大值必须满足下列条件：

1）光从银层上反射时，反射角等于入射角（即每片银层衍射的主极强沿反射方向），如图 5-37-4。

2）相邻两银层的反射光之间光程差必须是 λ。从图很容易计算出 Ⅰ 与 Ⅱ 两束光的光程差，就得到衍射极大值要求

$$\Delta L = 2d\cos i = \lambda$$

这就是布拉格条件。

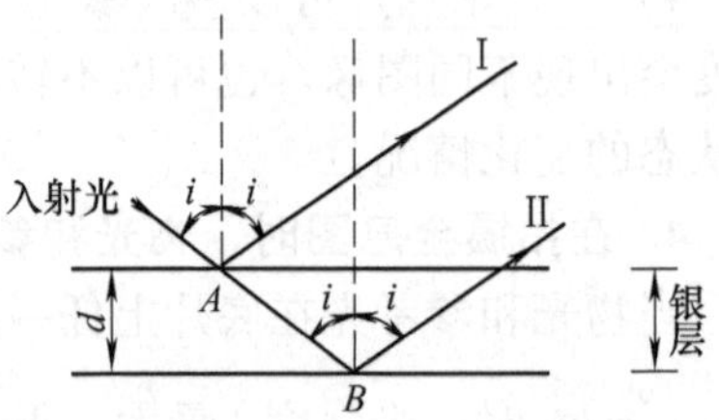

图 5-37-4

当不同波长的混合光以一确定的入射角 i 照明底片时，只有波长满足且 $\lambda = 2d\cos i$ 的光才能有衍射极大值。所以人眼能看到的全息图反射光（或衍射光）是单色的。显然对同一张底片，i 愈大，满足式上式的反射光的波长愈短。

如果参考光是平面波，点物发出球面波，则干涉形成的银层将是弧状曲面。平行白光按原参考光方向照明，相当于照在凸面，反射成发散光，形成虚像；照明白光沿相反方向入射，则形成实像（见图 5-37-3b、c）。

上述全息图在记录时用波长为 632.8nm 的激光，可以预期，重现光也应是红的。但实际上，看到的重现像往往是绿色的。原因在于显影、定影过程中，乳胶发生收缩，使银层间距 d 变小，因而波长 λ 变小。

【实验内容】

1. 拍摄漫反射全息图

（1）调整光路　按图 5-37-1 或自己选择的光路布置光学元件。分束器 1 选用透光率为 95% 的，以满足物光光强比参考光光强为 10∶1～1∶1；扩束镜选用放大倍数为 40 倍的。具体调节分以下两步：

1）调节光学元件的螺钉，使光束基本同高；

调节扩束镜 3 的位置，使扩束后的光均匀照亮被摄物体。但光斑不能太大，以免浪费能

量。在底片 5 上放一张白纸，调节底片夹位置，使白纸上出现物体漫反射来的光最强。挡住物光，调节全反镜 6，使反射光与物光中心反射到底片的光之间的夹角约为 30°~45°。并经扩束镜 7 后，最强的光均匀地照亮底片夹上的白纸。

2）调整物光与参考光的光程差 Δ 等于零或近似为零。调节参考光的全反镜 6，尽量应使物光与参考光等光程。即用软质米尺从分束器 1 量起，使物光光程：1→2→3→4→5 等于参考光光程 1→6→7→5。

（2）曝光　调好光路后，打开曝光定时器，选择预定的曝光时间（按所用干板特性要求和激光强度确定曝光量）。一般用 1~2mW 的激光管，定 10s 左右（干板未经敏化处理，物体是陶瓷小动物）的曝光时间。让曝光定时器遮光，取下底片夹白纸，装上干板，药面向被摄物体，稳定 1min 后，打开曝光定时器进行曝光，此时千万注意：切勿走动或高声谈话，手机等需关机。等待光开关自动关闭后，取下干板冲洗。

（3）冲洗干板　将已曝光的干板取下（切忌手指触底片中间位置），在显影液中显影，显影时间由干板的变化情况决定，在绿灯下观察曝光部分变灰即可。水洗 10~15s。然后，将干板放入定影液中定影 2min，流水冲洗 1min，在阴凉处凉干，即得到一张全息图。

冲洗完毕后在日光灯下观看干板，若能看到干涉条纹，说明已记录上了全息信息。

2. 全息图的再现观察

（1）虚像观察　拍摄好的全息片，放回原拍摄位置。让拍照时的参考光照明底片。这时，透过玻璃面向原物体看去，在原物体位置上有与原物体完全逼真的三维像（被拍物已取走），这个像称为真像或虚像。

（2）无失真的实像观察　把全息片前后翻转 180°，药膜面向观察者，相当于照明光逆转照明。眼睛向原物体方向看去，这时看到一个失真的虚像。转动底片，在这个像的对称位置上得到一个无失真的实像。把屏放在人眼位置上，可以得到一个亮点，将屏后移，在屏上可看到实像，但光强变弱，要仔细才能看清。

3. 反射式（白光重现）全息图

拍摄光路参看图 5-37-5，物光和参考光来自同一束光，透过干板的光波在物面上反射并在乳胶面内与参考光发生干涉。为了使物光有足够的强，物面最好有金属光泽。物距干板不宜太远，以保证时间相干性。重现时可用白光，最好用阳光或线度较小的光源，重现光路参看图 5-37-3。

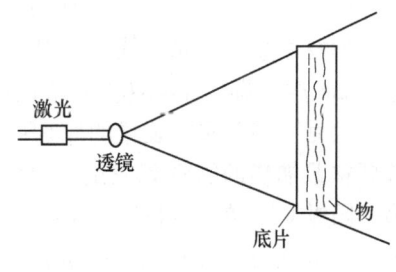

图 5-37-5

【思考题】

1）为什么要求光路中物光和参考光的光程尽量相等？
2）为什么光学元件安置不牢，将导致拍摄失败？
3）如何判断所观察到的再现像是虚像还是实像？

实验 38 夫兰克—赫兹实验

1914 年，夫兰克（J. Frank）和赫兹（G. Hertz）用电子碰撞气体原子的方法，使原子从低能级激发到高能级，通过测量电子和原子碰撞时交换的能量，证明了原子能级的存在，同时也证明了原子发生跃迁时吸收和发射的能量是确定的、不连续的。为早一年玻尔发表的原子结构理论的假说提供了有力的实验证据。为此，他们分享了 1925 年的诺贝尔物理学奖。

【实验目的】

1）了解夫兰克—赫兹实验的原理和方法。
2）测定氩原子的第一激发电位，验证原子能级的存在。

【实验仪器】

夫兰克—赫兹实验仪、示波器。

【实验原理】

玻尔原子理论指出：原子只能较长久地停留在一些稳定状态（即定态），其中每一状态对应于一定的能量值，各定态的能量是分立的。原子只能吸收或辐射相当于两定态间能量差的能量。如果处于基态的原子要发生状态改变，所具备的能量不能少于原子从基态跃迁到第一激发态时所需要的能量。夫兰克—赫兹实验是通过具有一定能量的慢电子与稀薄气体原子的碰撞，进行能量交换而实现原子从基态到高能态的跃迁。

设氩原子的基态能量为 E_0，第一激发态的能量为 E_1，初速为零的电子在电位差为 U 的加速电场作用下，获得能量为 eU，具有这种能量的电子与氩原子发生碰撞，当电子能量 $eU < E_1 - E_0$ 时，电子与氩原子只能发生弹性碰撞；当 $eU \geq E_1 - E_0 = \Delta E$ 时，则电子与氩原子发生非弹性碰撞，氩原子从电子中取得能量 ΔE 而由基态跃迁到第一激发态，当电子能量恰好等于 ΔE 时，即 $eU_0 = \Delta E$，相应的电位差 U_0 即为氩原子的第一激发电位。

夫兰克—赫兹实验装置的原理图如图 5-38-1 所示，在充氩的夫兰克—赫兹管中，电子由被灯丝 F 加热的阴极 K 发出，改变 F 的电压可以控制 K 发射电子的强度。靠近阴极 K 的是第一阳极 G'，在 K 和 G' 之间加有一个小电压 $U_{G'K}$，该电压的作用一是控制管内电子流的大小，二是抵消阴极 K 附近电子云形成的负电位的影响。栅极 G 远离 G' 而靠近板极 A，阴极 K 和栅极 G 之间的加速电压 U_{GK} 使电子加速。在板极 A 和栅极 G 之间加有反向拒斥电压 U_{AG}，管内电位分布如图 5-38-2 所示。

当 KG 空间的电压逐渐增加时，电子在 KG 空间被加速，其能量也逐渐增加。但在初始阶段，由于加速电压 U_{GK} 较低，电子的能量较小，即使在运动过程中与氩原子相撞也只有微小的能量交换（即弹性碰撞），穿过栅极的电子所形成的板极电流 I_A 将随栅极电压 U_{GK} 的增加而增大（如图 5-38-3 中 oa 段）。当 KG 间的电压达到氩原子的第一激发电位 U_0 时，电子在栅极附近与氩原子碰撞，将自己从加速电场中获得的能量交给氩原子，并使氩原子从基态跃迁到第一激发态，而电子本身由于失去了能量，即使穿过了栅极也不能克服反向拒斥电场 U_{AG} 的作用而被折回栅极。所以，板极电流 I_A 将显著减小（如图 5-38-3 中 ab 段）。随着栅极

电压 U_{GK} 的增加电子的能量也逐渐增加，它与氩原子碰撞后还剩余下足够的能量，可以克服反向拒斥电场而到达板极 A，这时电流又开始上升（如图 5-38-3 中 bc 段），直到 KG 间电压是二倍氩原子的第一激发电位 $2U_0$ 时，电子在 KG 间又会因二次碰撞而失去能量，因而又造成了第二次板极电流的下降（如图 5-38-3 中 cd 段）。KG 间电压越高，电子在 KG 间为了得到大于 eU_0 的能量而加速运动的距离就越短，电子在 KG 空间与气体原子碰撞的次数就越多，而且碰撞区域随 U_{GK} 电压增加越来越往阴极 K 靠近。这样，凡在 $U_{GK} = nU_0$（$n = 1$，2，3，…）这些地方，板极电流 I_A 都会下跌，形成如图 5-38-3 所示的规则起伏变化的 I_A-U_{GK} 曲线，相邻两峰点（或峰谷）所对应的电位之差 $U_{GKn+1} - U_{GKn}$，就是氩原子的第一激发电位 U_0。

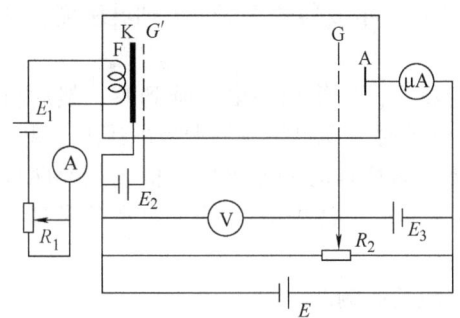

图 5-38-1　夫兰克—赫兹实验装置的原理图

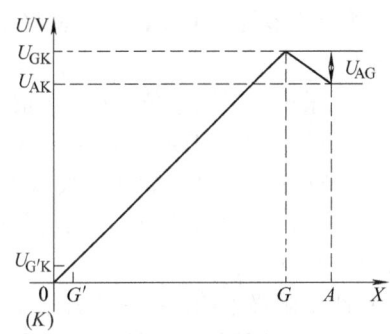

图 5-38-2　夫兰克—赫兹内电位分布图

应当指出的是，由于阴极与板极一般采用不同的金属材料制造，从而产生接触电位差，使整个曲线沿电压轴偏移。图 5-38-3 中与曲线第一峰值所对应的电压 U_a 并不等于而是稍大于原子的第一激发电位 U_0。

本实验通过测量 I_A-U_{GK} 关系曲线，能够证实原子能级的存在，并能测出原子的第一激发电位 U_0。理论上可以证明氩原子的第一激发电位为 11.6V。

原子处于激发态是不稳定的，在实验中被慢电子轰击跃迁到第一激发态的原子要跳回基态，就应该有 eU_0 电子伏的能量辐射出来。进行这种跃迁时，原子是以放出光子的形式向外辐射能量的，这种光辐射的波长可利用下式计算。

$$eU_0 = h\nu = h\frac{c}{\lambda}$$

使用光谱仪确实能观察到这些波长的谱线。

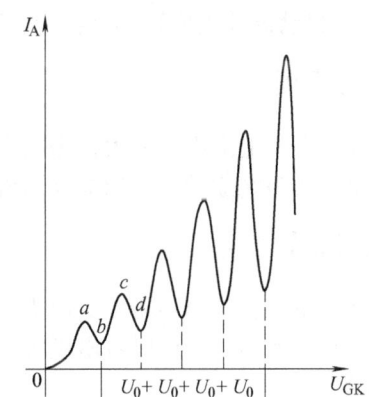

图 5-38-3　氩原子的 I_A-U_{GK} 关系曲线

【实验内容】

1. 准备

1）仪器在接通电源之前，应把栅极电压（锯齿波电压和直流电压）、第一阳极电压、拒斥电压和灯丝电流调到最小。将仪器的 X 输出，Y 输出分别与示波器的 X 输入，Y 输入相连接，示波器工作方式置"X-Y"，输入耦合方式置"DC"，灵敏度置 1V/格。仪器的电流倍乘置 10^{-9}。

2）接通电源预热 20min，并调节第一阳极电压为 1.5V，拒斥电压为 7.5V，灯丝电流为 0.85A。

2. 谱峰法测量氩原子的第一激发电位

1）观察 I_A-U_{GK} 谱峰曲线。夫兰克—赫兹实验仪的工作方式置"自动"。顺时针调节"扫描电压"旋钮，使栅极与阴极间的锯齿波电压从零开始逐渐增加，在示波器上观察到 5～6 个峰的谱峰曲线。

由于夫兰克—赫兹管特性的离散性，因而，不同的管子在相同的条件下会有不同的板极电流，适当调节灯丝电流，保证谱峰不削顶。适当调节示波器的 X 轴、Y 轴灵敏度，观察到最佳波形。

2）测量第一激发电位。I_A-U_{GK} 谱峰曲线调整好后，先将扫描电压降到零，然后再缓慢调高扫描电压，当示波器上的波形到了"峰点"位置时，读出相应的栅极电压 U_{GK} 值（即锯齿波扫描电压的峰值）。继续增大扫描电压，测出所有峰点时的栅极电位值，相邻两峰点的电位差即为第一激发电位 U_0。用逐差法处理数据（自己设计表格），并将实验值和理论值比较，计算相对误差。

3）改变阳极电压或拒斥电压，观察对谱峰曲线的影响。

3. 点测法测量氩原子的第一激发电位

仪器工作方式置"手动"，将"直流电压"从零开始逐渐调到最大，记录各栅极电压 U_{GK} 及相应板极电流 I_A 的值。在板极电流变化缓慢的峰点（或谷点）附近多测几组数据。在坐标纸上作出 I_A-U_{GK} 曲线，相邻两峰点的横坐标之差即为第一激发电位 U_0。用逐差法处理数据（自己设计表格），并将实验值和理论值进行比较，计算相对误差。

【注意事项】

1）灯丝电流不能太大，否则会使夫兰克—赫兹管板电流快速增大而击穿。

2）实验完成后，把扫描电压调到最小。

【思考题】

1）氩原子的第一激发电位为 11.61V，为什么要加到 15V 左右才能出现第一个峰？

2）从实验曲线可以看出板极电流 I_A 并不是突然改变的，每个峰和谷都有圆滑的过渡，这是为什么？

3）分析一下电子与氩原子发生弹性碰撞时电子的能量损失，并与非弹性碰撞时电子的能量损失进行比较。

4）氩原子核外有多少个电子，你能写出氩原子在基态和第一激发电位时的电子组态吗？

实验 39　RLC 串联电路的暂态过程

在阶跃电压作用下，RLC 串联电路由一个平衡态跳变到另一个平衡态，这一转变过程称为暂态过程。RLC 电路的暂态特性在实际工作中十分重要，例如，脉冲电路中经常遇到元件的开关特性和电容的充放电问题；在电子技术中常利用暂态特性改善波形或是产生特定波形。但有时暂态特性也会带来危害，例如，在接通、切断电源的瞬间，暂态特性会引起电路中电流、电压过大，造成元件和设备的损坏。因此，我们研究 RLC 串联电路的暂态过程中电压及电流的变化规律，以便很好地利用它。

【实验目的】

1) 观察 RC、RL 电路的暂态过程，理解电容、电感特性及电路时间常数 τ 的物理意义。
2) 观察 RLC 串联电路的暂态过程，理解阻尼振动规律。
3) 学习用数字存储示波器快速采集瞬态信号。

【实验仪器】

标准电容、标准电感、电阻箱、数字存储示波器、单刀双掷开关。

【实验原理】

1. RC 电路的暂态过程

电路如图 5-39-1a，当开关 S 合向 "1" 时，直流电源 E 通过 R（严格来说应包括电源内阻等回路的总电阻），对电容 C 充电。达到平衡后，把开关快速从 "1" 合向 "2"，电容 C 通过 R 放电，其电路方程为

$$u_C + iR = E \tag{5-39-1}$$

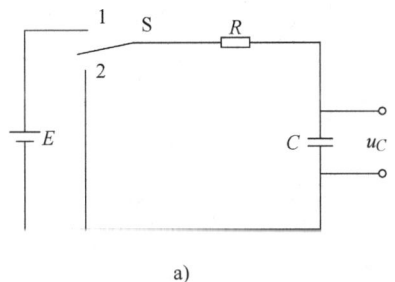 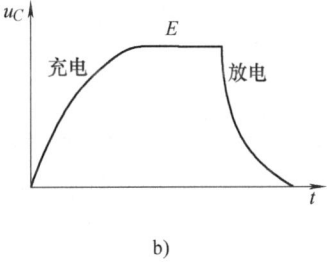

a)   b)

图 5-39-1

将 $i = C\dfrac{\mathrm{d}u_C}{\mathrm{d}t}$ 代入式（5-39-1），方程可写为

充电过程 $\qquad\dfrac{\mathrm{d}u_C}{\mathrm{d}t} + \dfrac{1}{RC}u_C = \dfrac{E}{RC}$，当 $t = 0$ 时，$u_C = 0$ $\tag{5-39-2}$

放电过程 $\qquad\dfrac{\mathrm{d}u_C}{\mathrm{d}t} + \dfrac{1}{RC}u_C = 0$，当 $t = 0$ 时，$u_C = E$ $\tag{5-39-3}$

方程的解分别为

充电过程 $\qquad\begin{cases}u_C = E(1 - \mathrm{e}^{-\frac{t}{RC}}) \\ i = \dfrac{E}{R}\mathrm{e}^{-\frac{t}{RC}}\end{cases}$ $\tag{5-39-4}$

放电过程
$$\begin{cases} u_C = E\mathrm{e}^{-\frac{t}{RC}} \\ i = -\dfrac{E}{R}\mathrm{e}^{-\frac{t}{RC}} \end{cases} \tag{5-39-5}$$

由上述公式可知，在充、放电过程中，u_C 和 i 均按指数规律变化。充电时 u_C 逐渐加大，而放电时 u_C 逐渐减小，u_C 随时间 t 的变化曲线如图 5-39-1b 所示。可见，在阶跃电压作用下，u_C 不是跃变，而是渐变接近新的平衡数值，其原因在于电容 C 是储能元件，在暂态过程中能量不能跃变。

通常令 $\tau = RC$，τ 称为 RC 电路的时间常数。在式（5-39-5）中，当 $t = \tau$ 时，
$$u_C = E\mathrm{e}^{-1} = 0.368E \tag{5-39-6}$$

可见，τ 表示放电过程中 u_C 由 E 衰减到 E 的 36.8% 所需的时间。τ 值越大，变化越慢。一般认为 $t = 5\tau$ 时，基本达到新的稳定态，这时
$$u_C = E\mathrm{e}^{-5} = 0.007E$$

通过时间常数 τ，使电压 u_C、时间 t 及 R、C 数值之间建立了对应关系。根据这一特性可制成延时电路，在实际中得到广泛应用。例如，用于自动熄灭的节能灯电路。

2. RL 电路的暂态过程

电路如图 5-39-2a，当开关 S 合向"1"时，电路中有电流 i 流过，但由于通过电感的电流不能突变，电流 i 的增长有一相应的变化过程。同理，当开关快速从"1"合向"2"时，i 也不会骤然降至零，而只会逐渐消失。电路方程为

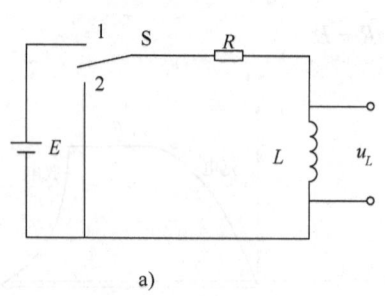
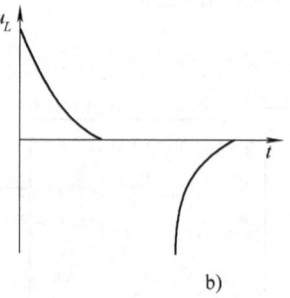

a) b)

图 5-39-2

电流增长过程　　　　$L\dfrac{\mathrm{d}i}{\mathrm{d}t} + iR = E$，当 $t = 0$ 时，$i = 0$　　　　（5-39-7）

电流消失过程　　　　$L\dfrac{\mathrm{d}i}{\mathrm{d}t} + iR = 0$，当 $t = 0$ 时，$i = \dfrac{E}{R}$　　　　（5-39-8）

方程的解分别为

电流增长过程
$$\begin{cases} u_L = E\mathrm{e}^{-\frac{R}{L}t} \\ i = \dfrac{E}{R}(1 - \mathrm{e}^{-\frac{R}{L}t}) \end{cases} \tag{5-39-9}$$

电流消失过程
$$\begin{cases} u_L = -E\mathrm{e}^{-\frac{R}{L}t} \\ i = \dfrac{E}{R}\mathrm{e}^{-\frac{R}{L}t} \end{cases} \tag{5-39-10}$$

可见，在电流增长过程或消失过程，u_L 都是按指数规律变化，如图 5-39-2b。RL 电路的时间常数 $\tau = L/R$。

3. RLC 串联电路的暂态特性

1) 电路如图 5-39-3a 所示，当开关 S 合向"1"时，电源将对电容充电，电路方程为

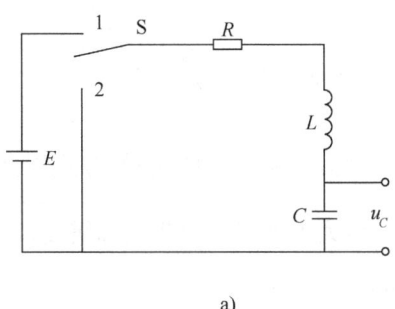 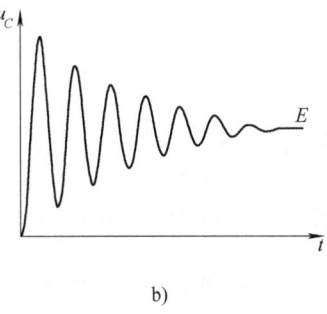

a) b)

图 5-39-3

$$L\frac{di}{dt} + Ri + u_C = E \tag{5-39-11}$$

将 $i = C\dfrac{du_C}{dt}$ 代入得

$$LC\frac{d^2 u_C}{dt^2} + RC\frac{du_C}{dt} + u_C = E \tag{5-39-12}$$

根据初始条件，当 $t = 0$ 时，$u_C = 0$，$\dfrac{du_C}{dt} = 0$ 解方程，式（5-39-12）的解视电路参数不同有三种情况：

① $R^2 < \dfrac{4L}{C}$ 时，属于阻尼较小的情况，即在"欠阻尼"情况下，方程的解为

$$u_C = E - E\sqrt{\frac{4L}{4L - R^2 C}} e^{-\frac{t}{\tau}} \cos(\omega t + \varphi) \tag{5-39-13}$$

其中时间常数

$$\tau = 2L/R \tag{5-39-14}$$

衰减振动的角频率为

$$\omega = \frac{1}{\sqrt{LC}}\sqrt{1 - \frac{R^2 C}{4L}} \tag{5-39-15}$$

衰减振动的周期为

$$T = 2\pi/\omega \tag{5-39-16}$$

u_C 随时间的变化规律如图 5-39-3b 所示，可见它是以振动的方式逐渐达到 E 值，此时阻尼振动的振幅呈指数规律衰减。τ 的大小决定了振幅衰减的快慢，τ 越小，振幅衰减越快。

如果 $R^2 \ll \dfrac{4L}{C}$ 时，通常是 R 很小的情况，振幅的衰减很缓慢，从式（5-39-15）可得

$$\omega \approx 1/\sqrt{LC} = \omega_0 \tag{5-39-17}$$

此时，近似为 LC 电路的自由振动，ω_0 为 $R=0$ 时 LC 回路的固有频率，其衰减振动的周期为

$$T = 2\pi/\omega \approx 2\pi\sqrt{LC} \tag{5-39-18}$$

② $R^2 > \dfrac{4L}{C}$ 时，属于"过阻尼"情况，方程的解为

$$u_C = E\left[1 - \sqrt{\dfrac{4L}{R^2C - 4L}} e^{-\alpha t}\sinh(\beta t + \varphi)\right] \tag{5-39-19}$$

式中，$\alpha = \dfrac{R}{2L}$；$\beta = \dfrac{1}{\sqrt{LC}}\sqrt{\dfrac{R^2C}{4L} - 1}$。式（5-39-19）表示，$u_C$ 是以缓慢的方式逐渐达到 E 值。可以证明，若 L 和 C 固定，随电阻 R 的增加，u_C 增大到 E 值的过程更加缓慢。

③ $R^2 = \dfrac{4L}{C}$ 时，属于"临界阻尼"情况，方程的解为

$$u_C = E\left[1 - \left(1 + \dfrac{t}{\tau}\right)e^{-\frac{t}{\tau}}\right] \tag{5-39-20}$$

临界阻尼状态是从阻尼振动到过阻尼状态的分界，即 u_C 刚好不振动的情况。此时的电阻称为临界电阻，用 R_0 表示。

2）当上述过程达到稳定之后，再将开关迅速从位置"1"转换至位置"2"，电容就在闭合的 RLC 电路中放电，电路方程为

$$LC\dfrac{d^2 u_C}{dt^2} + RC\dfrac{du_C}{dt} + u_C = 0 \tag{5-39-21}$$

根据初始条件为 $t = 0$ 时，$u_C = E$，$\dfrac{du_C}{dt} = 0$ 解方程，式（5-39-21）的解有三种情况：

① $R^2 < \dfrac{4L}{C}$ 时，$\quad u_C = E\sqrt{\dfrac{4L}{4L - R^2C}} e^{-\frac{t}{\tau}}\cos(\omega t + \varphi) \tag{5-39-22}$

② $R^2 > \dfrac{4L}{C}$ 时，$\quad u_C = E\sqrt{\dfrac{4L}{R^2C - 4L}} e^{-\alpha t}\sinh(\beta t + \varphi) \tag{5-39-23}$

③ $R^2 = \dfrac{4L}{C}$ 时，$\quad u_C = E\left[\left(1 + \dfrac{t}{\tau}\right)e^{-\frac{t}{\tau}}\right] \tag{5-39-24}$

可见，充电过程和放电过程十分类似，只是最后趋向的平衡位置不同。

【实验内容及操作要点】

1. 观察和测量 RLC 串联电路的单次充、放电暂态过程

要求观察三种不同振动状态的 u_C 波形。根据元件参数先估算对应三种不同振动状态 R 的取值范围。

用存储示波器采集 RLC 串联电路充电的瞬态信号，因为 $R = 0$，故此时近似于 LC 电路自由振动。

1）观察并记录充电阻尼振动波形。
2）测量该衰减振动的周期 T'，并与根据式（5-39-18）计算的理论值比较。
3）测定该衰减振动的时间常数 τ

设衰减振动的第 1 个振幅（等于该峰值电压与电路稳定时相应的电压之差的绝对值）为 u_{C1}，经过 n 次振荡后的振幅为 u_{Cn}，从衰减振动的表达式可得

$$\frac{u_{Cn}}{u_{C1}} = e^{-(n-1)\frac{T'}{\tau}}$$

式中，T' 和各个 u_{Cn} 值可根据衰减振动波形图测出，从而可以算出 τ 值。

若应用最小二乘法计算 τ，其方法是：

对上述等式两边取对数可得

$$\ln\frac{u_{Cn}}{u_{C1}} = -(n-1)\frac{T'}{\tau}$$

令 $\ln\frac{u_{Cn}}{u_{C1}} = y$，$(n-1) = x$，$-\frac{T'}{\tau} = b$，则有 $y = bx$，测出 T' 和各个 u_{Cn} 值，即可用最小二乘法处理求出 τ 值。

4）观测 R 值的大小对振幅衰减快慢的影响：取不同的 R 值，对比观察衰减振动的波形，加深对时间常数 $\tau = 2L/R$ 的物理意义的理解。

5）观察和记录临界阻尼振动波形，并测定临界电阻 R_0：逐渐增大 R 值，衰减振动依次减弱。当增至某一值时，该波形刚好不出现振动，此时电路处于临界阻尼状态，该回路中的总电阻即为临界电阻

$$R_0 = R + R_L + R_s$$

其中，R_L 为电感线圈电阻；R_s 为电源内阻。

6）观察和记录过阻尼振动波形：继续增加 R 值，电路进入过阻尼状态，R 值越大，u_C 趋近稳定值的过程愈缓慢。

7）观察和记录开关合向"2"时，电容在闭合的 RLC 电路中放电的三种振动波形。

2. 观察 RC 电路的单次充电、放电暂态过程

按图 5-39-1a 连接电路，取 $E = 2\text{V}$，$C = 0.1\mu\text{F}$，$R = 10\text{k}\Omega$。将 u_C 连到示波器的 CH1，分别将开关合向"1"和"2"，用存储示波器采集 RC 电路充电、放电的瞬态信号，观察并实记录 u_C 波形。

3. 观察 RL 电路的单次充电、放电暂态过程

按图 5-39-2a 连接电路。电感 $L = 0.1\text{H}$，其线圈电阻 R_L 用数字万用表测量。根据元件参数，取两组不同的 R 值，用存储示波器采集 RL 电路充电、放电的瞬态信号，观察并记录 u_L 充、放电波形。

上述观察到的波形可以输入计算机打印出来。

【注意事项】

1）开关从"1"合向"2"时，要极迅速，否则信号会消失掉。

2）连接电路时一定要避免短路。

【思考题】

1）在 RLC 串联电路中，若信号源是直流电源，电动势为 E，问电容两端电压是否会大于 E？做实验时，电容的耐压值取多大才能保证安全？

2）数字存储示波器与模拟示波器相比，有哪些优点？有何实际应用？
3）数字存储示波器能否取代模拟示波器？为什么？

实验 40　电子束的偏转与聚焦

【实验目的】

1）了解示波管的基本结构。
2）掌握电子束在横向电场中的偏转原理，并测量示波管的电偏转灵敏度。
3）了解纵向不均匀电场对电子束的聚焦作用。
4）掌握电子束在横向磁场中的偏转原理，并测量磁偏转系统的灵敏度。
5）了解电子束在纵向磁场中的磁聚焦原理，并观察磁聚焦的现象。

【实验仪器】

电子束实验仪。

【实验原理】

1. 示波管的结构和工作原理

参看第三章中模拟示波器部分。

2. 电子在横向电场作用下的运动

在两排平行板间加电压就可以形成电场，当平行板间的距离 d 比长度 l 小很多时，可以认为它们形成的空间电场是均匀的，且平行板外的电场为零。

为了描述电子的运动，我们选取一个直角坐标系。设沿电子枪轴线射出的电子运动方向为 z 轴正方向，取示波管端面所在平面上的水平线及竖直线为 x 轴及 y 轴。由阴极 K 表面溢出的电子经加速电场的作用，沿电子枪轴线方向加速，当到达第 2 加速阳极 A_2 时，速度为 v_z（即电子从电子枪"枪口"射出的速度）。因为电子从阴极 K 溢出时的初始动能皆近似为零，电子动能的增量等于它在加速电场中势能的减少，即

$$\frac{1}{2}mv_z^2 = eu_2 \tag{5-40-1}$$

式中，u_2 为加速电压，即第二阳极 A_2 对阴极 K 的电位差；e 为电子的电荷量；m 为电子的质量。电子枪射出的电子再穿过偏转板之间的空间，如图 5-40-1 所示，若偏转板间不加电压，电子将以速度 v_z 作匀速直线运动，最后打在荧光屏的中心（假定电子枪瞄准了中心）形成一个小亮点。但是如果偏转板之间加有电压，电子就会受电场力的作用，通过偏转板间的电子的运动方向将发生偏转。

在图 5-40-1 中，设两 y 偏转板之间加有电压 U_{dy}，板长为 l，板间距离为 d，则两板间的电场强

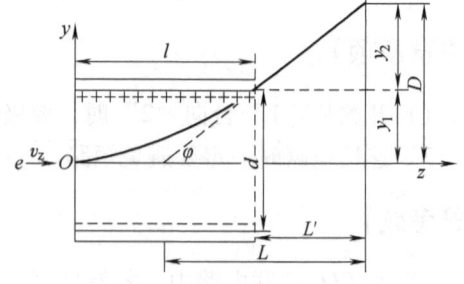

图 5-40-1　电子束的电偏转

度 $E_y = \dfrac{U_{dy}}{d}$，电子沿 y 轴方向受电场力的作用 $F_y = eE_y = \dfrac{eU_{dy}}{d}$，产生加速度 $a_y = \dfrac{F_y}{m} = \dfrac{eU_{dy}}{md}$。因此，通过 y 偏转板而产生的垂直位移为

$$y_1 = \frac{eU_{dy}}{2md}\left(\frac{l}{v_z}\right)^2 = \frac{eU_{dy}l^2}{2mdv_z^2} \tag{5-40-2}$$

电子离开 y 轴偏转板后，不再受电场力作用，作匀速直线运动，位移为

$$y_2 = L'\frac{v_y}{v_z} = \frac{eU_{dy}l}{mdv_z^2}L' \tag{5-40-3}$$

式中，L' 为 y 偏转板末端至荧光屏的距离。

电子在荧光屏上的总位移为

$$D = y_1 + y_2 = \left(\frac{l}{2} + L'\right)\frac{eU_{dy}l}{mdv_z^2} \tag{5-40-4}$$

令 $\dfrac{l}{2} + L' = L$，则有

$$D = \frac{eU_{dy}lL}{mdv_z^2} \tag{5-40-5}$$

联立式（5-40-1）和式（5-40-2）得

$$D = \frac{Ll}{2U_2 d}U_{dy} \tag{5-40-6}$$

该式表明垂直位移 D 随偏转电压 U_{dy} 的增加而增大，两者成线性关系。定义单位偏转电压 U_{dy} 所引起的电子束在荧光屏上的位移 D 为示波管的电偏转灵敏度 S_y，即

$$S_y = \frac{D}{U_{dy}} = \frac{lL}{2dU_2} \tag{5-40-7}$$

同理，对 x 轴偏转板也有相应的电偏转灵敏度，即

$$S_x = \frac{D}{U_{dx}} = \frac{lL}{2dU_2} \tag{5-40-8}$$

式中，l，d，L 应理解为与 x 轴偏转板相关的几何量。

3. 电聚焦

人们最初想把极板上的圆孔做成足够小以便得到任意细小的电子束，然而电子向不同方向离开加热阴极，只能有很小部分的电子正好向着阳极小孔方向运动，大多数电子不能达到荧光屏。为此我们可以在电子运动的路径上建立一个特殊的静电场，利用电场对电子的作用，可以使发散的电子束穿过电场后重新会聚成一细小的电子束。这种电场对电子的作用像会聚透镜对光的作用，所以常称为"静电透镜"。电子枪中的聚焦电极 J 与第二加速阳极 A_2 构成一个静电透镜，其聚焦过程如下：

J 与 A_2 之间电场分布的截面如图 5-40-2 所示。虚线为等位线，实线为电场线，电场对 z 轴是对称分布的。电子束中某个偏离轴线的电子沿轨道 S 进入聚焦电场。在电场的

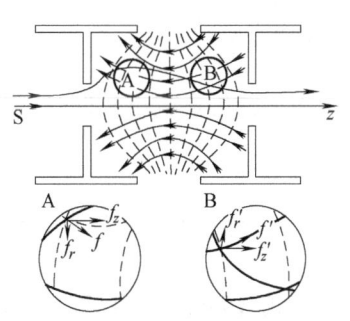

图 5-40-2　静电透镜

前半区（左边），电子受到与电场线相切方向的作用力 F，F 可分解为垂直指向轴线的分力 F_r 与平行于轴线的分力 F_z（图 5-40-2 中 A 区）。F_r 的作用使电子运动向轴线靠拢，起聚焦作用；F_z 的作用使电子沿 z 轴线方向得到加速度。电子到达电场的后半区（右边）时，受到的作用力 F' 可分为相应的 F'_r 和 F'_z 两个分量。F'_r 使电子离开轴线，起散焦作用，但因为在整个电场区域里电子都受到同方向的沿 z 轴的作用力（F_z 和 F'_z），电子在后半区的轴向速度比前半区的大得多。因此，在后半区电子受 F'_r 作用的时间极短，获得的离轴速度比在前半区获得的向轴速度小得多。总的效果是电子向轴线靠拢，整个电场起聚焦作用。聚焦作用的强弱可以通过改变 J 与 A_2 之间的电位差来调节。

事实上，在示波管中，J 两端的电场皆有聚焦作用，是两个静电透镜的组合，即第一阳极 A_1 和 J 之间以及 J 和 A_2 之间形成的电场共同作用，使电子束实现聚焦，并且聚焦程度的好坏主要取决于聚焦电压 U_1（即 J 与 K 之间电位差）和加速电压 U_2。

电子束的强度是通过栅极 G 来控制的，栅极屏蔽着阴极。栅极 G 相对于阴极为负电位，两者相距很近（约十分之几毫米），其间形成的电场阻碍电子向阳极的运动。负几十伏的电位，就可使电子束截止，即在荧光屏上看不见光点。调节 G 对 K 的电压，可以控制电子枪射出电子的数目，从而改变光屏上光点的亮度。当增大加速电极的电压时，电子可获得更大的轰击动能，光屏上的亮度会提高，因此栅极的截止电压 U_{G0} 的大小与加速电压 U_2 有关。

4. 电子束的磁偏转原理

电子束运动遇外加横向磁场时，在洛仑兹力作用下要发生偏转。如图 5-40-3 所示，设实线方框内有均强磁场，磁感应强度 B 的方向与纸面垂直指向读者，方框外磁场为零。

若电子以速度 v_z 垂直进入磁场 B 中，受洛仑兹力 F_m 作用，在磁场区域内作匀速圆周运动，半径为 R。电子沿弧 AC 穿出磁场区后，沿点 C 的切线方向作匀速直线运动，最后打在荧光屏的点 P 上。

设电子进入磁场之前，加速电压为 U_2，加速电场对电子所做之功等于电子动能的增量，有

$$eU_2 = \frac{1}{2}mv_z^2 \tag{5-40-9}$$

式中，e 为电子的电荷量；m 为电子的质量。

电子以速度 v_z 垂直进入磁场 B 后，作匀速圆周运动的半径为

$$R = \frac{mv_z}{eB} \tag{5-40-10}$$

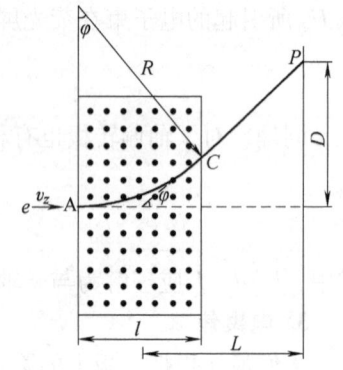

图 5-40-3 电子束的磁偏转

设偏转角 φ 较小，近似地有

$$\tan\varphi = \frac{l}{R} \approx \frac{D}{L} \tag{5-40-11}$$

式中，l 为磁场宽度；D 为电子在荧光屏上亮斑的偏转量；L 为从横向磁场中心至荧光屏的距离。

由式（5-40-9）～式（5-40-11）可得

$$D = lBL\sqrt{\frac{e}{2mU_2}} \tag{5-40-12}$$

实验中的横向磁场是由一对载流线圈产生，其磁感应强度 **B** 的大小为

$$B = K\mu_0 nI \tag{5-40-13}$$

式中，μ_0 为真空中的磁导率；n 为单位长度线圈的匝数；K 为线圈产生磁场公式的修正系数 ($0 < K \leqslant 1$)。

将式（5-40-13）代入式（5-40-12）可得

$$D = K\mu_0 nIlL\sqrt{\frac{e}{2mU_2}} \tag{5-40-14}$$

由式（5-40-14）可以看出，对于给定的示波管和线圈，K，n，l 和 L 均为常量。上式表明，当加速电压 U_2 一定时，电子束在横向磁场中的偏转量 D 与线圈中的电流 I 成正比；当磁场 B 一定时，电子束在横向磁场中的偏转量 D 与加速电压 U_2 的平方根成反比。

定义产生磁场的单位电流所引起的电子束的磁偏转量称为磁偏转灵敏度，以 S_m 表示

$$S_m = \frac{D}{I} = K\mu_0 nlL\sqrt{\frac{e}{2mU_2}} \tag{5-40-15}$$

显然，S_m 越大表示磁偏转系统的灵敏度越高。在国际单位制中，磁偏转灵敏度的单位为米每安培，记为 m/A。

5. 电磁场在纵向磁场作用下的运动（磁聚焦）

在示波管外套一个同轴的螺线管，向螺线管通以稳恒直流时，其内部形成一个轴向磁场。若螺线管足够长，则可认为其内部为匀强磁场。

如图 5-40-4 所示，电子以初速度 **v** 进入匀强磁场后，若 **v** 与 **B** 之间有任意夹角时，由于阳极电压比较大，可以认为电子进入磁场的轴向速度是相同的，其大小由阳极加速电压决定，电子将会以轴向速度作匀速直线运动，而各电子进入磁场的径向速度有明显差异，在洛伦兹力的作用下，使电子在垂

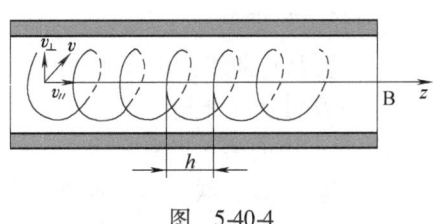

图 5-40-4

直磁场的方向上作匀速圆周运动，向心力为洛伦兹力，圆周运动的半径为 $R = \frac{mv_\perp}{eB}$，周期为 $T = \frac{2\pi m}{eB}$。所以在纵向磁场作用下，电子从电子枪到荧光屏运动过程中将作螺旋运动，且电子作螺旋运动的螺距为

$$h = v_z T = \frac{2\pi m}{eB}v_z \tag{5-40-16}$$

因此，只要电子的轴向速度相同，经过距离 h 后就会聚焦于荧光屏上同一点，这个现象与光束通过光学透镜聚焦的现象很相似，故称为磁聚焦。

【实验内容】

1. 电子在横向电场作用下的运动（电偏转）

1）打开面板上的电源开关，示波器灯丝即亮。

2）接插线 A1-V1，A2-⊥，Vd1-X1Y1，Vd.y-Y2，Vd.x-X2。

3）调焦：把聚焦选择开关置于"点"聚焦位置，辉度控制处于适当位置，调节聚焦电压，使屏上光点聚成一细点，光点不要太亮，以免烧坏荧光物质。

4）光点调零：用数字表测 Vd，调 Vd.y（或 Vd.x）使 Vd 为 0，这时光点在 y（或 x）轴上应在中心原点，若不在，则在示波管的颈部右下方有两只专用的调零旋钮，酌情分别调节这两只旋钮即可达到调零的目的。

5）调节加速电压旋钮，面板上第一块数显表即可实时显示（A_2 与 K 之间的电压）。

6）调节偏转电压 Vd.y（或 Vd.x），面板下方的预设数显表显示。

7）保持加速电压和聚焦电压不变，测量 D 随 Vd.y（或 Vd.x）的变化量，并画出 D-Vd.y 变化的曲线，D 从屏外刻度板读出。

8）改变加速电压，重复步骤 7）。

2. 电子在纵向不均匀电场作用下的运动（电聚焦）

1）第一聚焦接线：A1-V1，A2-⊥。

2）调节测加速电压，面板上第一块数显表即可实时显示。

3）调节测栅极电压，面板上第二块数显表即可实时显示。

4）调节加速电压为 U_2 时，调节栅极电压，记录屏上光电刚好消失所对应的栅极电压 U_G，多测几组，观察 U_2 对 U_G 的影响。

3. 电子在横向磁场下的运动（磁偏转）

1）接线：A1-V1，A2-⊥，将两只偏转线圈分别插入示波管两侧。

2）打开励磁开关，调节励磁旋钮可以调节励磁电源的电压或电流，如需换向，只需拨动"换向开关"即可。

3）测量 D-I_s 曲线：调节加速电压为 U_2，调节励磁电流 I_s，测电子在不同的 I_s 时在屏上的位置 D，D 可从屏外刻度读出，画出 D-I_s 曲线，当 I_s=0 时，D=0，如光点不在中心可通过实验内容 1 中的第 4 步来调零。

4）测量 U_2-D 曲线：调节励磁电流 I_s，调节加速电压为 U_2，测电子在不同的 U_2 时在屏上的位置 D，D 可从屏外刻度读出，画出 U_2-D 曲线。

4. 电子在纵向磁场作用下的运动（磁聚焦）

1）接插线：A_1-V_1，A_2-⊥。

2）取下屏，将纵向磁场线圈套上示波管，线圈两头接磁场电源。

3）缓慢调节"磁聚焦调节"旋钮，观察到电子束在纵向磁场的作用下旋转式聚焦的现象。

【注意事项】

1）由于本实验的电压有的达到 1000V 以上，故要特别注意安全。

2）示波管的亮度不要长时间打得太亮，否则，荧光屏易老化，影响显示效果。

【思考题】

1）电场聚焦的条件是什么？

2）磁偏转与电偏转分别是利用磁场和电场对运动电荷施加作用，控制其运动方向。这两种偏转有何差别？

3）当螺线管电流 I 逐渐增加，电子束线从一次聚焦到二次、三次聚焦时，荧光屏上的亮斑会怎样运动？为什么？

实验 41 测定钨的逸出功

金属中存在着大量的自由电子，但电子在金属内部所具有的能量低于在外部所具有的能量，因而电子逸出金属时需要给电子提供一定的能量，这份能量称为电子逸出功。电子从加热的金属中发射出来的现象称为热电子发射。热电子发射的性能与金属材料的逸出功（或逸电势）有关。在电真空器件阴极材料的选择中，材料的逸出电势是重要参量之一。本实验用理查逊（Richardsion）直线法测量钨的逸出功，这一方法有丰富的物理思想和较好的数据处理方法。

【实验目的】

1）了解有关热电子发射的基本规律。
2）用理查逊直线法测定钨丝的电子逸出电势 V。
3）进一步学习数据处理方法。

【实验仪器】

金属电子逸出功测定仪。

【实验原理】

1. 理想真空二极管的伏安特性

图 5-41-1 表示真空二极管的两种基本结构。在抽成高度真空的管壳中，密封着两个工作电极，一个叫阴极，一个叫阳极。阴极被加热到很高的温度（一般高达 2500K 数量级）。其加热方式如图 5-41-1 所示，通过另外一个灯丝间接加热（称为旁热式），也可以像图 5-41-1b 中那样在阴极中直接通过加热（称为直热式）。阴极加热以后能发射电子，这种现象称做热电子发射。

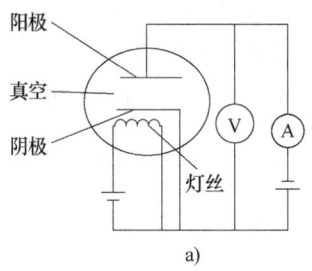
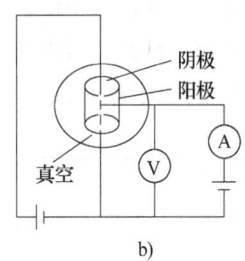

图 5-41-1

电子从金属表面逸出时必须克服一定的势垒，加热的作用就是提供给某些电子以必要的能量。阴极温度愈高，单位时间逸出的电子数就愈多，能提供的电流就愈大。这一过程与水分子从水面蒸发非常相似,温度愈高,水的蒸发也就愈快。

电子一旦逸出阴极就能在真空中自由运动。假如像图 5-41-1 中那样,在阳极和阴极间加上电压,使阳极相对于阴极带正电压,形成的电场将把电子驱向阳极,然后流经外电路又回到阴极,这一电流称为阳极电流。它随两极之间所加电压大小而变化的关系称为二极管的伏安特性,如图 5-41-2 所示。真空二极管的伏安特性是非线性的。随阴极温度不同,伏安特性曲线也不同。仔细研究二极管伏安特性的变化规律,可以帮助我们了解一系列有关真空管中电子运动的现象和规律。

2. 电子逸出功

根据固体物理学中的金属电子理论,金属中的传导电子能量的分布是按费米-狄拉克能量分布的,即

$$f(E) = \frac{dN}{dE} = \frac{4\pi}{h^3}(2m)^{\frac{3}{2}} E^{\frac{1}{2}} \left[\exp\left(\frac{E-E_F}{KT}\right) + 1 \right]$$

(5-41-1)

式中,E_F 是费米能级。

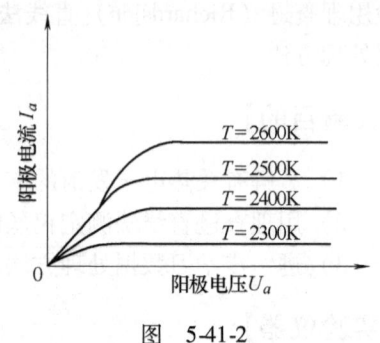

图 5-41-2

在热力学温度零开时,电子的能量分布如图 5-41-3 中曲线(1)所示。这时电子具有的最大能量为 E_F。当温度 $T>0$ 时,电子的能量分布曲线如图 5-41-3 中曲线(2)、(3)所示,其中能量较大的少数电子具有比 E_F 更高的能量,其数量随能量的增加而指数减少。

在通常温度下,由于金属表面与外界(真空)之间存在一个势垒 E_b,所以电子要想从金属中逸出,至少要具有能量 E_b。从图 5-41-3 可以看出,在热力学温度零开时电子逸出金属至少需要从外界得到的能量为

$$E_0 = E_B - E_F = e\varphi$$

其中,E_0(或 $e\varphi$)称为金属电子的逸出功(或功函数),其常用单位为电子伏特(eV),它表征要使处于热力学温度零开的金属中具有最大能量的电子逸出金属表面所需要给予的能量。φ 称为逸出电位,其数值等于以电子伏特为单位的电子逸出功。

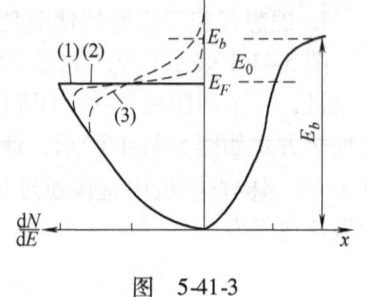

图 5-41-3

可见,热电子发射是用提高阴极温度的方法来改变电子的能量分布,使其中一部分电子的能量大于势垒 E_b。这样,能量大于势垒 E_b 的电子就可以从金属中发射出来。因此,逸出功 $e\varphi$ 的大小对热电子发射的强弱具有决定性作用。

3. 热电子发射公式

根据费米-狄拉克能量分布公式,即式(5-41-1),可以导出热电子发射的里查逊-热西曼公式:

$$I = AST^2 \exp\left(-\frac{e\varphi}{kT}\right)$$

(5-41-2)

式中,I 是热电子发射的电流,单位为 A;A 是和阴极表面化学纯度有关的系数,单位为 $A \cdot m^{-2} \cdot K^{-2}$;$S$ 是阴极的有效发射面积,单位为 m^2;T 为发射热电子的阴极的热力学温

度，单位为 K；k 是玻尔兹曼常数（$k = 1.38 \times 10^{-23}$ J/K）。

原则上只要测定 I，A，S 和 T 等各量，就可以根据式（5-41-2）计算出阴极材料的逸出功 $e\varphi$。但困难在于 A 和 S 这两个量是难以直接测定的，所以在实际测量中常用下述的里查逊直线法，以避开 A 和 S 的测量。

4. 里查逊直线法

将式（5-41-2）两边除以 T^2，再取对数得

$$\lg \frac{I}{T^2} = \lg AS - \frac{e\varphi}{2.30kT}$$

$$= \lg AS - 5.04 \times 10^3 \varphi \frac{1}{T} \tag{5-41-3}$$

从式（5-41-3）可见，$\lg \frac{I}{T^2}$ 与 $\frac{1}{T}$ 成线性关系。如以 $\lg \frac{I}{T^2}$ 为纵坐标，$\frac{1}{T}$ 为横坐标作图，从所得直线的斜率即可求出电子的逸出电位 φ，从而求出电子的逸出功 $e\varphi$。该方法叫里查逊直线法。其特点是，可以不必求出 A 和 S 的具体数值，直接从 I 和 T 就可以得出 φ 值，A 和 S 的影响只是使 $\lg \frac{I}{T^2}$-$\frac{1}{T}$ 直线产生平移。类似的这种避开不易测量的物理量而获得所求结果的思想方法在实验和科研中很有用处。

5. 从加速电场外延求零场电流

式（5-41-2）中的电流 I 是加速电场为零时纯粹的热电子发射电流，称为零场电流。但为了维持阴极发射的热电子能连续不断地飞向阳极，必须在阴极和阳极间外加一个加速电场 E_a。然而，由于 E_a 的存在，阴极表面的势垒 E_b 降低，因而逸出功减小，发射电流增大，这一现象称为肖脱基效应。可以证明，在阴极表面加速电场 E_a 的作用下，阴极发射电流 I_a 与 E_a 有如下的关系：

$$I_a = I \exp\left(\frac{0.439 \sqrt{E_a}}{T} \right) \tag{5-41-4}$$

式中，I_a 和 I 分别是加速电场为 E_a 和零时的发射电流。对式（5-41-4）取对数得

$$\lg I_a = \lg I + \frac{0.439 \sqrt{E_a}}{2.30T} \tag{5-41-5}$$

如果把阴极和阳极作成共轴圆柱形，并忽略接触电位差和其他影响，则加速电场可表示为

$$E_a = \frac{U_a}{r_1 \ln \frac{r_2}{r_1}} \tag{5-41-6}$$

式中，r_1 和 r_2 分别是阴极和阳极的半径；U_a 为阳极电压。将式（5-41-6）代入式（5-41-5）得

$$\lg I_a = \lg I + \frac{0.439}{2.30T} \frac{1}{\sqrt{r_1 \ln \frac{r_2}{r_1}}} \sqrt{U_a} \tag{5-41-7}$$

由式（5-41-7）可见，对于一定几何尺寸的管子，当阴极的温度 T 一定时，$\lg I_a$ 和 $\sqrt{U_a}$ 成线性关系。如果以 $\lg I_a$ 为纵坐标，以 $\sqrt{U_a}$ 为横坐标作图，如图（5-41-4）所示，那么这些直线的延长线与纵坐标的交点为 $\lg I$，由此即可求出在一定温度下加速电场为零时的发射电流 I。

综上所述，要测定金属材料的逸出功，首先应该把被测材料作成二极管的阴极。当测定了阴极温度 T、阳极电压 U_a 和发射电流 I_a 后，通过上述的数据处理，即可得到零场电流 I，再根据式（5-41-3），可求出逸出功 $e\varphi$（或逸出电位 φ）。

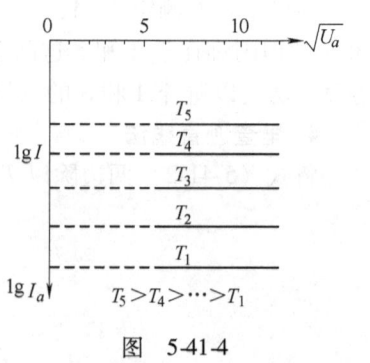

图 5-41-4

【实验仪器】

金属电子逸出功测定仪包括理想（标准）二极管、二极管灯丝温度测量系统、专用电源、测量阳极电压、电流等的电表。

本实验装置的电路如图 5-41-5 所示。关于本实验中电路接线的说明：为了使主阳极 A_1 所在范围内从灯丝（阴极）发出的电子都沿水平方向运动，在理想二极管制造时，特地在主阳极上下两端又各加了个辅助阳极 A_2，目的是为了消除主阳极边缘电子流的边缘效应对主阳极电流的影响。在接线时，直接把辅助阳极 A_2 接到正电源上即可。

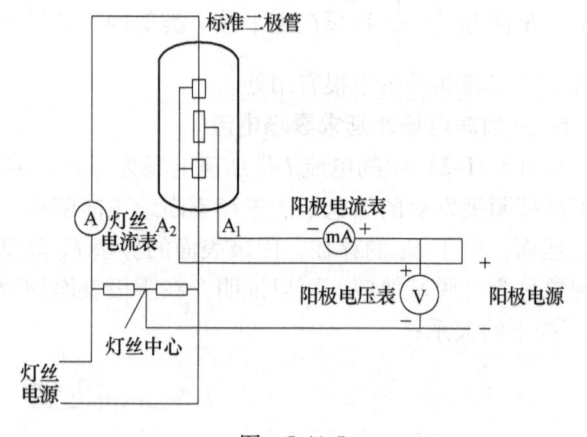

图 5-41-5

【实验内容】

1）熟悉仪器装置，按图 5-41-5 所示连接好实验电路，接通电源，预热 10min。连接电路时，切勿将阳极电压 U_a 和灯丝电压 U_f 接错，以免烧坏管子。

2）取理想二极管灯丝电流 I_f 从 0.55～0.75A，每间隔 0.05A 进行一次测量。如果阳极电流 I_a 偏小或偏大，也可适当增加或降低灯丝电流 I_f。对应每一灯丝电流，在阳极上加 25，36，49，64，…，144V 电压，各测出一组阳极电流 I_a。记录数据于表 5-41-1，并换算至表 5-41-2。

3）根据表 5-41-2 中的数据，作出 $\lg I_a$-$\sqrt{U_a}$ 图线（$\sqrt{U_a}$ 为横坐标、$\lg I_a$ 为纵坐标）。求出截距 $\lg I$，即可得到在不同阴极温度时的零场热电子发射电流 I，并换算成表 5-41-3。

4）根据表 5-41-3 中的数据，作出 $\lg \dfrac{I}{T^2}$-$\dfrac{1}{T}$ 图线。从直线斜率求出钨的逸出功 $e\varphi$（或逸出电位 φ）。

表 5-41-1

I_f \ U_a	25	36	49	64	81	100	121	144
0.55								
0.60								
0.65								
0.70								
0.75								

阴极温度 T 的测量是否准确对实验结果的影响很大，是研究热电子发射中的一个很重要的问题。可以用光测高温计测量灯丝温度，也可以通过测量阴极加热电流 I_f 的方法来确定阴极温度。阴极温度与电流 I_f 的关系已有人测定并列表（详见附录）。

表 5-41-2

T \ $\lg I_a$ $\sqrt{U_a}$	5.0	6.0	7.0	8.0	9.0	10.0	11.0	12.0

表 5-41-3

$T/(\times 10^3 \text{K})$						
$\lg I$						
$\lg \dfrac{I}{T^2}$						
$\dfrac{1}{T}$						

【注意事项】

1）U_f 的中点与地相连接。

2）直流数字毫安表应接在 A_1 和 A_2 之间，+端接 A_2，-端接 A_1。

3）电压加在 A_2 上。

4）管子曾经过 15h，2000℃ 左右的高温老化处理，因此灯丝比较脆弱，尽可能轻拿轻放。加温与降温以缓慢为宜。尤其在灯丝炽热后更应避免强烈震动不要在管子还未冷却的情况下随便取下来，另外，钨的熔点是 3463K，灯丝温度不宜加的过高，灯丝温度高时试验应尽量做的快些，因为过高的灯丝温度对管子寿命不利。中部阳极电流的大小最好控制在 3mA 以内。

5) U_a 不大于 150V。

【附录】

灯丝电流 I_f 与灯丝温度 T 的对应关系如表 5-41-4 所示。

表 5-41-4

灯丝 I_f/A	0.50	0.55	0.60	0.65	0.70	0.75	0.80
灯丝温度 $T/(\times 10^3 K)$	1.72	1.80	1.88	1.96	2.04	2.12	2.20

逸出功公认值　　$e\varphi = 4.54\text{eV}$,　　　直线斜率 $m =$ ____,

逸出功　　　　　$e\varphi =$ ____ eV,　　　相对误差 $E =$ ____ %。

【思考题】

1）在本实验中，为何要将辅助阳极 A_2 直接接正电源？A_2 起何作用？

2）在实验中，我们发现当灯丝电流较大（约 0.6A 以上）时，且阳极电压为零时，阳极（或阴极）电流却不为零，如何解释这一现象？

3）求加速电场为零时的阴极发射电流 I，需要在 $\lg I_a$-$\sqrt{U_a}$ 曲线图上使用外延图解法，而不能直接测量当阳极电压为零时阴极的电流，为什么？

4）根据测量结果作出 $\lg I_a$-$\sqrt{U_a}$ 曲线，可以发现在阳极电压较大（约在 5V 以上）时，$\lg I_a$-$\sqrt{U_a}$ 变化关系近似为一条直线，但当阳极电压接近 0V 时，点（$\sqrt{U_a}$, $\lg I_a$）的位置迅速向下偏离原来的直线，这是为什么？（提示：可以考虑一下肖脱基效应）

第六章 仿真实验

计算机仿真实验是通过计算机和教学软件建立虚拟的实验环境,学习者可以在这个环境中学习实验知识、操作实验仪器,模拟真实的实验过程。仿真实验还能够通过网络把实验设备、教学内容、教师指导和学生的操作有机地联系起来,形成一个开放的教学环境,对学生实验兴趣和能力的培养是实际实验难以实现的。

实验时,单击计算机桌面上的"大学物理实验"软件,进入系统主界面,选择实验项目并单击,即可开始学习和操作实验。

实验42 热膨胀系数仿真实验

在系统主界面上选择"热膨胀系数"并单击,进入热膨胀系数仿真实验平台,显示平台主窗口。把鼠标指针移动到仪器上,稍等一会儿,就会出现仪器名称等相应的提示。

在主窗口上单击鼠标右键,弹出实验主菜单(见图6-42-1)。用鼠标单击菜单选项,即可进入相应的实验内容。

【显示实验目的、步骤及原理】

1. 分别单击"实验简介"的"实验目的"和"实验步骤",显示本实验的目的和步骤(见图6-42-2、图6-42-3)。单击其右上角的圆形图标关闭此窗口。

图 6-42-1

2. 单击"实验原理",显示本实验的原理(见图6-42-4)。

【实验内容及操作方法】

单击"开始实验进程",各仪器进入调节、使用状态,可进行实验操作。

1. 调节光杠杆的平面镜,使平面镜与标尺平行

开始实验进程后,单击光杠杆和平面镜,显示平面镜调节示意图(见图6-42-5)。用鼠标左右键(控制平面镜以两个固定螺钉为轴进行旋转)单击平面镜进行调节,使平面镜与平台垂直。单击"返回",退回到实验界面。

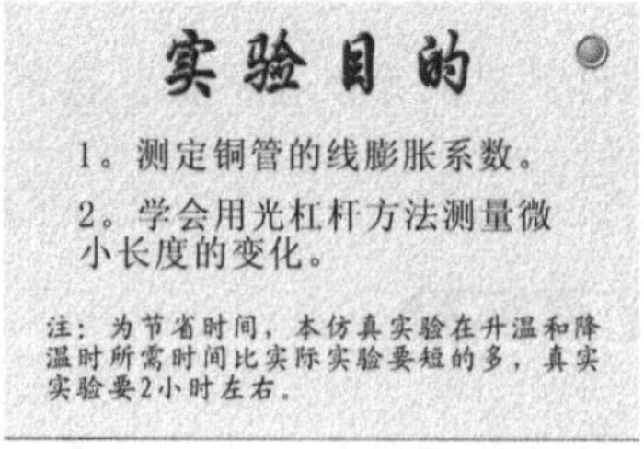

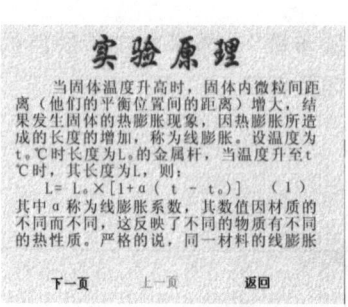

图 6-42-2

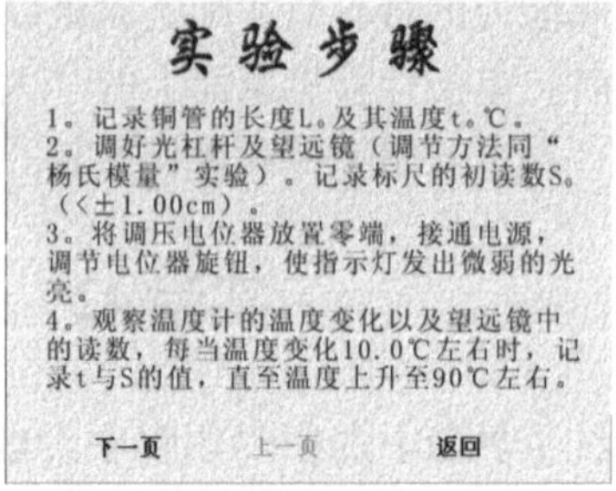

图 6-42-3

图 6-42-4

图 6-42-5

2. 调节望远镜的视野

开始实验进程后,单击望远镜,弹出选择子菜单。

1)选择"调节望远镜视野",显示望远镜视野调节示意图(见图6-42-6)。分别调节望远镜的底座(鼠标左右键单击,分别使之在桌面上左右移动)、目镜(鼠标左右键单击,分别使放大倍数增减)、调焦(鼠标左右键单击调焦旋钮,使聚焦准确)以及固定装置(鼠标左右键单击,分别使望远镜筒上下移动),使望远镜视野符合要求。单击"返回",退回到实验界面。

2)选择"显示望远镜视野",显示望远镜视野示意图(见图6-42-7)。

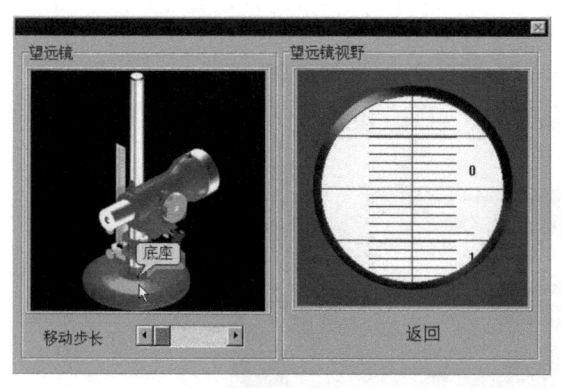
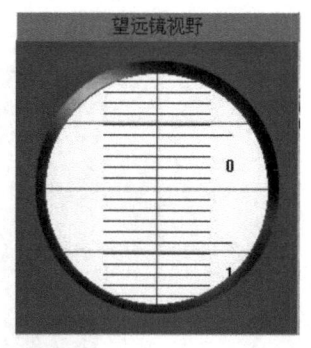

图 6-42-6　　　　　　　　　　　　　图 6-42-7

3. 显示温度计

开始实验进程后，单击温度计，显示温度计示意图（见图 6-42-8）。

4. 加热电源、电压控制

开始实验进程后，单击电源开关或调压电位器，显示电源、电压控制示意图，如图 6-42-9 所示，分别用鼠标的左、右键调节电源开关和加热电压。

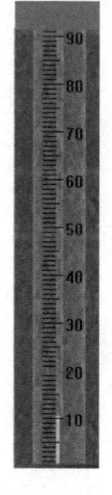

图 6-42-8　　　　　　　　　　　　　图 6-42-9

5. 米尺的使用

开始实验进程后，单击米尺，显示测量 b、D 的窗口，如图 6-42-10 所示。根据窗口下方的提示，完成测量。单击"退出"按钮，退出实验界面。

【实验报告书写与思考题练习】

1）单击"思考题"，显示思考题以供同学们练习。

2）单击"实验报告"，进行数据处理，并书写实验报告。

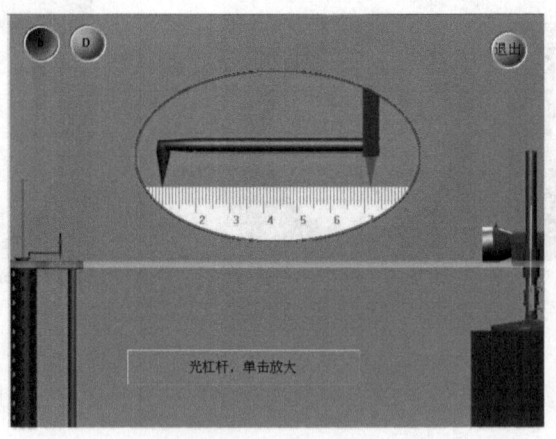

图 6-42-10

实验43　半导体温度计的设计仿真实验

在系统主界面上选择"温度计设计"单击，即可进入本实验主窗口。在主窗口上单击鼠标右键，弹出系统主菜单。如图6-43-1所示。

图 6-43-1

【显示实验目的、原理、内容】

1）在主菜单里选择实验简介中的"实验目的"，显示实验目的（见图6-43-2）。
2）选择实验简介中的"实验原理"，显示实验原理（见图6-43-3）。窗口会自动滚动，可用鼠标单击控制滚动与停止，或直接用鼠标拖动（见附录中实验原理）。

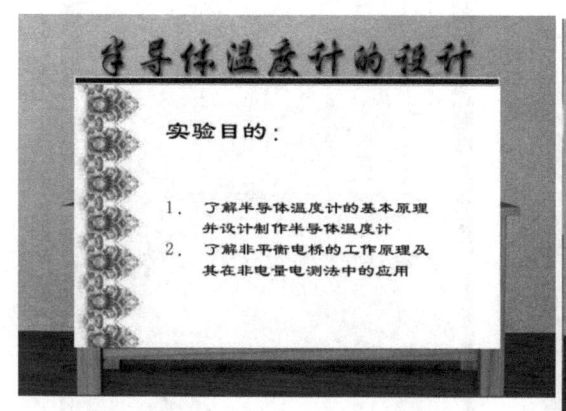

图 6-43-2

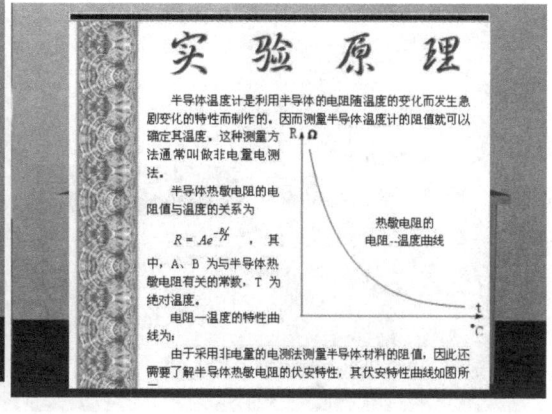

图 6-43-3

3）选择实验简介中的"实验内容"，显示实验具体要求：
① 设计 20～70℃的半导体温度计。
② 对半导体温度计进行定标。

首先从热敏电阻的电阻温度曲线上读出温度。从 20 度至 70 度每隔 5 度读一个电阻值。用标准电阻箱 R_4 依次选择前面所取的电阻值，读出微安表的电流 I，并记录数据。根据数据，将表盘读数改为温度的刻度，并做出 $I\text{-}T$ 的曲线与表盘刻度进行比较。再将实际热敏电阻代替标准电阻箱，此即经过定标的半导体温度计。

【仪器简介】

1. 万用表

选择"万用表"将显示万用表；单击按钮开关可打开万用表。如图 6-43-4，在万用表面上单击右键可弹出菜单，选择万用表是连接到 R_1 还是 R_2。

2. 仪器正面

选择"仪器正面"，显示实验盒正面（见图 6-43-4），用鼠标左右键控制两个旋钮的左右旋。

3. 仪器背面

如图 6-43-5，利用鼠标由一个连接点到另一个连接点的拖动来连接线路。双击插座处拔除或插上微安表头的连接。单击"显示电路图"的按钮显示电路图作为连线参考。用鼠标左右键控制各个电位器的调节。双击电池座处即检验电路正确性，如电路正确，就连接上电池。

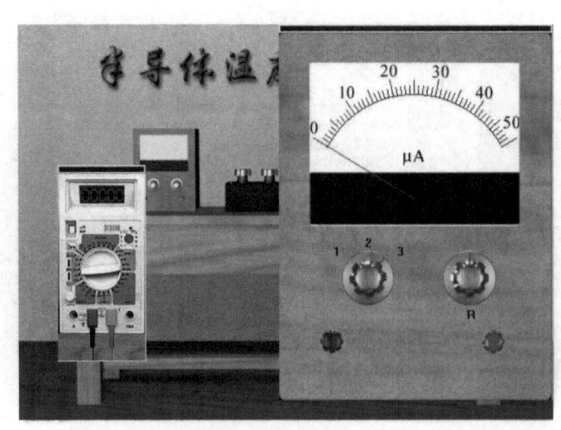 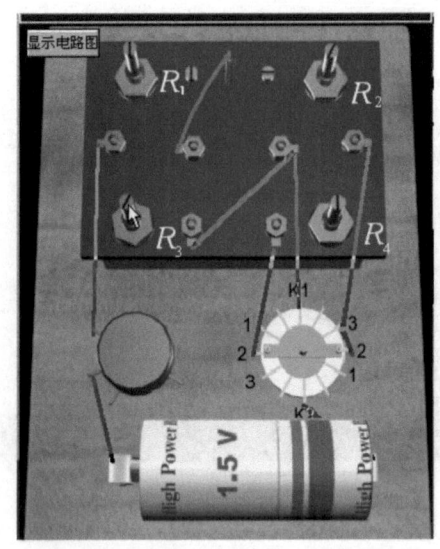

图 6-43-4 图 6-43-5

【数据处理】

选择"数据处理",显示数据处理窗口(见图 6-43-6),单击记录数据即可在当前行记录下当前的电阻箱阻值和温度值。并将指针移到下一行。单击选择某一行,并单击"删除数据",即可删除当前行的数据。

图 6-43-6

【实验过程】

1) 认真阅读"实验目的"和"实验原理"。

2) 按背面图 6-43-5 连接线路。双击电池部位,将其接入电路中;双击图中的"小孔"将"红色插销"插入小孔中。

3) 将万用表接到 R_1 和 R_2 上,选取合适阻值,并使二者相等。

4）在主菜单中点出电阻箱，取其阻值为 2597Ω，并将仪器连接到电阻箱上。

5）将正面的开关合到"3"上。在调节 R_3 的情况下，使表头指示正好指零。

若还未调节就已经指零，一般都是实际电路中电流已经超过零。想一想，应如何调节 R_3？（提示：先使指针离开零位，然后再指零）。

6）开关仍在"3"上。取电阻箱阻值为 488Ω。在调节 R（R 在仪器正面）的情况下，使表头正好满偏。

若还未调节就已经满偏，一般都是实际电路中电流已经超过满偏。想一想，应如何调节 R？（提示：先使指针离开满偏位，然后再指满偏）。

7）按表 6-43-1 中所列出的电阻值分别测出对应的电流值，并填入表中。

8）在仪器正面点右键，选择"仪器接到热敏电阻"上。然后点击数据处理窗口中的"重绘表头"就可以得到一个半导体温度计。

表 6-43-1

R/Ω	2597	2153	1826	1512	1281	1077	918	776	662	568	488
$T/℃$	20	25	30	35	40	45	50	55	60	65	70
$I/\mu A$											

【思考题】

选择实验简介中的"预习思考题"，显示思考题。题型为四选一型选择题，如回答正确会自动显示下一题，否则请重做。

【补充说明】

温度计设计实验原理

半导体温度计是利用半导体的电阻随温度的变化而发生急剧变化的特性制成的。因此，测量其阻值即可测量其温度，这种测量方法叫做非电量电测法。半导体热敏电阻的阻值与温度的关系为

$$R = Ae^{-B/T} \tag{6-43-1}$$

式中，A、B 是与半导体热敏电阻有关的常数；T 为热力学温度，如图 6-43-7 所示。

由于采用非电量的电测法测量半导体材料的阻值，还需了解半导体热敏电阻的伏安特性曲线，如图 6-43-8 所示，在刚开始的一段特性曲线 a 是线性的，这是因为电流小，在半导体材料上消耗的功率不足以显著地改变热敏电阻的温度，因而这一段符合欧姆定律。当电流增加到使热敏电阻的阻值高于周围介质的温度时，其阻值就下降，于是伏安曲线是 bc 段。要使热敏电阻用于温度测量，必须要求其阻值随外界温度的改变而改变，与通过它的电流无关，因此，工作区域的电流值不能过大，应满足伏安特性，即图中所示的 a 段。实验电路如图 6-43-9 所示：图中 μA 为微安表、R_T 为热敏电阻，当电桥平衡时，微安表示数为零，此时满足 $R_1/R_2 = R_3/R_T$。若取 $R_1 = R_2$，则 R_3 的数值即为 R_T 的数值。

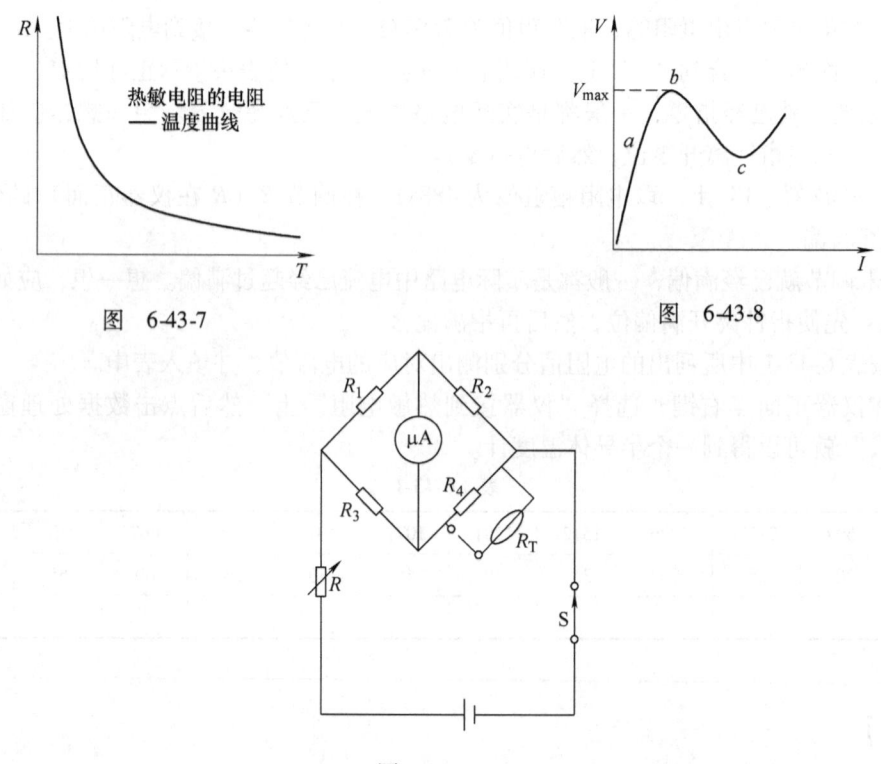

图 6-43-7   图 6-43-8

图 6-43-9

对于平衡后的电桥，若其中一臂的电阻发生变化，则平衡受到破坏，微安表中有电流通过，若电压、微安表内阻和电桥各臂的电阻已知，可根据微安表的电流值算出 R_T，再根据热敏电阻的电阻-温度曲线测量出温度。因此，为使热敏电阻的电阻值标示温度值，实验中首先要选定 R_1、R_2、R_3 各量，选定方法如下：

根据设计温度计的测量范围，如 20~70℃，由热敏电阻的电阻-温度曲线查出对应的上限和下限值 $R_{T1}=2597\Omega$ 和 $R_{T2}=488\Omega$，当热敏电阻的阻值为 R_{T1} 时，使电桥处于平衡状态，微安表的示数为零。若取 $R_1=R_2$、$R_3=R_T$，则 R_3 就是热敏电阻处于测温量程下限温度的电阻值。当温度增加时，热敏电阻的阻值就减小，电桥平衡，有电流通过；当热敏电阻处于测温量程的上限温度 R_{T2} 时，要使微安表满偏。这个过程即为对表盘的定标过程。

第七章 选做实验

实验44 多普勒效应及声速测量综合实验

对于机械波（如声波）、光波和电磁波而言，当波源和观察者（或接收器）之间发生相对运动，或者波源、观察者不动而传播介质运动时，或者波源、观察者、传播介质都在运动时，观察者接收到的波的频率和发出的波的频率不相同的现象，称为多普勒效应。

多普勒效应在核物理、天文学、工程技术、交通管理、医疗诊断等方面有十分广泛的应用。如用于卫星测速、光谱仪、多普勒雷达，多普勒彩色超声诊断仪等。

【实验目的】

1）测量运动速度与频率的关系，验证多普勒效应。
2）用多普勒效应测量运动物体的未知速度（设计性实验）。
3）用多普勒效应研究匀速直线运动、匀加（减）速直线运动、简谐振动等。
4）用多普勒效应测量空气中的声速。
5）用驻波法测量空气中的声速。
6）用相位法测量空气中的声速，测量角度可变。
7）在直射式情况下，用时差法测量空气中的声速。
8）利用超声波测量距离（设计性实验）。

【实验原理】

1. 声波的多普勒效应

设声源在坐标轴原点，声源振动频率为 f，运动和传播都在 x 轴方向接收点在坐标轴上 x 点。对于三维情况，处理稍复杂一点，其结果相似。当声源、接收器和传播介质不动时，在 x 轴方向传播的声波的数学表达式为

$$p = p_0 \cos\left(\omega t - \frac{\omega}{c_0}x\right) \tag{7-44-1}$$

1）声源运动速度为 v_S，介质和接收点不动。

设声速为 c_0，在时刻 t，声源移动的距离为 $v_S(t-x/c_0)$

因而，声源移动的实际距离为 $x = x_0 - v_S(t-x/c_0)$

则有
$$x = (x_0 - v_S t)/(1 - Ma_S) \tag{7-44-2}$$

其中 $Ma_S = v_S/c_0$ 为声源运动的马赫数，声源向接收点运动时 v_S（或 Ma_S）为正，反之为负，将式（7-44-2）代入式（7-44-1）得

$$p = p_0 \cos\left\{\frac{\omega}{1-Ma_S}\left(t - \frac{x_0}{c_0}\right)\right\}$$

可见，接收器接收到的频率变为原来的 $1/(1-Ma_S)$，即

$$f_S = \frac{f}{1-Ma_S} \tag{7-44-3}$$

2）声源、介质不动，接收器运动速度为 v_r，同理可得接收器接收到的频率为

$$f_r = (1+Ma_r)f = \left(1+\frac{v_r}{c_0}\right)f \tag{7-44-4}$$

其中，$Ma_r = v_r/c_0$ 为接收器运动的马赫数，接收点向着声源运动时 v_r（或 Ma_r）为正，反之为负。

3）介质不动，声源运动速度为 v_S，接收器运动速度为 v_r，可得接收器接收到的频率为

$$f_{rs} = \frac{1+Ma_r}{1-Ma_S}f \tag{7-44-5}$$

4）介质运动，设介质运动速度为 v_m，得 $x = x_0 - v_m t$，根据式（7-44-1）可得

$$p = p_0 \cos\left\{(1+Ma_m)\left[\omega t - \frac{\omega}{c_0}x_0\right]\right\} \tag{7-44-6}$$

其中 $Ma_m = v_m/c_0$ 为介质运动的马赫数。介质向着接收点运动时 v_m（或 Ma_m）为正，反之为负。

可见，若声源和接收器不动，则接收器接收到的频率为

$$f_m = (1+Ma_m)f \tag{7-44-7}$$

还可看出，若声源和介质一起运动，则频率不变。

为了简单起见，本实验只研究第 2 种情况：声源、介质不动，接收器运动，且速度为 v_r。根据式（7-44-4）可知，改变 v_r 就可得到不同的 f_r 以及不同的 $\Delta f = f_r - f$，从而验证了多普勒效应。另外，若已知 v_r、f，并测出 f_r，则可算出声速 c_0，可将用多普勒频移测得的声速值与用时差法测得的声速作比较。若将仪器的超声换能器用作速度传感器，就可用多普勒效应来研究物体的运动状态。

2. 声速的几种测量原理

1）共振干涉法（驻波法）测量声速原理（参见实验 6 声速的测量）。

2）相位法测量原理（参见实验 6 声速的测量）。

3）时差法测量原理。

连续波经脉冲调制后由发射换能器发射至被测介质中，声波在介质中传播，经过 t 时间和 L 距离后，到达接收换能器。通过测量二换能器发射、接收平面之间的距离 L 和时间 t，就可以计算出当前介质下的声波传播速度。

【实验内容】

1）研究超声接收换能器的运动速度与接收频率的关系，验证多普勒效应。

2）用步进电动机控制超声换能器的运动速度，通过测频求出空气中的声速。

3）将超声换能器作为速度传感器，用于研究匀速直线运动、匀加（减）速直线运动、简谐振动等。

4）在直射式和反射式两种情况下，用时差法测量空气中的声速。

5）在直射式方式下，用相位法和驻波法测量空气中的声速。

6）设计性实验：用多普勒效应测量运动物体的未知速度。
7）设计性实验：利用超声波测量物体的位置及移动距离。

【实验步骤】

把测试架上收发换能器（固定的换能器为发射，运动的换能器为接受）及光电门 I 连在实验仪上的相应插座上，实验仪上的"发射波形"及"接收波形"与普通双路示波器相接，将"发射强度"及"接收增益"调到最大；将测试架上的光电门Ⅱ、限位及电动机控制接口与智能运动控制系统相应接口相连；将智能运动控制系统"电源输入"接实验仪的"电源输出"。开机后可进行下面的实验。

1. 验证多普勒效应

进入"多普勒效应实验"画面后，先"设置源频率"，用"▶""◀"增减信号频率，一次变化 10Hz，同时观察示波器的波形，当接收波幅达最大时，源频率即已设好。

接着转入"瞬时测量"，确保小车在两限位光电门之间后，开启智能运动控制系统电源，设置匀速运动的速度，使小车运动，测量完毕后，可得到过光电门时的信号频率、多普勒频移及小车的运动速度。

改变小车速度，反复多次测量，可作出 $\bar{f}$-$\bar{v}$ 或 $\Delta \bar{f}$-$\bar{v}$ 关系曲线。

改变小车的运动方向，再改变小车速度，反复多次测量，作出 $\bar{f}$-$\bar{v}$ 或 $\Delta \bar{f}$-$\bar{v}$ 关系曲线。

然后转入"动态测量"，记下不同速度时换能器的接受频率变化值。注意：动态测量仅限于小车运动速度较低时。

改变小车速度，反复多次测量，可作出 $\bar{f}$-$\bar{v}$ 或 $\Delta \bar{f}$-$\bar{v}$ 关系曲线。

改变小车的运动方向，再改变小车速度，反复多次测量，作出 $\bar{f}$-$\bar{v}$ 或 $\Delta \bar{f}$-$\bar{v}$ 关系曲线。

动态法可更直观地验证多普勒效应。

2. 用多普勒效应测声速

测量步骤和实验步骤 1 相同，只是转入"动态测量"或"瞬时测量"，小车运动速度由智能运动控制系统确定，频率由"动态测量"或"瞬时测量"确定，因而可由式（7-44-4）求出声速 c_0。进行多次测量后，求出声速的平均值，并与由时差法测出的声速作比较。

3. 研究物体的运动状态

将超声换能器用作速度传感器，可进行匀速直线运动、匀加（减）速直线运动、简谐振动等实验。这时应进入"变速运动实验"，设置好采样点数和采样步距后，"开始测量"，测量完后显示出结果。

进行运动实验时，除了用智能运动系统控制小车外，还可换用手动小车，这时注意应该推动小车系统的底部使小车运动，并且不能用力过大、过猛。

4. 用时差法测空气中的声速

可在直射式和反射式两种方式下进行，进入"时差法测声速"画面，这时超声发射换能器发出 75μs 宽（填充 3 个脉冲）、周期为 30ms 的脉冲波。在直射方式下，接收换能器接收直达波，在反射方式下接收由反射面来的反射波，这时显示一个 Δt 值：Δt_1；用步进电动机或用手移动小车（注意：用手移动小车时，最好通过转动步进电动机上的滚花帽使小车缓慢移动，以减小实验误差），或改变反射面的位置，再得到一个 Δt 值，即 Δt_2，从而算出声速值 c_0，$c_0 = \Delta x/(\Delta t_2 - \Delta t_1)$，其中 Δx 为小车移动的距离（可以直接从标尺上读出或参考控制器中显示的距离）或为反射法时前后两次经过反射面的声程差。

注意：对于时差法测量原理，t 为脉冲波从发射器到接收器的第一个波峰之间的时间；在移动 Δx 的过程中，只要 Δt 的变化是连续的，测量误差最小。

在用反射法测量声速时候，反射屏要远离两换能器，调整两换能器之间的距离、两换能器和反射屏之间的夹角 θ 以及垂直距离 L，如图 7-44-1 所示，使数字示波器（双踪，由脉冲波触发）接收到稳定波形；利用数字示波器观察波形，通过调节示波器使接受波形的某一波头 b_n 的波峰处在一个容易辨识的时间轴位置上，然后向前或向后水平调节反射屏的位置，使移动 ΔL，记下此时示波器中先前那个波头 b_n 在时间轴上移动的时间 Δt，如图 7-44-2 所示，从而得出声速值 $c_0 = \Delta x / \Delta t = 2\Delta L / (\Delta t \cdot \sin\theta)$。

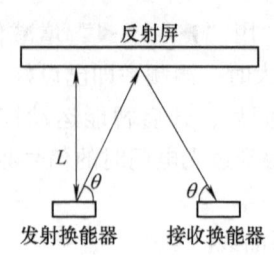

图 7-44-1 反射法测声速

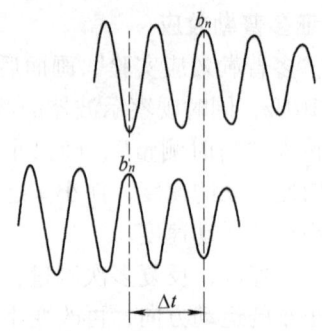

图 7-44-2 接收波形

用数字示波器测量时间同样适用于直射式测量，而且可以使测量范围增大。

重复上述实验，得到多个声速值，最后求出声速的平均值，再与多普勒效应得到的声速值及理论值相比较理论值为

$$c_0 = 331.45\sqrt{1 + t/273.16} \text{ m/s}$$

其中 t 为室温，单位为℃。

5. 用驻波法和相位法测定空气中声速

这时应进入"多普勒效应实验"画面，设置源频率，同时用示波器观察波形，应使接收波幅达到最大值。通过转动步进电动机上的滚花帽使小车缓慢移动来改变换能器位置。

用驻波法测量时，逐渐移动小车的距离，同时观察接收波的幅值，找出相邻两个振幅最大值（或最小值）之间的距离差，此距离差为 $\lambda/2$，λ 为声波的波长。通过 λ 和声波的频率 f 即可算出声速 c_0：$c_0 = \lambda f$。

用相位法测量时，在示波器的 X-Y 方式下观察反射波和接收波的李萨如图形，调节小车位置，观察到一斜线，再慢慢向一个方向移动小车，观察到同一方向的斜线时，记下距离差，此距离差即声波波长 λ，已知声波频率 f 即可算出声速 $c_0 = \lambda f$。

6. 设计性实验：用多普勒效应测量运动物体的未知速度

请实验者根据前面实验内容 1 的结果，结合智能运动系统，设计一个用多普勒效应测量运动物体未知速度的实验方案，包括原理、步骤和结果等。

*7. 设计性实验：利用超声波测量物体的位置及移动距离

请实验者根据前面实验内容 4 中关于时差法测声速的原理，结合智能运动控制系统及导轨标尺，设计一个用超声波测量物体的位置及移动距离的实验方案，包括原理、步骤、系统误差的处理和结果等。

【思考题】

1）公路上交警是如何利用多普勒效应测量车速的？
2）如何利用多普勒效应测量人体的血液流速？

【补充说明】

多普勒效应及声速综合测试仪使用说明

1. 多普勒效应及声速综合实验仪主画面

1) 开机时或按复位键时显示"欢迎使用多普勒效应及声速综合实验仪"。按"确认"键（即中心键）后显示主菜单："时差法测声速"，"多普勒效应实验"，"变速运动实验"，"数据查询"。

2) 按"▲""▼"键选择不同的任务，按"确认"键进入以下各任务。

① "时差法测声速"："时间差 Δt：×××μs"；"返回"，按"确认"键返回主菜单。

② "多普勒效应实验"："设置源频率"，"▶""◀"增减信号频率，一次变化10Hz；"瞬时测量"，测过光电门时的平均频率及平均速度；"动态测量"，不用光电门测得的动态频率（频率计）；"返回"，按"确认"键返回主菜单。

③ "变速运动实验"："采样点数"160，用"▲""▼"增减，一次变化1；"采样步距"65ms，用"▲""▼"增减，一次变化1ms；"开始测量"，进入测量状态，测量完后显示结果"$f\text{-}t$""数据""存储""返回"，按"▶""◀"键进入相关功能，若要对数据进行存储，先选择该功能，按下"确认"键后将显示"存储组别 x"，用"▲""▼"增减改变组别 x，然后按下"确认"键后将显示"已存储到组 x"，并自动回到原操作界面；"返回"，按"确认"键返回主菜单。

④ "数据查询"："变速运动数据组别 x"，用"▶""◀"键增减改变要查询的组别 x，按下"确认"键后显示相关信息"$f\text{-}t$""数据""存储""返回"，按"▶""◀"键切换到相关功能。

2. 智能运动控制系统

用于控制小车的启、停及小车作匀速运动的速度。此外，内建了七种变速运动模式：从零加速，后减速到零；再反向从零加速，后减速到零……不停地循环。

为了防止小车运动时发生意外，系统中设计有小车限位功能，该功能由光电门限位和行程开关控制组成。当小车运动到导轨两侧的限位光电门处时，根据不同的运行方式，小车会自行停止运行或反向运行；当因误操作致使小车越限光电门后，会触发行程开关，使系统复位停车，此时小车被锁住，需要切断测试架上的电动机开关按钮，移动小车到导轨中央位置后再接通电动机开关按钮，接着按一下复位开关即可。

注意：为了保证电动机运动状态的准确性，开启电源时必须确保小车起始位置在两限位光电门之间。

1) 在匀速运动模式下，即显示速度 v 为 0.×××m/s 或 -0.×××m/s（"-"表示方向为负），单击▶键，进入速度设定模式，显示速度 v 为 0.×××m/s 或 -0.×××m/s，并且高位"0"处于闪烁状态；这时再按▲键（速度增加）或▼键（速度减小）来对速度的大小进行设定，设定好后再单击▶键进行确定即可。

速度显示误差为±0.002m/s。此速度可以当成已经确定的物理量，也可以用外部测速装置来测量。

2) 单击▶❙启动/停止控制键，将使电动机加速启动到设定速度或从设定速度减速到停止运行（为了防止步进电动机的失步和过冲现象，需加速启动和减速停止）。此键在小车运行时才有效。

3) 在电动机停止时单击⇦正/反转控制键，速度显示方向改变，电动机下次的运行方向将会改变。需要注意的是，当电动机运行到导轨两侧的限定位置而停止时，只有按此键改变电动机运行方向才可反向运行。

4) 在速度设定完毕，即显示速度 v 为 0.XXXm/s 或 -0.XXXm/s 时，单击上键▲，将显示上次电动机运行的距离 D，显示为 XXX.XXmm 用于时差法测声速，再次单击此键将停止查看，恢复原来速度显示数。在查看的过程中，其他键盘将失效。

5) 速度设定完毕，单击下键▼，将进入最小步进距离 L 设定，显示 L0.XXX mm，并且最低位开始闪烁；此时按加键▲（加1）或减键▶（减1）来对该位的大小进行设定；再次单击下键▼，向左移位闪烁，再按加键▲（加1）或减键▶（减1）来对该闪烁位的大小进行设定……依次对各位进行设定，继续单击下键▼，直到自动显示速度 v 为 0.XXXm/s 或 -0.XXXm/s 时，表示设定完毕。最大步进距离可设定到 0.300mm，最小为 0.050mm，初始设定值为 0.102mm，具体设定方法见速度设定说明。

6) 在速度设定完毕后，按下▶键不放，直到数码管显示 ACCX 或 -ACCX 时再释放，即可进入变速运动模式；再次按▶键不放直到显示速度 v 为 0.XXXm/s 或 -0.XXXm/s 时将返回原来匀速运动模式。

7) 在变速运动模式下，当电动机处于停止状态时，单击下键▼，将改变速度曲线，总共有 7 条先加速后减速曲线（速度都是从 0.000m/s 加速到系统所能设定的速度最大值（0.475m/s）然后再减速停止），显示 ACCX 或 -ACCX，X 为 1~7。

8) 速度曲线选择好后，单击启动/停止控制键▶❙，将启动变速运行曲线，运行的过程中将显示瞬时速度 0.XXXm/s 或 -0.XXXm/s，反映瞬时速度的大小和方向变化。运动过程中再次单击启动/停止控制键▶❙，将停止运行变速曲线，显示 ACCX 或 -ACCX，X 为 1~7。

9) 在变速运动模式下，当电动机不运行时，单击正/反转控制键⇦，变速运动速度显示方向改变，电动机下次的运行方向将会改变。

10) 当变速运动停止时显示 ACCX 或 -ACCX，单击▲键将显示上次变速运行的距离 D，当 0mm<D<1000mm 时显示 XXX.XX mm；当 1000mm<D<10000mm 时显示 XXXX.X mm；当 10000mm<D<100000mm 时显示 XXXXX mm。

3. 速度设定说明

1) 启动电动机开始运行时，要先将固定接收换能器的小车置于导轨中间，即两个限位光电门之间的位置，然后按一下控制器后面的复位键或测试架上面的复位键即可做实验，若运动模式切换，需再重复上面操作，确保初始运动状态正确。

在匀速运动模式下，限位停车后，要按⇆键改变电动机运行方向后方可再按▶∥键启动运行；在变速运动模式下，到限位位置后，电动机运行方向将自动改变且继续运行，按▶∥启动/停止键才可停止运行。

若小车越限并触发行程开关后，小车将停车而被锁住。此时需要切断测试架上的电动机开关按钮，将小车移动到导轨中央位置后再接通电动机开关按钮，接着按一下复位开关，才能继续进行实验。

2）7 条加速曲线都是先从 0 加速到最大速度，然后再减速到 0；然后反向再从 0 加速到最大速度，再减速到 0……变速运行的距离可以查看。

3）通过外部测距来校对和设定电动机最小步进距离 L。先设定一个速度，使电动机匀速运行，运行一段距离后停车，记下控制器中显示的运行距离 D 和小车实际运行的距离 s（从标尺上读出）。由于步进电动机运行的步数一定，设原最小步进为 L，需设定的最小步进为 L_S，则有 $D/L = S/L_S$。把计算出的 L_S 值设入系统，那么下次运行距离显示值即为实际测量值。本系统已预置一个参考值 $L = 0.102\mathrm{mm}$，可以通过多次实验设定该值。

实验 45　光纤通信原理和光纤传感器特性研究

光纤通信已经成为通信网络中主要的传输方式，光纤通信技术是现代通信技术的主要技术之一，它具有通信容量大、传输质量高、抗电磁干扰能力强、体积小等优点，对国民经济的发展有着很大的影响。

【实验目的】

1）了解光纤通信所涉及的基本内容，深入理解光纤通信中的基本概念。通过对典型通信网（系统）光纤通信网络中所涉及的新技术应用，如当今光纤通信领域最流行的两个窗口波长 1310nm/1550nm，掌握光纤通信网（系统）的设计及相关技术。

2）了解和掌握光纤位移传感器的工作原理和性能。

3）了解和掌握光纤位移传感器用于测量转速的方法。

【实验仪器】

DH2003 型光纤通信实验仪、示波器、波形发生器。

实验 45-1　光纤通信原理

【实验原理】

1. 仪器组成

此系统由光纤数据发送和接收两部分组成。发送端分成数据采集、数据压缩、数据编码、数据光纤发送等；接收端分成数据光纤接收、数据解码、解压缩、输出等。

2. 光纤传输原理框图（见图 7-45-1 和图 7-45-2）

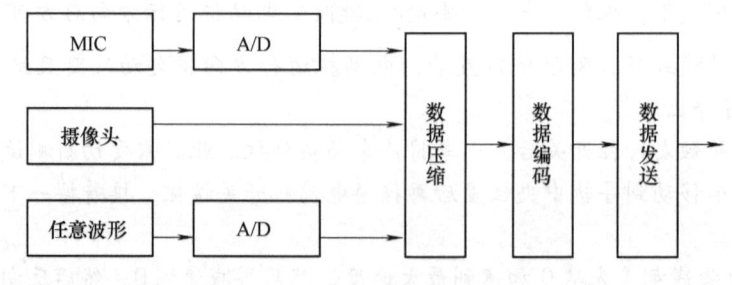

图 7-45-1　数据光纤发送框图

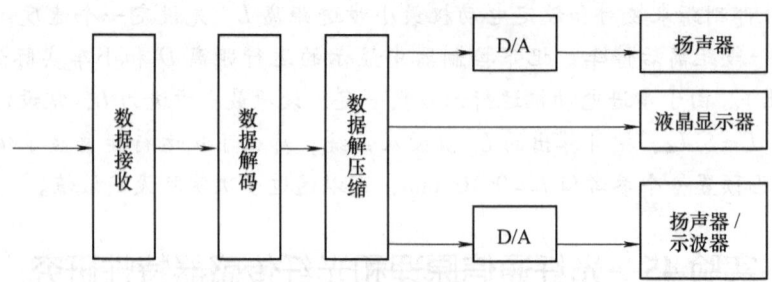

图 7-45-2　数据光纤接收框图

【实验内容】

1. 语音信号光纤传输实验

语音信号光纤传输主要通过 MIC 接收声音信号，声音信号经过数字编码送入光纤传输；接收端对接收的信号译码还原，通过 D/A 变换输出模拟信号。

2. 图像信号光纤传输系统实验

实验主要由摄像头摄取图像信号，并对图像信号进行 JPEG 压缩以及编码，编码后的信号送入光纤传输；接收端对接收的编码信号进行译码，并解压缩还原，用 320×240 点阵的液晶显示器显示。

3. 任意波形信号光纤传输系统实验

将各种模拟信号（如三角波、正弦波、外输入模拟信号等）进行光纤传输，用示波器观察输入信号波形，并和通过光纤传输后的输出波形进行比较。

【实验步骤】

1）把黄色光纤带的两头分别插在实验箱上黑色光纤接发模块中，没有方向要求，注意别损坏光纤头，确保光纤连接正常（一般情况下不要经常拔下光纤以免造成接触不良。若长期不做实验，可以把光纤移下来妥善保存，光纤收发模块的插孔也要封好）。

2）确认以上操作无误后，打开电源，实验箱上的红色指示灯点亮，液晶显示器显示 图像 声音 波形 的显示界面，按 选择 键，可依次选择图像功能、语音功能、任意波形功能，选中的功能呈反色显示，若按下复位键仍无法进行选择则检查光纤连接是否正常。按确认键后即可选中相应功能进入操作。

3) 进行声音传输实验　首先把麦克风插在实验箱面板左边芯片 SPCE061A 旁的插孔中，接着按 选择 键选中声音功能，液晶显示器显示 图像　声音　波形，再按下 确定 键进入声音功能；若选择功能无效，则先按复位键再重复进行以上操作。对准麦克风讲话或吹气，从实验箱侧面的扬声器将会有相同的声音输出，声音的大小可以通过实验箱上的调节旋钮进行调节。同时，把实验箱上波形输出端接到示波器上可以观察到声音波形。（注意：传声器不要离扬声器太近，同时输出调节旋钮也不要加到太大，以免输入信号和扬声器的输出信号相互干扰，对系统形成正反馈，发出刺耳声音，影响输出声音效果。）

4) 任意波形传输实验　首先让信号发生器的波形输出为正弦波并且波形的幅值预先设置为 0.2V 左右，频率设置为 200~300Hz，可用示波器先观察好；接着把信号发生器的波形输出端接到实验箱的波形信号输入端，示波器连接到实验箱的波形信号输出端。先按 复位 键使系统复位，再按 选择 键选中波形功能，液晶显示器显示 图像　声音　波形，然后按下 确定 键进入此功能。这时，从示波器上可以看见相应的波形，从扬声器也可听到单频声音（声音的大小可以通过实验箱上的调节旋钮进行调节），若改变信号的幅值和频率，示波器和扬声器的输出将随之改变。（注意：波形信号的幅值不要太大，最好不要超过 0.3V，实验时可以逐渐加大信号幅值，幅值过大会出现削波失真，实验时最好慢慢加大输入波形幅值，出现失真后就不要再继续加大幅值；同时，输入信号及探头的阻抗要与实验系统相匹配，否则会造成波形失真。）

5) 预存图片传输实验　按 复位 键使系统复位，按 选择 键选中图像功能，液晶显示器显示 图像　声音　波形，然后按 转换 键，选中图像预览，按 确认 键后在液晶显示器上可以看到预存的图像显示；接着按一下 选择 键，再按 确认 键可以看到另一幅图像在液晶显示器上显示；再按 选择 键、确认 键可以看见又一副图片；循环上步，可以看到多幅预存的图像，看完图片后按下复位键即可。

6) 摄像图片的传输功能　按 复位 键使系统复位，按 选择 键选中图像功能，液晶显示器显示 图像　声音　波形，在摄像头前方适当位置（3~5cm，正对摄像头）放一幅黑白对比度大的图片，按 确认 键，看见对应图像在液晶显示器上显示出来。（显示要花好几秒时间，请耐心等待。图片的显示质量与摄像头焦距、图片放置位置和光线强弱存在很大关系。注意：焦距在出厂前已调整到最佳，一般情况不要再作调整。）

【思考题】

1) 在光纤多媒体通信过程中，有哪些因素影响通信的准确性？

2) 在进行波形实验时，当给定的信号频率很高时输出会出现失真，试分析原因并说明对微控制器的要求。

3) 在进行图像实验时，我们会发现图像显示的速度不是很快，它与微控制器的速度和数码摄像模块有什么关系？

【补充说明】

仪器操作和显示

1. 按键操作部分

选择键：用于选择图像、声音、任意波形中的一种方式进行光纤传输操作。确认键：用于对所选择的一种功能确认，选择了一种传输方式后，按确认键后，所选的传输方式（操作）即开始。转换键：用于进入图片预览功能。复位键：用于系统重新启动。

2. 液晶显示屏

开机时，液晶显示器显示图像、声音、波形。按选择键，依次选择图像功能、语音功能、任意波形功能，选中的功能反色显示。按确认键，进入选中的相应功能操作。

实验 45-2　光纤传感器的位移特性

【实验原理】

本实验采用的是传光型光纤，它由两束光纤混合后，组成 Y 型光纤，半圆分布即双 D 型。其中一束光纤端部与光源相接发射光束，另一束端部与光电转换器相接接收光束。两光束混合后的端部是工作端，亦称探头，它与被测体相距 l，由光源发出的光传到端部发射后再经被测体反射回来，另一束光纤接收光信号，接收到的光信号由光电转换器转换成电信号。光电转换器转换的电信号大小与接收到的光信号的大小有关。

本实验中接收到的光信号的大小与发射端到被测物体之间的间距 l 有关，因此，测量由光电转换器转换成的电信号就可用于测量位移。另外，光电转换器转换的电信号大小还与被测物体的光反射量有关，换用不同的反射物体，接收到的光信号的大小是不同的，测量的灵敏度也就不同。

【实验步骤】

1）按图 7-45-3 将光纤传感器装于传感器支架的前一个安装孔上，两条光纤分别插入光纤变换座的发射和接收孔中。光纤变换座的内部已和发光管 D 及光电转换管 T 相接。

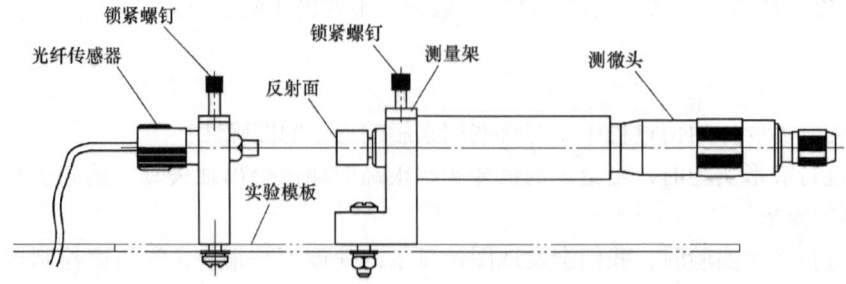

图 7-45-3　光纤传感器位移特性实验安装示意图

2）将光纤实验模板输出端 u_0 与电压表相连，见图 7-45-4。

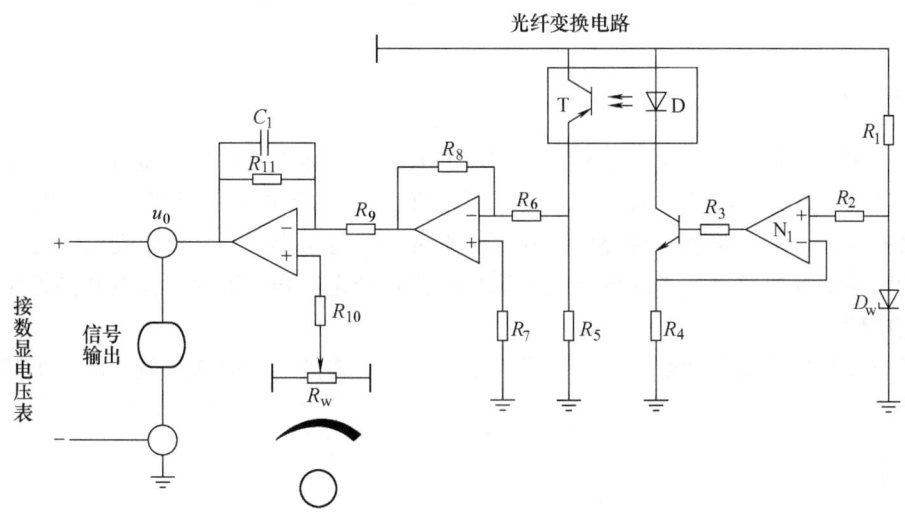

图 7-45-4　光纤传感器位移实验接线图

3）拧紧测微尺安装座上的锁紧螺钉，固定测微尺。调节测微头，使光纤传感器探头与测微尺圆平面平行。

4）打开电源开关，数显表选择 20V 挡。注意尽量减小环境光，不要将光纤传感器探头朝向环境光光源方向。将螺旋测微头移动到 25mm 处，调节 R_W 使数显表显示为零；再将数显表的切换开关选择 2V 挡，调节 R_W 使数显表显示接近零（也可略有正值），以消除环境光的影响。

5）将随机配备的 ϕ6mm 的圆形不干胶粘贴于测微尺圆平面上。旋转测微头，选择合适的电压测量量程，每隔 0.1mm 读出数显表值，将其填入表 7-45-1。注意实验过程中尽量避免环境光的变化。

表 7-45-1　光纤位移传感器输出电压与位移数据

l/mm										……
U/V										……

6）根据表 7-45-1 数据，作光纤位移传感器的位移特性曲线，计算在量程为 5mm 时的灵敏度和非线性误差。

7）换用不同颜色的不干胶粘贴于测微尺圆平面上，测量一组实验数据。比较不同的反射面的测量数据有何区别。

【思考题】

1）光纤位移传感器测位移时对被测体的表面有些什么要求？
2）为何单向移动测微头时，电压读数有时会大小跳变，而非连续变化？

实验 45-3　光纤传感器测量转速

【实验原理】

同实验45-2，但本实验中接收到的光信号的大小与被测物体的反射量有关。被测物体是一个可以转动的转盘，转盘上设有2个白色反射圆点，它能对照射到其上的光束较好地反射。转盘的其他部分为黑色，对照射到其上的光束的反射很小。当转盘转动时，光束周期性地照射到转动的反射圆点，光纤传感器周期性地接收到光信号，因此，光电转换器输出周期性变化的电信号。

由频率计测出该周期性变化的电信号频率，再根据转盘上的测速点数，就可折算成转速值 n。

【实验步骤】

将光纤传感器按图7-45-5装于传感器支架的后一个安装孔上，使光纤探头与电动机转盘的反射圆点对准，距离正好在光纤线性区域内。

打开电源开关，按图7-45-4将光纤传感器实验模板输出端 u_0 与电压表"＋"端相接，数显表的切换开关选择20V挡。电动机的转速调节电位器逆时针打到底，电动机停止，用手转动圆盘，使探头避开反射面，因为反射的光较小，光电转换器输出的电信号很小（暗电流），此时 u_0 的输出较小。调节 R_W 使数显表显示为零。

将 u_0 与频率表"＋"端相接，实验模板的接地端与频率表"－"端相接。

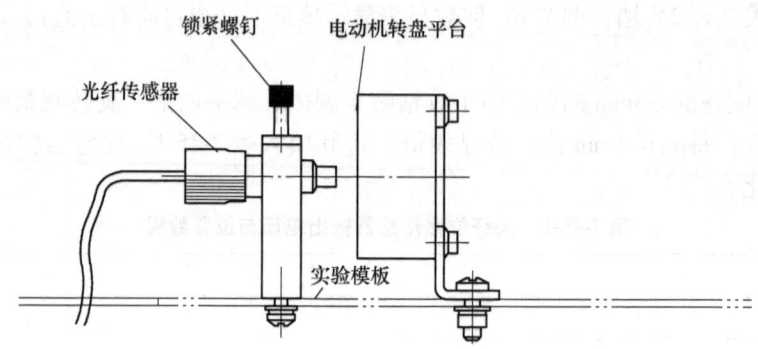

图7-45-5　光纤传感器测速实验安装示意图

顺时针调节转速电位器，使电动机开始转动，用示波器在信号输出端观察输出波形，调节光纤与电动机反射圆点的距离和位置，再适当调节示波器的通道增益和扫描时间，就可观察到 u_0 的波形，并看到该波形是一串随转速变化的脉冲波。注意该波形有何特点。频率表就是根据该脉冲测得 u_0 频率的，记下频率表的读数，根据转盘上的测速点数折算成转速值 n。计算公式为：$n =$（60×频率表显示值）/转盘上测速点数，n 的单位为 r/min，本实验转盘测速点数为2。

【思考题】

1) 测量转速时,转速盘上反射点(或吸收点)的多少是否影响测速精度?

2) 频率表的采样频率对测速精度有何影响?由于频率表的采样频率已经固化,所以同学们可以用实验来验证比较转盘上只有一个反射点时的情况。

3) 示波器观察到的 u_0 波形的幅度有什么特点?是否平坦?为什么幅度会有大小不同?

实验 46　超导磁悬浮演示实验

【实验目的】

1) 了解超导磁悬浮的基本原理。

2) 演示超导磁悬浮。

【实验仪器】

超导磁悬浮演示装置、液氮。

【实验原理】

超导磁悬浮演示装置由环形轨道、底盘、超导小车及磁感应辅助驱动系统等组成,其中轨道由铁环和吸附在其上的 NdFeB 永久磁铁材料构成,超导小车由小车模型、低温杜瓦容器和高性能单畴钇钡铜氧超导块材构成。

当钇钡铜氧超导材料被冷却到液氮温度(-196℃)时,它就从正常态转变为超导态。由屏蔽电流产生的磁场与轨道磁场相互排斥,如果排斥力大于小车的重量,车体就可以悬浮在空中。同时,在冷却过程中,由于超导体的磁通钉扎效应,一部分磁场被俘获在超导体内。这一俘获磁场与轨道磁场相互吸引。由于排斥力和吸引力同时存在,车体得以稳定地悬浮在轨道上方。

由于悬浮车和轨道之间没有直接的接触摩擦,只要沿轨道延伸方向给车体一个很小的推动力,悬浮车就将沿轨道延伸方向运动。如果轨道磁场非常均匀(没有磁阻尼的理想状态),且车体在封闭的真空状态下运动,车的运动速度将不会衰减。

【实验内容】

1) 将超导磁浮演示装置水平放置在桌面或演示台上,让底盘及环形轨道尽可能保持水平。

2) 将垫块沿轨道方向平放,取出超导小车,揭开小车模型,保持低温杜瓦在垫块上。

3) 戴上手套,从杜瓦容器中倒出一定量的液氮到一只小杯中,半杯为宜。谨防不要溅到皮肤上。

4) 将杯中的液氮缓慢倒入放置在垫块上的低温杜瓦中,不要太满,以免溢出。液氮蒸发到跟超导块大致齐平时,接着往低温杜瓦中倒入液氮,直到液氮的沸腾由剧烈变得平缓为止。

5）盖上小车模型盖，这时抽出垫块，会发现小车被一种力牢牢地钉扎在环形轨道上方，这就是超导材料的磁场钉扎效应。

6）沿轨道延伸方向轻推小车，小车将完全悬浮在空中，并沿环形轨道运动起来。

7）如想使小车行走得更快，可接通电源，让带有磁铁的转轮转动，则可使小车加速前进。注意使转轮转动方向跟小车前进方向保持一致。

8）大约10min后，低温杜瓦中的液氮将耗尽，超导块失超，小车将降落在轨道上并停止运动。如果希望超导小车不停地运动，则在液氮耗尽之前补充液氮即可。

【注意事项】

1）严禁用手接触液氮，避免将液氮溅到皮肤上，以防冻伤。

2）磁悬浮导轨有极强的磁场，严禁将铁质物品放于导轨上，以免取不下物品而损坏导轨。

【思考题】

1）磁悬浮演示装置与实际的磁悬浮列车原理是否一致？有什么相同点与不同点？

2）能否用普通容器盛放液氮？能否用普通保温瓶盛放液氮？

实验47　微波光学综合实验

微波波长从1m到0.1mm，其频率范围从300MHz～3000GHz，是无线电波中波长最短的电磁波。微波波长介于一般无线电波与光波之间，因此微波有似光性，它不仅具有无线电波的性质，还具有光波的性质，即具有光的直射传播、反射、折射、衍射、干涉等现象。由于微波的波长比光波的波长在量级上大10000倍左右，因此用微波进行波动实验将比光学方法更简便和直观。

【实验目的】

1）了解与学习微波产生的基本原理以及传播和接收等的基本特性。

2）观测微波干涉、衍射、偏振等实验现象。

3）观测模拟晶体的微波布拉格衍射现象。

【实验仪器】

DHMS—1型微波光学综合实验仪一套，包括：三厘米微波信号源、固态微波振荡器、衰减器、隔离器、发射喇叭、接收喇叭、检波器、检波信号数显器、可旋转载物平台和支架，以及实验用附件（如反射板、分束板、单缝板、双缝板、晶体模型、读数机构等）。

【实验原理】

1. 微波的产生

随着微波固态器件的发展，在教学中采用固态微波源代替速调管振荡器已成为趋势。体效应振荡器是将体效应管等部件装于金属谐振腔中构成的。该电路是采用一谐振腔作为体效应管的外电路，体效应管安装于谐振腔的下底，通过引线接在电源阳极（电压为 12V 左右），电源阴极接在谐振腔腔体上。构成体效应振荡器的二极管，其工作原理是基于多数载流子在单一半导体材料内的运动来产生微波振荡。体效应管是垂直于水平面放置的，所以电磁波电场矢量方向垂直水平面。腔体上底中心插入一圆柱调谐杆，通过改变调谐杆插入腔体内的深度来改变电容效应，从而改变工作频率。图 7-47-1 为振荡器剖面结构及相应的机械调频等效电路示意图。

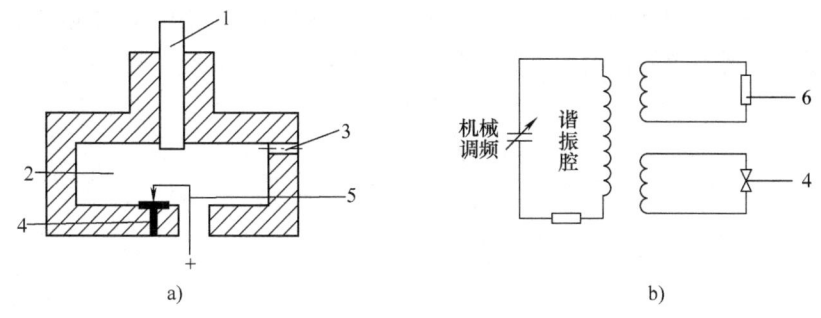

图　7-47-1
a）振荡器剖面图　b）等效电路图
1—调谐杆　2—谐振腔　3—输出孔　4—体效应管　5—偏压引线　6—负载

2. 实验仪器及工作原理

本实验采用一台类似于光学实验中分光计的微波分光计装置进行实验。

装置由微波三厘米固态信号电源、固态微波振荡器、衰减器、发射喇叭、载物平台、接收喇叭、检波器、液晶显示器等组成（选件：反射板、单缝、双缝、分束板、简单立方交替模型等）。

体效应振荡器经微波三厘米固态信号电源供电，使得体效应管内的载流子在半导体材料内运动，产生微波，经调谐杆调制到所要产生的频率。产生的微波经过衰减器（可以调节输出功率）由发射喇叭向空间发射（发射信号电矢量的偏振方向垂直于水平面）。微波碰到载物台上的选件，将在空间上重新分布。接收喇叭通过短波导管与放在谐振腔中的检波二极管连接，可以检测微波在 φ 平面的分布，检波二极管将微波转化为电信号，通过 A/D 转化，由液晶显示器显示。

【微波光学实验】

1. 微波的反射实验

电磁波在传播过程中遇到绝大部分障碍物时要发生反射，而微波的波长较一般电磁波短，所以更具方向性。如当微波在传播过程中，碰到一金属板反射，则同样遵循和光线一样的反射定律，即反射线在入射线与法线所决定的平面内，反射角等于入射角。

2. 微波的单缝衍射实验

当一平面微波入射到一宽度和波长可比拟的狭缝时，在缝后就要发生如光波一般的衍射现象。同样，中央零级最强，也最宽，在中央的两侧衍射波强度将迅速减小。根据光的单缝衍射公式推导可知，如为一维衍射，微波单缝衍射（见图 7-47-2）的强度分布规律为

$$I = I_0 \frac{\sin^2\mu}{\mu^2} \quad \text{其中,} \quad \mu = \frac{\pi\alpha\sin\varphi}{\lambda} \tag{7-47-1}$$

式中，I_0 是中央主极大中心的微波强度；α 为单缝的宽度；λ 是微波的波长；φ 为衍射角。一般可通过测量衍射屏上从中央向两边微波的强度变化来验证该公式。同时，与光的单缝衍射一样，当

$$\alpha\sin\varphi = \pm k\lambda \quad k = 1, 2, 3, \cdots \tag{7-47-2}$$

时，相应的 φ 角位置衍射强度为零。如测出衍射强度分布图（如图 7-47-2 所示），则可依据第一级衍射最小值所对应的 φ 角度，利用公式（7-47-2），求出微波波长 λ。

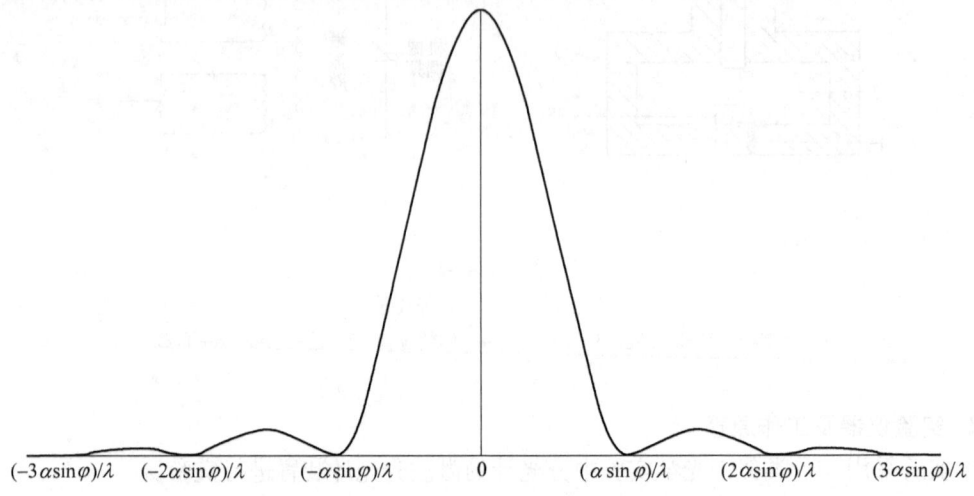

图 7-47-2 单缝衍射强度分布

3. 微波的双缝干涉实验

当一平面波垂直入射到一金属板的两条狭缝上时，狭缝就成为次级波波源。由两缝发出的次级波是相干波，因此在金属板的背后面空间中，将产生干涉现象。当然，波通过每个缝都有衍射现象。因此，实验将是衍射和干涉两者结合的结果。为了只研究主要来自两缝中央衍射波相互干涉的结果，令双缝的缝宽 α 接近 λ，例如：$\lambda = 3.2$ cm，$\alpha = 4$ cm。当两缝之间的间隔 b 较大时，干涉强度受单缝衍射的影响小，当 b 较小时，干涉强度受单缝衍射影响大。干涉加强的角度为

$$\varphi = \arcsin\left(\frac{k\lambda}{\alpha + b}\right) \quad k = 1, 2, 3, \cdots \tag{7-47-3}$$

干涉减弱的角度为

$$\varphi = \arcsin\left(\frac{2k+1}{2} \cdot \frac{\lambda}{\alpha + b}\right) \quad k = 1, 2, 3, \cdots \tag{7-47-4}$$

4. 微波的迈克尔逊干涉实验

在微波前进的方向上放置一个与波传播方向成 45°角的半透射半反射的分束板（见图 7-47-3）。将入射波分成两束波，一束向金属板 A 传播，另一束向金属板 B 传播。由于 A、B 金属板的全反射作用，两列波再回到半透射半反射的分束板，回合后到达微波接收器处。这两束微波同频率，在接收器处将发生干涉，干涉叠加的强度由两束波的波程差（即位相差）

决定。当两波的相位差为 $2k\pi$（$k = \pm 1$，± 2，± 3，…）时，干涉加强；当两波的相位差为 $(2k+1)\pi$ 时，干涉最弱。当 A、B 板中的一块板固定，另一块板可沿着微波传播方向前后移动，微波接收信号从极小（或极大）直到又一次极小（或极大）值时，则反射板移动了 $\frac{\lambda}{2}$ 距离，由这个距离就可求得微波波长。

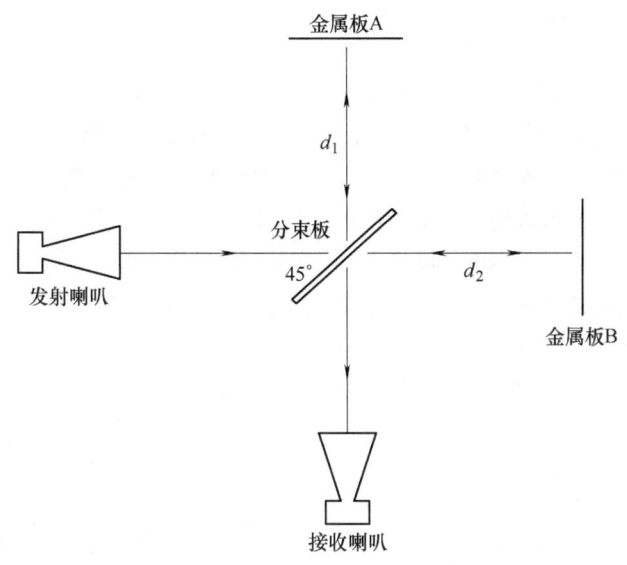

图 7-47-3　迈克尔逊干涉原理示意图

5. 微波的偏振实验

电磁波是横波，它的电场强度矢量 E 和波的传播方向垂直。如果 E 始终在垂直于传播方向的平面内一确定方向变化，这样的横电磁波叫线极化波，在光学中也叫偏振光。如一线极化电磁波以能量强度 I_0 发射，而由于接收器的方向性较强，只能吸收某一方向的线极化电磁波，相当于一光学偏振片，（参照《实验 30 偏振光的研究》图 4-30-4）。发射的微波电场强度矢量 E 经接受方向为 P_1 的接受器后强度为 I_0，经接收方向为 P_2 的接收器后（发射器与接收器类似起偏器和检偏器），其强度 $I = I_0\cos^2\alpha$，其中 α 为 P_1 和 P_2 的夹角。这就是光学中的马吕斯定律，它在微波测量中同样适用。

6. 模拟晶体的布拉格衍射实验

布拉格衍射是用 X 射线研究微观晶体结构的一种方法。因为 X 射线的波长与晶体的晶格常数同数量级，所以一般采用 X 射线研究微观晶体的结构。而在此用微波模拟 X 射线，照射到放大的晶体模型上，产生的衍射现象与 X 射线对晶体的布拉格衍射现象与计算结果都基本相似。所以，通过此实验会十分直观地加深理解微观晶体的布拉格衍射实验方法。

固体物质一般分晶体与非晶体两大类，晶体又分单晶体与多晶体。组成晶体的原子或分子按一定规律在空间周期性排列，而多晶体是由许多单晶体的晶粒组成。其中最简单的晶体结构如图 7-47-4 所示，在直角坐标中沿 X、Y、Z 三个方向，原子在空间依序重复排列，形成简单的立方点阵。组成晶体的原子可以看做处在晶体的晶面上，而晶体的晶面有许多不同的取向。图 7-47-4a 为最简立方点阵，图 7-47-4b 表示最重要也是最常用的三种晶面。这三种晶面分别为（100）面、（110）面、（111）面，圆括号中的三个数字称为晶面指数。一般而言，晶面指数为$(n_1 \ n_2 \ n_3)$的晶面族，其相邻的两个晶面间距$d = \alpha/\sqrt{n_1^2 + n_2^2 + n_3^2}$。显然，其中（100）面的间距$d$等于晶格常数$\alpha$；相邻的两个（110）面的晶面间距$d = \alpha/\sqrt{2}$；而相邻两个（111）面的晶面间距$d = \alpha/\sqrt{3}$。实际上还有许许多多更复杂的取法形成其他取向的晶面族。因微波的波长为几厘米，所以可用一些铝制的小球模拟微观原子，制作晶体模型。具体方法是将金属小球用细线串联在空间有规律地排列，形成如同晶体的简单立方点阵。各小球间距d设置为4cm（与微波波长同数量级）左右。当如同光波的微波入射到该模拟晶体结构的三维空间点阵时，因为每一个晶面相当于一个镜面，入射微波遵守反射定律，反射角等于入射角，如图7-47-5所示。而从间距为d的相邻两个晶面反射的两束波的波程差为$2d\sin\alpha$，其中α为入射波与晶面的夹角。显然，只是当满足

$$2d\sin\alpha = k\lambda \quad (k = 1, 2, 3, \cdots) \tag{7-47-5}$$

时，出现干涉极大。方程（7-47-5）称为晶体衍射的布拉格公式。
如果改用通常使用的入射角β表示，则式（7-47-5）为

$$2d\cos\beta = k\lambda \quad (k = 1, 2, 3, \cdots) \tag{7-47-6}$$

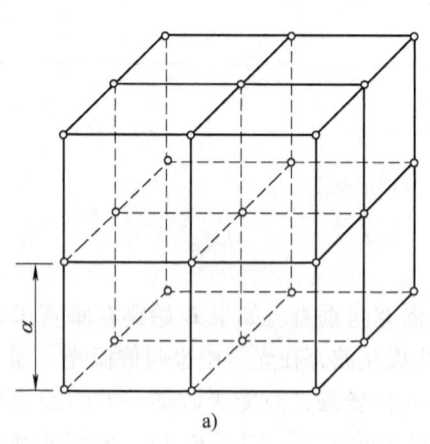 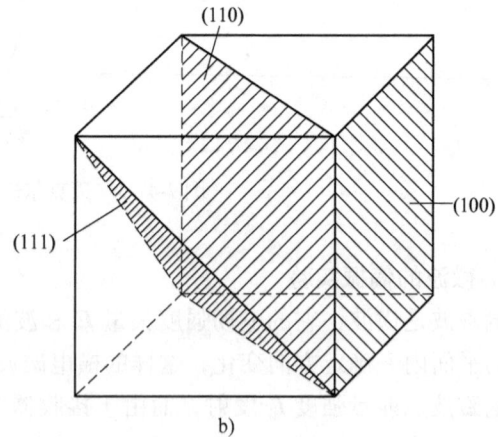

a) b)

图 7-47-4 晶体结构模型

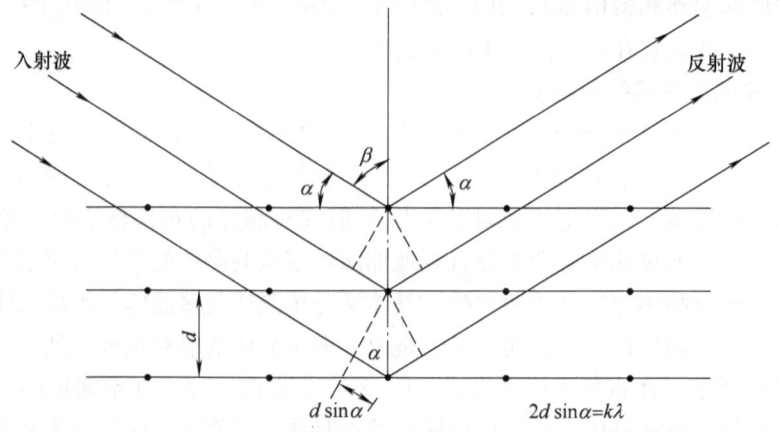

图 7-47-5 布拉格衍射

【实验内容】

1. 微波源基本特性观测（选做）

旋转调谐杆旋钮，改变频率，观察输入电流变化，了解固态微波信号源工作原理；改变接收喇叭短波导管处的负载与晶体检波器之间的距离，观察阻抗不匹配对输出功率的影响；也可改变频率，固定负载与晶体检波器之间的距离，观测频率的变化对输出功率的影响。

2. 微波的反射

将金属板平面安装在一支座上，安装时板平面法线应与支座圆座上指示线方向一致。将该支座放置在载物台上时，支座圆座上指示线指示在载物小平台0°位置。这意味着小平台零度方向即是金属反射板法线方向。转动小平台，使固定臂指针指在某一角度处，这角度读数就是入射角，然后转动活动臂在液晶显示器上找到一最大值，此时活动臂上的指针所指的小平台刻度就是发射角。如果此时电表指示太大或太小，应调整衰减器、固态振荡器或晶体检波器，使表头指示接近满量程。做此项实验，入射角最好取在30°~65°之间，因为入射角太大，接收喇叭有可能直接接收入射波，同时应注意系统的调整和周围环境的影响。

实验记录：

入射角/(°)	30	32	34	36	38	40	…	64
反射角/(°)								

3. 微波的单缝衍射

按需要调整单缝衍射板的缝宽。将单缝衍射板安置在支座上时，应使衍射板平面与支座圆座上指示线一致，将该支座放置在载物台上时，支座圆座上指示线应指示在载物小平台90°位置。转动小平台使固定臂的指针在小平台的180°处。此时，相当于微波从单缝衍射板法线方向入射。这时，让活动臂置小平台0°处，调整信号使电表指示接近满度，然后在单缝的两侧，每改变衍射角2°读取一次表头读数，并记录下来，然后就可以画出单缝衍射强度与衍射角度的关系曲线，并根据微波衍射强度一级极小角度和缝宽a，计算微波波长λ和其百分误差。

数据记录：

$\varphi/(°)$	0	2	4	6	8	…	50
$U_{左}$/mV							
$U_{右}$/mV							

4. 微波的双缝干涉

按需要调整双缝干涉板的缝宽。将双缝干涉板安置在支座上时，应使双缝板平面与支座圆座上指示线一致，将该支座放置在载物台上时，支座圆座上指示线应指示在载物小平台90°位置。转动小平台使固定臂的指针在小平台的180°处。此时，相当于微波从双缝干涉板法线方向入射。这时让活动臂置小平台0°处，调整信号使电表指示接近满度，然后在双缝的两侧，每改变衍射角1°读取一次液晶显示器的读数，并记录下来，然后就可以画出双缝干涉强度与角度的关系曲线，并根据微波衍射强度一级极小角度和缝宽a，计算微波波长λ和其百分误差。

数据记录：

$\varphi/(°)$	0	1	2	3	4	5	6	7	8	9	10	11	12	13	14	15	16
$U_左$/mV																	
$U_右$/mV																	
$\varphi/(°)$	17	18	19	20	21	22	23	24	25	26	27	28	29	30	31	32	33
$U_左$/mV																	
$U_右$/mV																	
$\varphi/(°)$	34	35	36	37	38	39	40	41	42	43	44	45	46	47	48	49	50
$U_左$/mV																	
$U_右$/mV																	

5. 微波的偏振干涉实验

按实验要求调整喇叭口面相互平行并正对共轴。为了避免小平台的影响，可以松开平台中心三个十字槽螺钉，把工作台放下。做实验时还应尽量减少周围环境的影响。调整信号使电表指示接近满度，然后旋转接收喇叭短波导的轴承环（相当于偏转接收器方向），每隔5°记录微安表头的读数。直至90°，就可得到一组偏振角度与微波强度关系数据，以验证马吕斯定律。

数据记录：

偏转角度/(°)		0	10	20	30	40	50	60	70	80	90
微波强度	理论(μA)	100	96.98	83.3	75.0	58.68	41.32	25.0	11.7	3.0	0
	实验(μA)										

6. 迈克尔逊干涉实验

在微波前进的方向上放置一半透明板，使半透明板与反射方向成45°角（见图7-47-3）。按实验要求安置固定反射板、可移动反射板、接收喇叭，使固定反射板固定在大平台上，并使其法线与接收喇叭的轴线一致。可移动反射板装在一旋转读数机构上后，将该可移动读数机构固定在大平台上，并使其法线与接收喇叭的轴心一致，然后移动旋转读数机构上的手柄，使可移反射板移动，测出 $n+1$ 个微波极小值，并同时从读数机构上读出可移动反射板的移动距离 L。波长满足 $\lambda = \dfrac{2L}{n}$。

最小点读数/mm							

7. 布拉格衍射

实验中两个喇叭口的安置同反射实验一样。模拟具体球应用模片调得上下应成为一方形点阵，各金属球点阵间距相同。模拟晶片架上的中心孔插在一专用支架上，将支架放至平台上时，应让晶体的中心轴与转动轴重合，并使所研究的晶面（100）法线正对小平台上的零刻度线。为了避免两喇叭之间波的直接入射，入射角 β 取值范围最好在30°~60°之间，寻找一级衍射极大。

数据记录：

入射角/(°)	30	33	36	39	42	45	48	…	60
反射角/(°)									
U/mV									

【实验思考】

1）在各实验内容中影响误差的主要因素是什么？

2）金属是一种良好的微波反射器。其他物质的反射特性如何？是否有部分能量透过这些物质还是被吸收了？比较导体与非导体的反射特性。

3）在实验中使发射器和接收器与角度计中心之间的距离相等有什么好处？

4）假如预先不知道晶体中晶面的方向，是否会增加实验的复杂性？又该如何定位这些晶面？

实验48 核 磁 共 振

【实验目的】

1）了解核磁共振基本原理。

2）学习利用核磁共振校准磁场和测量 g 因子的方法。

【实验仪器】

永久磁铁（含扫场线圈）、探头两个（样品分别为水和聚四氟乙烯）、数字频率计、示波器。

【实验原理】

核磁共振是重要的物理现象，核磁共振实验技术在物理、化学、生物、临床诊断、计量科学和石油分析与勘探等许多领域得到了重要应用。1945 年发现核磁共振现象的美国科学家铂塞耳（Purcell）和布洛赫（Bloch）1952 年获得诺贝尔物理学奖。在改进核磁共振技术方面作出重要贡献的瑞士科学家恩斯特（Ernst）1991 年获得诺贝尔化学奖。

大家知道，氢原子中电子的能量不能连续变化，只能取离散的数值。在微观世界中，物理量只能取离散数值的现象很普遍。本实验涉及到的原子核自旋角动量也不能连续变化，只能取离散值 $p=\sqrt{I(I+1)}\hbar$，其中 I 称为自旋量子数，只能取 0，1，2，3，…整数值或 1/2，3/2，5/2，…分数值。公式中的 $\hbar=h/(2\pi)$，而 h 为普朗克常量。对不同的核素，I 分别有不同的确定数值。本实验涉及的质子和氟核 ^{19}F 的自旋量子数 I 都等于 1/2。类似地，原子核的自旋角动量在空间某一方向，例如 z 方向的分量也不能连续变化，只能取离散的数值 $p_z = m\hbar$，其中量子数 m 只能取 I，$I-1$，…，$-I+1$，$-I$ 共 $(2I+1)$ 个数值。

自旋角动量不为零的原子核具有与之相联系的核自旋磁矩，简称核磁矩，其大小为

$$\mu = g\frac{e}{2m_p}p \tag{7-48-1}$$

其中，e 为质子的电荷；m_p 为质子的质量；g 是一个由原子核结构决定的因子。对不同种类的原子核，g 的数值不同，称为原子核的 g 因子。值得注意的是 g 可能是正数，也可能是负数。因此，核磁矩的方向可能与核自旋角动量的方向相同，也可能相反。

由于核自旋角动量在任意给定的 z 方向只能取 $(2I+1)$ 个离散的数值，因此核磁矩在 z

方向也只能取 $(2I+1)$ 个离散的数值

$$\mu_z = g \frac{e}{2m_p} p_z \tag{7-48-2}$$

原子核的磁矩通常用 $\mu_N = e\hbar/2m_p$ 作为单位，μ_N 称为核磁子。采用 μ_N 作为核磁矩的单位以后，μ_z 可记为 $\mu_z = gm\mu_N$。与角动量本身的大小 $\sqrt{I(I+1)}\hbar$ 相对应，核磁矩本身的大小为 $g\sqrt{I(I+1)}\mu_N$。除了用 g 因子表征核的磁性质外，通常引入另一个可以由实验测量的物理量 γ，γ 定义为原子核的磁矩与自旋角动量之比

$$\gamma = \mu/p = ge/2m_p \tag{7-48-3}$$

可写成 $\mu = \gamma p$，相应地有 $\mu_z = \gamma p_z$。

当不存在外磁场时，每一个原子核的能量都相同，所有原子核处在同一能级。但是，当施加一个磁感应强度为 B 的外磁场后，情况发生变化。为方便起见，通常把 B 的方向规定为 z 方向，由于外磁场 B 与磁矩的相互作用能为

$$E = -\mu B = -\mu_z B = -\gamma p_z B = -\gamma m\hbar B \tag{7-48-4}$$

因此，量子数 m 取值不同，核磁矩的能量也就不同，从而原来简并的同一能级分裂为 $(2I+1)$ 个子能级。由于在外磁场中各个子能级的能量与量子数 m 有关，因此，量子数 m 又称为磁量子数。这些不同子能级的能量虽然不同，但相邻能级之间的能量间隔 $\Delta E = \gamma\hbar B$ 却是一样的。而且，对于质子而言，$I = 1/2$，因此，m 只能取 $m = 1/2$ 和 $m = -1/2$ 两个数值，施加磁场前后的能级分别如图 7-48-1a 和图 7-48-1b 所示。

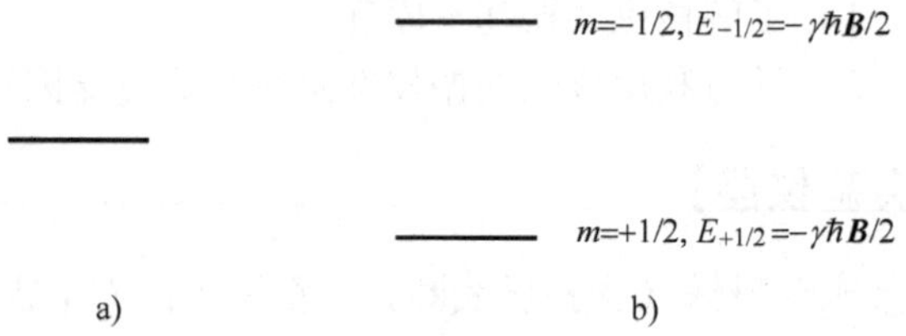

$m = -1/2, E_{-1/2} = -\gamma\hbar B/2$

$m = +1/2, E_{+1/2} = -\gamma\hbar B/2$

a)　　　　b)

图 7-48-1

当施加外磁场 B 后，原子核在不同能级上的分布服从玻尔兹曼分布，显然处在下能级的粒子数要比上能级的多，其差数由 ΔE 大小、系统的温度和系统的总粒子数决定。这时，若在与 B 垂直的方向上再施加一个高频电磁场，通常为射频场，当射频场的频率满足：

1) 当 $h\nu = \Delta E$ 时会引起原子核在上下能级之间跃迁，但由于一开始处在下能级的核比在上能级的要多，因此，净效果是往上跃迁的比往下跃迁的多，从而使系统的总能量增加，这相当于系统从射频场中吸收了能量。

2) 当 $h\nu = \Delta E$ 时，引起的上述跃迁称为共振跃迁，简称为共振。显然，共振时要求 $h\nu = \Delta E = \gamma\hbar B$，从而要求射频场的频率满足共振条件

$$\nu = \frac{\gamma}{2\pi} B \tag{7-48-5}$$

如果用角频率 $\omega = 2\pi\nu$ 表示，共振条件可写成

$$\omega = \gamma B \tag{7-48-6}$$

如果频率的单位用 Hz，磁场的单位用 T（特斯拉），对裸露的质子而言，经过大量测量得到 $\gamma/2\pi = 42.577469\text{MHz/T}$，但是，对于原子或分子中处于不同基团的质子，由于不同质子所处的化学环境不同，受到周围电子屏蔽的情况不同，$\gamma/2\pi$ 的数值将略有差别，这种差别称为化学位移。对于温度为 25℃ 球形容器中水样品的质子，$\gamma/2\pi = 42.577469\text{MHz/T}$，本实验可采用这个数值作为很好的近似值。通过测量质子在磁场 B 中的共振频率 ν_H 可实现对磁场

的校准，即

$$B = \frac{\nu_H}{\gamma/2\pi} \tag{7-48-7}$$

反之，若 B 已经校准，通过测量未知原子核的共振频率 ν 便可求出原子核的 γ 值（通常用 $\gamma/2\pi$ 值表征）或 g 因子

$$\frac{\gamma}{2\pi} = \frac{\nu}{B} \tag{7-48-8}$$

$$g = \frac{\nu/B}{\mu_N/h} \tag{7-48-9}$$

其中，$\mu_N/h = 7.6225914\text{MHz/T}$。

通过上述讨论，要发生共振，必须满足 $\nu = (\gamma/2\pi)B$。为了观察到共振现象，通常有两种方法：一种是固定 B，连续改变射频场的频率，这种方法称为扫频方法；另一种方法，也就是本实验采用的方法，即固定射频场的频率，连续改变磁场的大小，这种方法称为扫场方法。如果磁场的变化不是太快，而是缓慢通过与频率 ν 对应的磁场，用一定的方法可以检测到系统对射频场吸收信号，如图 7-48-2a 所示，称为吸收曲线，这种曲线具有洛伦兹型曲线的特征。但是，如果扫场变化太快，得到的将是如图 7-48-2b 所示的带有尾波的衰减振荡曲线。然而，扫场变化的快慢是相对具体样品而言的。例如，本实验采用的扫场为频率 50Hz、幅度在 $10^{-5} \sim 10^{-3}$T 的交变磁场，对固态的聚四氟乙烯样品而言是变化十分缓慢的磁场，其吸收信号将如图 7-48-2a 所示，而对于液态的水样品而言却是变化太快的磁场，其吸收信号将如图 7-48-2b 所示，而且磁场越均匀，尾波中振荡的次数越多。

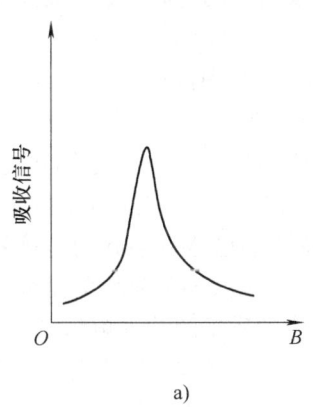
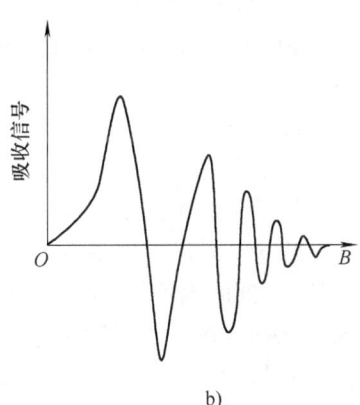

图 7-48-2

【实验内容】

1. 校准永久磁铁中心的磁场 B_0

把样品为水（掺有硫酸铜）的探头插入到磁铁中心，并使测试仪前端的探测杆与磁场在同一水平方向上，左右移动测试仪使它大致处于磁场的中间位置。将测试仪前面板上的"频率输出"和"NMR 输出"分别与频率计和示波器连接。把示波器的扫描速度旋钮放在 1ms/格位置，纵向放大旋钮放在 0.5V/格或 1V/格位置。"X 轴偏转输出"与示波器上加到示波器的 X 轴（外接）连接，打开频率计、示波器和核磁共振仪电源的工作电源开关以及

扫场电源开关，这时频率计应有读数。连接好"扫场电源输出"与磁场底座上的"扫场电源输入"，打开电源开关并把输出调节在较大数值，缓慢调节测试仪频率旋钮，改变振荡频率（由小到大或由大到小），同时监视示波器，搜索共振信号。

什么情况下才会出现共振信号？共振信号又是什么样呢？

如今，磁场是永久磁铁的磁场 B_0 和一个 50Hz 的交变磁场叠加的结果，总磁场为

$$B = B_0 + B'\cos\omega't \tag{7-48-10}$$

式中，B' 是交变磁场的幅度；ω' 是市电的角频率。总磁场在 $(B_0 - B') \sim (B_0 + B')$ 的范围内按图 7-48-3 的正弦曲线随时间变化。由式（7-48-6）可知，只有 ω/γ 落在这个范围内才能发生共振。为了容易找到共振信号，要加大 B'，即把扫场的输出调到较大数值，使可能发生共振的磁场变化范围增大；另一方面要调节射频场的频率，使 ω/γ 落在这个范围。一旦 ω/γ 落在这个范围，在磁场变化的某些时刻总磁场 $B = \omega/\gamma$，在这些时刻就能观察到共振信号，如图 7-48-3 所示，共振发生在 $B = \omega/\gamma$ 的水平虚线与代表总磁场变化的正弦曲线交点对应的时

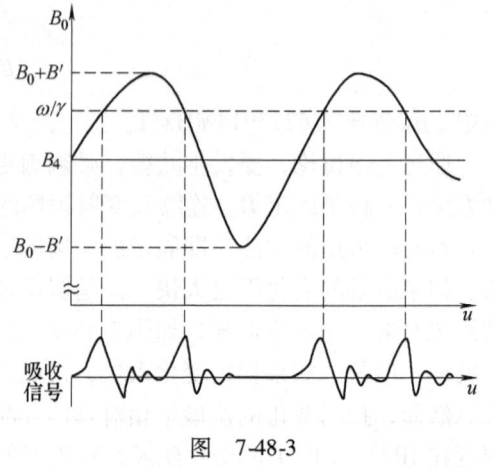

图 7-48-3

刻。如前所述，水的共振信号将如图 7-48-2b 所示，而且磁场越均匀尾波中的振荡次数越多，因此，一旦观察到共振信号，应进一步仔细调节测试仪所在的左右位置，使尾波中振荡的次数最多，亦即使探头处在磁铁中磁场最均匀的位置。

由图 7-48-3 可知，只要 ω/γ 落在 $(B_0 - B') \sim (B_0 + B')$ 范围内就能观察到共振信号，但这时 ω/γ 未必正好等于 B_0。从图上可以看出，当 $\omega/\gamma \neq B_0$ 时，各个共振信号发生的时间间隔并不相等，共振信号在示波器上的排列不均匀。只有当 $\omega/\gamma = B_0$ 时，它们才均匀排列，这时共振发生在交变磁场过零时刻，而且从示波器的时间标尺可测出它们的时间间隔为 10ms。当然，当 $\omega/\gamma = B_0 - B'$ 或 $\omega/\gamma = B_0 + B'$ 时，在示波器上也能观察到均匀排列的共振信号，但它们的时间间隔不是 10ms，而是 20ms。因此，只有当共振信号均匀排列而且间隔为 10ms 时才有 $\omega/\gamma = B_0$，这时频率计的读数才是与 B_0 对应的质子的共振频率。

作为定量测量，我们除了要求出待测量的数值外，还关心如何减小测量误差并力图对误差的大小作出定量估计，从而确定测量结果的有效数字。从图 7-48-4 可以看出，一旦观察到共振信号，B_0 的误差不会超过扫场的幅度 B'。因此，为了减小估计误差，在找到共振信号之后应逐渐减小扫场的幅度 B'，并相应地调节射频场的频率，使共振信号保持间隔为 10ms 的均匀排列。在能观察到和分辨出共振信号的前提下，力图把 B' 减小到最小程度，记下 B' 达到最小而且共振信号保持间隔为 10ms 均匀排列时的频率 ν_H，利用水中质子的 $\gamma/2\pi$ 值和式（7-48-7）求出磁场中待测区域的 B_0 值。顺便指出，当 B' 很小时，由于扫场变化范围小，尾波中振荡的次数也少，这是正常的，并不是磁场变得不均匀。

为了定量估计 B_0 的测量误差 ΔB_0，首先必须测出 B' 的大小。可采用以下步骤：保持这时扫场的幅度不变，调节射频场的频率，使共振先后发生在 $(B_0 + B')$ 与 $(B_0 - B')$ 处，这时，图 7-48-4 中与 ω/γ 对应的水平虚线将分别与正弦波的峰顶和谷底相切，即共振分别

发生在正弦波的峰顶和谷底附近。这时从示波器看到的共振信号均匀排列，但时间间隔为 20ms，记下这两次的共振频率 ν'_H 和 ν''_H，利用公式

$$B' = \frac{(\nu'_H - \nu''_H)/2}{\gamma/2\pi} \tag{7-48-11}$$

可求出扫场的幅度。

实际上，B_0 的估计误差比 B' 还要小，这是由于借助示波器上网格的帮助，共振信号排列均匀程度的判断误差通常不超过 10%，由于扫场大小是时间的正弦函数，容易算出相应的 B_0 的估计误差是扫场幅度 B' 的 80% 左右，考虑到 B' 的测量本身也有误差，可取 B' 的 1/10 作为 B_0 的估计误差，即取

$$\Delta B_0 = \frac{B'}{10} = \frac{(\nu'_H - \nu''_H)/20}{\gamma/2\pi} \tag{7-48-12}$$

式（7-48-12）表明，由峰顶与谷底共振频率差值的 1/20，利用 $\gamma/2\pi$ 数值可求出 B_0 的估计误差 ΔB_0，本实验 ΔB_0 只要求保留一位有效数字，进而可以确定 B_0 的有效数字，并要求给出测量结果的完整表达式，即

$$B_0 = 测量值 \pm 估计误差$$

现象观察：适当增大 B'，观察到尽可能多的尾波振荡，然后向左（或向右）逐渐移动测试仪在磁场中的左右位置，使前端的样品探头从磁铁中心逐渐移动到边缘，同时观察移动过程中共振信号波形的变化并加以解释。

选做实验：利用样品为水的探头，把测试仪移到磁场的最左（或最右），测量磁场边缘的磁场大小。

2. 测量 ^{19}F 的 g 因子

把样品为水的探头换为样品聚四氟乙烯的探头，并放在测试仪相同的位置。示波器的纵向放大旋钮调节到 50mV/格或 20mV/格，用与校准磁场过程相同的方法和步骤测量聚四氟乙烯中 ^{19}F 与 B_0 对应的共振频率 ν_F 以及在峰顶及谷底附近的共振频率 ν'_F 及 ν''_F，利用 ν_F 和式（7-48-9）求出 ^{19}F 的 g 因子。根据式（7-48-9），g 因子的相对误差为

$$\frac{\Delta g}{g} = \sqrt{\left(\frac{\Delta \nu_F}{\nu_F}\right)^2 + \left(\frac{\Delta B_0}{B_0}\right)^2} \tag{7-48-13}$$

式中，B_0 和 ΔB_0 为校准磁场得到的结果，与上述估计 ΔB_0 的方法类似，可取 $\Delta \nu_F = (\nu'_F - \nu''_F)/20$ 作为 ν_F 的估计误差。

求出 $\Delta g/g$ 之后可利用已算出的 g 因子求出绝对误差 Δg，Δg 也只保留一位有效数字，并由它确定 g 因子测量结果的完整表达式。

在观测聚四氟乙烯中氟的共振信号时，比较它与掺有硫酸铜的水样品中质子的共振信号波形的差别。

实验 49　塞曼效应实验

当把光源放到足够强的磁场中，原来的一条光谱线将分裂成几条光谱线，此效应是塞曼（Zeeman）于 1896 年发现的，因而称为塞曼效应。塞曼效应分裂的光谱线是偏振的，分裂的条数随着能级的不同而不同。一条光谱线分裂成三条的，成为正常塞曼效应；分裂的光谱

线为三条以上的，称为反常塞曼效应。从塞曼效应实验中，可以得到有关能级分裂的证据。至今，此类实验仍是研究原子内部能级结构的重要方法之一。

【实验目的】

1）理解塞曼效应的原理。
2）观察 Hg 光谱线在磁场中分裂的情况，并测其分裂间距。

【实验仪器】

塞曼效应仪。

【实验原理】

原子中的电子作轨道运动产生轨道磁矩，电子还具有自旋运动产生自旋磁矩。轨道磁矩和自旋磁矩合成原子的总磁矩。由于外磁场的力矩作用，使总磁矩绕磁场方向旋进，旋进所引起的附加能

$$\Delta E = Mg\mu_B B \tag{7-49-1}$$

式中，M 是磁量子数；g 是朗德因子；μ_B 为玻尔磁子；B 是外磁场的磁感应强度。

对于 L-S 耦合

$$g = 1 + \frac{J(J+1) - L(L+1) + S(S+1)}{2J(J+1)} \tag{7-49-2}$$

式中，J 为总角动量量子数；L 为轨道量子数；S 为自旋量子数。g 因子表征了原子的总磁矩与总角动量的关系，而且决定了能级在磁场中分裂的大小。

J 一定时，M 取值为：$M = J, J-1, \cdots, -J$，即共有 $2J+1$ 个 M 值。这样，无磁场时的一个能级，在外磁场的作用下，分裂成 $2J+1$ 个子能级。设频率为 ν 的光谱线是由能级 E_2 和 E_1 之间跃迁产生的，则

$$\nu = \frac{1}{h}(E_2 - E_1)$$

在磁场中，上、下能级分别有 $2J_2+1$ 和 $2J_1+1$ 个子能级，附加能量分别为 ΔE_2 和 ΔE_1 的子能级间跃迁产生的新的谱线频率

$$\nu' = \frac{1}{h}(E_2 + \Delta E_2) - \frac{1}{h}(E_1 + \Delta E_1)$$

分裂后的谱线频率与原谱线的频率差为

$$\Delta \nu = \nu' - \nu = \frac{1}{h}(\Delta E_2 - \Delta E_1) = (M_2 g_2 - M_1 g_1)\frac{\mu_B B}{h}$$

将玻尔磁子 $\mu_B = \frac{eh}{4\pi m_e}$ 代入上式得

$$\Delta \nu = (M_2 g_2 - M_1 g_1)\frac{e}{4\pi m_e}B \tag{7-49-3}$$

上式若用波数差 $\Delta \bar{\nu}$ 表示，则有

$$\Delta \bar{\nu} = (M_2 g_2 - M_1 g_1)\frac{e}{4\pi m_e c}B$$

引入洛伦兹单位 $L = \dfrac{eB}{4\pi m_e c}$，则

$$\overline{\Delta \nu} = (M_2 g_2 - M_1 g_1) L \tag{7-49-4}$$

式中的 M 的变化要满足选择定则 $\Delta M = 0, \pm 1$。

1）当 $\Delta M = 0$，从垂直于磁场方向观察时，所见为线偏振光。此线偏振光的振动方向平行于磁场方向，这种谱线称为 π 线。这种情况下，从平行于磁场方向观察时，看不见此谱线。

2）当 $\Delta M = \pm 1$，从垂直于磁场方向观察时，所见为线偏振光。此线偏振光的振动方向垂直于磁场方向，该谱线称为 σ 线。从平行于磁场方向观察时，产生圆偏振光，圆偏振光的转向依赖于 ΔM 的正负。沿磁场方向观察时，$\Delta M = +1$ 时，为左旋圆偏振光，$\Delta M = -1$ 时，为右旋圆偏振光。

本实验是研究汞放电管波长为 546.1nm 的绿光谱线的塞曼分裂，即观察或拍摄 Hg 光谱线在磁场中分裂的情况，并测出其裂距，计算电子的荷质比 (e/m_e)。

汞的 546.1nm 光谱线是 $(6s7s\,^3S_1\text{---}6s6p\,^3P_2)$ 能级跃迁产生的。对应于各能级的量子数和 g，M 的值列表如下：

	L	J	S	g	M
初态 $^3S_1$	0	1	1	2	1, 0, -1
末态 $^3P_2$	1	2	1	3/2	2, 1, 0, -1, -2

在外磁场作用下，能级分裂如图 7-49-1 所示。图为汞的 546.1nm 光谱线在外磁场作用下，分裂成 9 条等间距的谱线，属于反常塞曼效应。垂直于磁场方向观察，将看到 π 分支线或 σ 分支线；沿磁场方向观察，只能看到左旋圆偏振光和右旋圆偏振光。

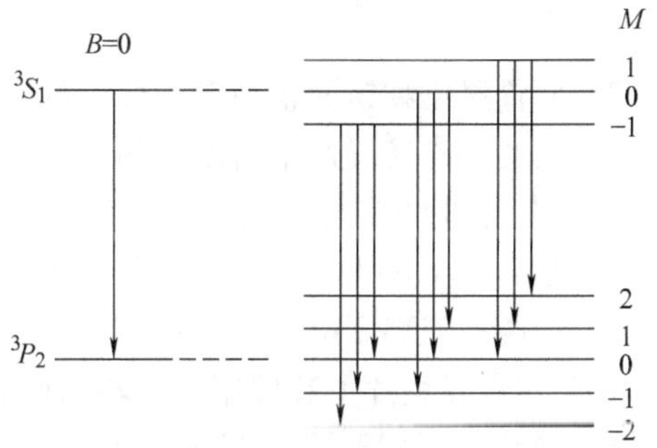

图 7-49-1　Hg 绿线在磁场中的塞曼分裂图

【实验装置】

实验装置如图 7-49-2 所示。图中光源为笔形汞灯，放置在电磁铁（N，S）两磁极之间的中央处。用 220V 交流电源通过自耦变压器，再接到漏磁变压器上点燃汞灯。

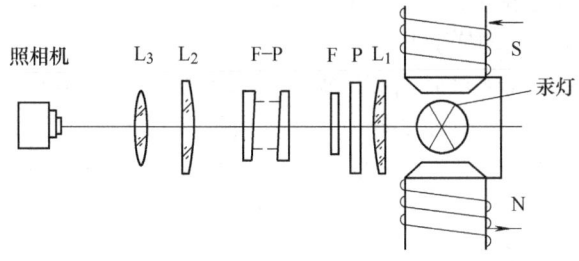

图 7-49-2　实验装置系统示意图

N，S 为电磁铁两磁极，电磁铁安装在一固定底座上，可绕底座旋转 360°，并可旋转在任意位置锁紧。电磁铁用 5A，50V 可调直流稳压电源供电。磁感应强度用特斯拉计测量。

L_1 为会聚透镜，使射入标准具的光线近似为平行光线。P 为偏振片，在垂直磁场方向观察时，用于鉴别 π 成分和 σ 成分；沿磁场方向观察时，它与 1/4 波片一起，用以鉴别左旋或右旋圆偏振光。F 为透射干涉滤光片，用来选取实验所需的波长。F-P 为法布里-珀罗标准具（或干涉仪），简称 F-P 标准具。F-P 标准具是产生等倾干涉的器件，其干涉花纹是一组同心圆环。L_2 为成像透镜，使 F-P 标准具形成的干涉条纹成像于焦平面上，L_3 为摄物物镜。以上各光学元件，均安置在同一光具座上。读数显微镜或照相机是用来观察或拍摄干涉条纹和测量干涉圆环的直径的。

【实验内容】

1. 观察 Hg 的 546.1nm 谱线在磁场中的分裂情况

（1）横向塞曼

1）将导轨放置在长工作台上，调整水平螺钉，使导轨成水平状态。

2）将电磁铁（带转座）放在工作台上紧靠导轨尾部。连接稳流稳压电源。

3）把笔型汞灯放在电磁铁的磁极间，用漏磁变压器点燃汞灯。

4）放置聚光透镜使它的照明光斑均匀。

5）放置干涉滤光片要求汞灯光斑充满干涉滤光片孔径。

6）放置法布里-珀罗标准具要求与干涉滤光片同轴，调整微调螺钉，使两镜片严格平行。

7）放置摄谱物镜调整高度与标准具镜片同轴。

8）放置摄谱装置调整高度与物镜同轴（若摄谱装置高度不可调，应先以摄谱装置为参考，调整其他部件使与之同轴），然后移动摄谱物镜从照相机取景器（或摄谱装置的看谱镜）中观察（取下照相机镜头）看到清晰的干涉图像。

9）接通稳流稳压电源，逐步增强电流从取景器中看到清晰的塞曼分裂谱线九条。

10）在聚光镜片上装偏振片，转动偏振片即可看到塞曼 π 分量和 σ 分量。

11）摄谱可用 135 黑白胶卷（曝光时间不加磁场约 1min，加磁场约为 1.5min，加偏振片约为 2min，供参考）。

12）谱片可用读数显微镜测量。

（2）纵向塞曼

1）抽掉电磁铁一端的 φ6mm 芯棒将电磁铁旋转 90° 使汞灯光束从小孔中射出。

2）部件的安置调整与横向实验相同。

3）在电磁铁小孔前加 λ/4 波片给圆偏振光以附加的 π/2 位相差，使圆偏振光变为线偏振光，波片上箭头指标方向的慢轴方向，表示位相差落后 π/2，偏振片顺时针旋转 45°时，可见分裂的两条谱线其中一条消失了；偏振片逆时针旋转 45°时，可见消失的一条谱线重现，而另一条消失，证实分裂的两条谱线是左、右旋圆偏振光。

4）摄谱方法与横向实验相同。

2. 用读数显微镜测量干涉圆环的直径及其塞曼分裂的裂距

1）如图 7-49-3 所示，图中 D_k 和 D_{k-1} 是同一波长相邻两级（即第 k 级和第 $k-1$ 级）圆环的直径。D_a 和 D_b 是对应于第 k 级分裂谱线中波长为 λ_a 和 λ_b 的两圆环的直径。调好读数显微镜，并将读数显微镜镜筒移到标尺的中部位置。当从读数显微镜中看到清晰且亮度对称的绿色同心干涉圆环时，再把镜筒移至左侧某处，令叉丝交点对准某一视为 $(k-2)$ 级的干涉条纹，然后从左到右依次测出 $(k-1)$ 级和 k 级两相邻圆环的左右坐标，算出相应的直径，如图 7-49-3 所示，注意，测量时，读数显微镜镜筒只朝一个方向移动，中途不得倒退。

2) 测量 Hg 的波长为 546.1nm 的光谱线在磁场作用下塞曼分裂的裂距。

测完零磁场时的干涉圆环的直径后（或在此之前），在光路中先置入偏振片，并使其振动方向平行于预定的磁场方向，再加磁场，逐渐增大磁感应强度至适当值（在 1T 范围之内），使从读数显微镜中看到一条光谱线分裂成三条清楚的子谱线，如图 7-49-3 所示。再按照方法 1) 测出第 k 级圆环的分裂谱线的左右坐标，并求出其分裂圆环的直径 D_b 和 D_a。最好将 1)、2) 两步骤结合在显微镜筒的同一次移动中测完。

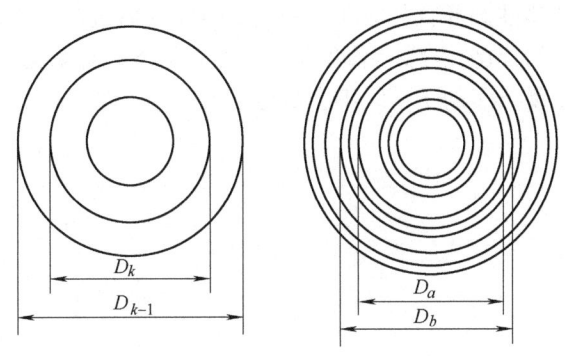

图 7-49-3　F-P 干涉条纹及正常塞曼分裂图

3. 用特斯拉计测量磁场感应强度的值

4. 计算电子的荷质比 (e/m_e)。

对正常塞曼效应，分裂谱线与原谱线之间的波数差（即裂距）为

$$\Delta \bar{\nu} = L = \frac{eB}{4\pi m_e c}$$

而本实验中 Hg 的波长为 546.1nm 的谱线在磁场中分裂的 9 条谱线中，相邻子谱线的裂距为 $\frac{1}{2}L$，而 π 成分内、外两子谱线间的波数差则等于一个洛伦兹单位，故本实验所测 $\Delta\bar{\nu}$ 应为同一级谱线中原谱线内、外两侧的两条子谱线（π 线）之间的波数差。

由 F-P 标准具测量谱线的波数差可推导出

$$\Delta \bar{\nu} = \frac{1}{2l}\left(\frac{D_b^2 - D_a^2}{D_{k-1}^2 - D_k^2}\right)$$

由上两式得

$$\frac{e}{m_e} = \frac{2\pi c}{lB}\left(\frac{D_b^2 - D_a^2}{D_{k-1}^2 - D_k^2}\right) \tag{7-49-5}$$

式中，c 为光速；l 为 F-P 两板内表面的间距；B 为磁感应强度；D_{k-1} 和 D_k 为 $B=0$ 时同一波长相邻两级（第 $k-1$ 级和第 k 级）干涉圆环的直径；D_b 和 D_a 为当 $B \neq 0$ 时，第 k 级干涉圆环分裂后其振动方向与磁场平行的内、外两条子谱线的圆环直径。

按式 (7-49-5) 计算电子的荷质比 (e/m_e)，并与理论值比较，算出相对误差。

电子荷质比理论值：$\dfrac{e}{m_e} = 1.7588 \times 10^{11} \text{C/kg}$

【思考题】

1）何为正常塞曼效应？何为反常塞曼效应？在反常塞曼效应中，光谱线的偏振性质如何？

2）用读数显微镜测量干涉圆环直径时，为什么测零磁场时的干涉圆环直径与测塞曼分裂子谱线圆环直径应在同一次进行？如何进行？

3）改变磁感应强度 B，塞曼分裂会有何变化？当磁感应强度 B 增加到一定值时，为什么塞曼分裂的子谱线不会再增加？

第八章　设计性实验

实验 50　将微安表改装为多量程电流表并进行初校

【实验目的】

将微安表改装为多量程电流表并进行初校。

【实验仪器】

量程为 50μA 的微安表 1 块、电阻箱（0.1 级）2 个、惠斯登电桥、多量程数字万用表、直流稳压电源、滑线变阻器和开关各两个。

【实验要求】

1）将量程为 50μA、级别为 1.5 级的微安表，改装成 500μA、5mA、5A 三量程电流表。

2）先测量微安表的内阻 R_g 和满刻度的电流实际值 I_M。用实际测出的 R_g 和 I_M，算出所需并联的电阻的数值，画出 R_g 和 I_M 的电路图。

3）以数字电流表为标准表，拟订校准电路，初校改好的电流表（每个量程测 5 个点）。

实验 51　将微安表改装为多量程电压表并进行初校

【实验目的】

将微安表改装为多量程电压表并进行初校。

【实验仪器】

量程为 50μA 的微安表 1 块，电阻箱（0.1 级）2 个，单臂电桥、多量程数字万用表、直流稳压电源、滑线变阻器和开关各两个。

【实验要求】

1）将量程为 50μA、级别为 1.5 级的微安表改装成 5mV、5V 双量程电压表。

2）先测量微安表的内阻 R_g 和满刻度的电流实际值 I_M。用实际测出的 R_g 和 I_M，算出所需串联的电阻数值，画出 R_g 和 I_M 的电路图。

3）以数字电压表为标准表，拟订校准电路，初校改好的电压表（每个量程测 5 个点）。

实验 52　热电偶的校准

【实验目的】

校准镍铬—镍铝热电偶。

【实验仪器】

热电偶装置、数字电压表、温度计。

【实验要求】

若已知热电势—温度对应值，测定热电势就能确定其接点的温度，热电偶长期使用后，其表中热电势与温度的关系会有差异，在精密测量中要求对热电偶作出校准，即由已知温度值，测出相应的热电势，求出该电偶的电偶常数。

1）设计出校准热电偶的实验线路，并校准。
2）选定定点温度：

水的温度：$t = 100 + 0.03678(p - 760) - 0.000022(p - 760)^2$

p 为当时的气压值。

铅凝固点：329.30℃
锡凝固点：231.99℃
锌凝固点：419.58℃

注意：怎样测定该凝固点温度，选溶解，还是凝固？

3）根据测得的电偶常数 C，测定某状态的温度。

实验 53　自组望远镜和显微镜

望远镜和显微镜是得到广泛应用的光学仪器。借助于望远镜和显微镜，人们可以观察到大到天体、小到微观粒子的大千世界。望远镜和显微镜的种类很多，原理也不尽相同。本实验要组装的是最基本的光学望远镜和显微镜。

【实验目的】

1）了解望远镜和显微镜的基本原理。
2）研究望远镜和显微镜的一些主要参数及其相互关系。

【实验原理】

写出望远镜和显微镜的基本原理。要求给出必要的图形以及公式。

【实验仪器】

凸透镜、凹透镜、可变光栏、直尺、物屏、像屏、分辨率测试板、光源、光具座、支架。

【实验内容】

1）组装一架望远镜和一架显微镜，要求有组装仪器的设计过程及主要参数。

2）研究组装仪器的孔径与分辨率的关系，进行必要的探讨和实验测试。

3）研究组装仪器的孔径与景深的关系。可以自己确定所要求的分辨率，然后进行必要的讨论及实验研究。

4）对组装仪器放大率和分辨率进行优化设计，并对放大率与分辨率之间的联系及相互制约等关系进行研究。

5）对其他参数、性能进行研究。

有关资料自行查找。

实验 54 全 息 光 栅

【实验目的】

制作不同常数的光栅。

【实验仪器】

全息台、激光器、全息干板。

【实验要求】

在全息干板上记录两列有一定夹角的平面干涉条纹，经化学处理后就得到全息光栅。

拍制全息光栅应在全息实验台上进行，利用马赫—曾德干涉仪光路，化学处理过程在暗室中进行。

1）在全息实验台上布置和调整马赫—曾德干涉仪光路，使屏上获得所需要的等距直条纹。

2）将全息干板放在干涉场中，经曝光、显影、定影等处理制作不同常数的光栅。

3）光栅常数的控制

当入射到记录介质（干板）上的两束光满足对称入射时，且当会聚角很小时，有

$$d = \frac{\lambda}{2\sin\frac{\theta}{2}} = \frac{\lambda}{\theta}$$

设会聚透镜焦距为 f_0，则两束光经透镜会聚的两光点间距离为 x_0。其 $\theta = \frac{x_0}{f_0}$，$d = \frac{f_0 \lambda}{x_0}$，其空间频率 $\nu = \frac{1}{d} = \frac{x_0}{f_0 \lambda}$，He—Ne 激光的波长一定（$\lambda = 632.8 \text{nm}$），根据制作不同光栅常数的光栅，调整光路，使光亮点间距为对应的 x_0，分别拍制空间频率约为 10 线对/mm，20 线对/mm，50 线对/mm 的光栅。

4）观察激光、白光通过全息光栅的衍射图像。

5）实测全息光栅的空间频率 ν，并与设计要求比较。

实验 55　用劈尖测薄片厚度

【实验目的】

1）了解劈尖膜干涉形成的原理及应用。
2）利用劈尖膜干涉法测量薄片厚度。

【实验仪器】

读数显微镜、长方形平行玻璃板两块、钠光灯及电源。

【实验要求】

把两片很平的玻璃上下叠合，其中一端放一薄片或头发丝，则两玻璃片之间就形成一楔形空气层（图 8-55-1a），此时在垂直的单色光照明下，也可见间隔相等的等厚干涉直条纹（图 8-55-1b）。

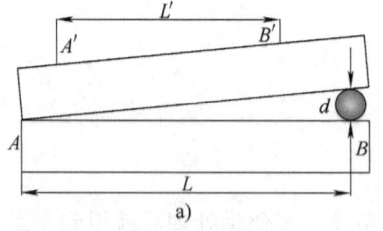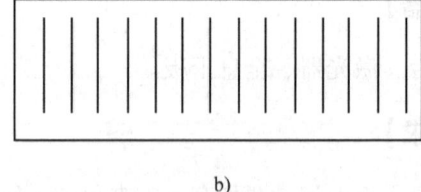

图　8-55-1

由相关理论，可以推断出 $d = \dfrac{\lambda}{2nb}L = \dfrac{\lambda}{2nL'/N}L$

式中，d 为薄片厚度；L 为玻璃片 A 端至薄片 B 处的距离，由读数显微镜测取；n 为空气的折射率；λ 为单色光波长；b 为条纹间距；N 为 L' 距离内明（暗）条纹的数量。

附 录

附录 A 国际单位制(SI)

	物理量名称	单位名称	单位符号 中文	单位符号 国标	用其他SI单位表示式
基本单位	长度	米	米	m	
	质量	千克(公斤)	千克(公斤)	kg	
	时间	秒	秒	s	
	电流	安培	安	A	
	热力学温度	开尔文	开	K	
	物质的量	摩尔	摩	mol	
	光强度	坎德拉	坎	cd	
辅助单位	平面角	弧度	弧度	rad	
	立体角	球面度	球面度	sr	
导出单位	面积	平方米	米^2	m^2	
	速度	米每秒	米/秒	m/s	
	加速度	米每秒平方	米/秒^2	m/s^2	
	密度	千克每立方米	千克/秒^3	kg/s^3	
	频率	赫兹	赫	Hz	s^{-1}
	力	牛顿	牛	N	m·kg·s^{-2}
	压力、压强、应力	帕斯卡	帕	Pa	N/m^2
	功、能量、热量	焦耳	焦	J	N·m
	功率、辐射通量	瓦特	瓦	W	J/s
	电量、电荷	库仑	库	C	s·A
	电位、电压、电动势	伏特	伏	V	W/A
	电容	法拉	法	F	C/V
	电阻	欧姆	欧	Ω	V/A
	磁通量	韦伯	韦	Wb	V·s
	磁感应强度	特斯拉	特	T	Wb/m^2
	电感	亨利	亨	H	
	光通量	流明	流	lm	
	光照度	勒克斯	勒	lx	lm/m^2
	黏度	帕斯卡秒	帕·秒	Pa·s	
	表面张力	牛顿每米	牛/米	N/m	
	比热容	焦耳每千克开尔文	焦/(千克·开)	J/(kg·K)	
	热导率	瓦特每米开尔文	瓦/(米·开)	W/(m·K)	
	电容率(介电常数)	法拉每米	法/米	F/m	
	磁导率	亨利每米	亨/米	H/m	

附录B　基本物理常数

参数名称	量值
真空中的光速	$c = 2.99792458 \times 10^8 \text{ m/s}$
电子的电荷	$e = 1.6021892 \times 10^{-19} \text{ C}$
普朗克常量	$h = 6.6260755 \times 10^{-34} \text{ J} \cdot \text{s}$
阿伏伽德罗常量	$N_0 = 6.022045 \times 10^{23} \text{ mol}^{-1}$
原子质量单位	$u = 1.6605655 \times 10^{-27} \text{ kg}$
电子的静止质量	$m_e = 9.109534 \times 10^{-31} \text{ kg}$
电子的荷质比	$e/m_e = 1.7588047 \times 10^{-11} \text{ C/kg}$
法拉第常量	$F = 9.64856 \times 10^4 \text{ C/mol}$
氢原子里德伯常量	$R_H = 1.096776 \times 10^7 \text{ m}^{-1}$
摩尔气体常数	$R = 8.31441 \text{ J/(mol} \cdot \text{K)}$
玻尔兹曼常数	$k = 1.380622 \times 10^{-23} \text{ J/K}$
洛施密特常量	$n = 2.68719 \times 10^{25} \text{ m}^{-3}$
万有引力常量	$G = 6.6720 \times 10^{-11} \text{ N} \cdot \text{m}^2/\text{kg}^2$
标准大气压	$P_0 = 101325 \text{ Pa}$
冰点的绝对温度	$T_0 = 273.15 \text{ K}$
标准状态下声音在空气中的速度	$v = 331.46 \text{ m/s}$
干燥空气的密度(标准状态下)	$\rho_{空气} = 1.293 \text{ kg/m}^3$
水银的密度(标准状态下)	$\rho_{水银} = 13595.04 \text{ kg/m}^3$
理想气体的摩尔体积(标准状态下)	$V_m = 22.41383 \times 10^{-3} \text{ m}^3/\text{mol}$
真空中介电常量(电容率)	$\varepsilon_0 = 8.854188 \times 10^{-12} \text{ F/m}$
真空中磁导率	$\mu_0 = 12.566371 \times 10^{-7} \text{ H/m}$
钠光谱中黄线的波长	$D = 589.3 \times 10^{-9} \text{ m}$
镉光谱中红线的波长(15℃,101325Pa)	$\lambda_{cd} = 643.8496 \times 10^{-9} \text{ m}$

附录C　20℃时常见固体和液体的密度

物质	密度$\rho/(\text{kg/m}^3)$	物质	密度$\rho/(\text{kg/m}^3)$
铝	2698.9	窗玻璃	2400~2700
铜	8960	冰(0℃)	800~920
铁	7874	石蜡	792
银	10500	有机玻璃	1200~1500
金	19320	甲醇	792
钨	19300	乙醇	789.4
铂	21450	乙醚	714
锡	11350	汽油	710~720
水银	7298	氟利昂—12	1329
钢	13546.2	变压器油	840~890
石英	7600~7900	甘油	1260
水晶玻璃	2500~2800	食盐	2140
	2900~3000		

附录 D 标准大气压、不同温度下纯水的密度

温度 t/℃	密度 ρ/(kg/m³)	温度 t/℃	密度 ρ/(kg/m³)	温度 t/℃	密度 ρ/(kg/m³)
0	999.841	17.0	998.774	34.0	994.371
1.0	999.900	18.0	998.595	35.0	994.031
2.0	999.941	19.0	998.405	36.0	993.68
3.0	999.965	20.0	998.203	37.0	993.33
4.0	999.973	21.0	997.992	38.0	992.96
5.0	999.965	22.0	997.770	39.0	992.59
6.0	999.941	23.0	997.538	40.0	992.21
7.0	999.902	24.0	997.296	41.0	991.83
8.0	999.849	25.0	997.044	42.0	991.44
9.0	999.781	26.0	996.783	50.0	998.04
10.0	999.700	27.0	996.512	60.0	983.21
11.0	999.605	28.0	996.232	70.0	977.78
12.0	999.498	29.0	995.944	80.0	971.80
13.0	999.377	30.0	995.646	90.0	965.31
14.0	999.244	31.0	995.340	100.0	958.35
15.0	999.099	32.0	995.025		
16.0	998.943	33.0	994.702		

附录 E 在海平面上不同纬度处的重力加速度

纬度 Φ/度	g/(m/s²)	纬度 Φ/度	g/(m/s²)
0	9.7849	50	9.81079
5	9.78088	55	9.81515
10	9.78204	60	9.81924
15	9.78394	65	9.82249
20	9.78652	70	9.82614
25	9.78969	75	9.82873
30	9.79338	80	9.83065
35	9.79740	85	9.83182
40	9.80818	90	9.83221
45	9.80629		

注：表中列出数值根据公式：$g = 9.78049(1 + 0.005288\sin^2\Phi - 0.000006\sin^2\Phi)$，式中 Φ 为纬度。

附录 F 在 20℃时部分金属的弹性模量[①]

金属名称	弹性模量 GPa	×10² kg/mm²	金属名称	弹性模量 GPa	×10² kg/mm²
铝	69~70	70~71	锌	78	80
钨	407	415	镍	203	205
铁	186~206	190~210	铬	235~245	240~250
铜	103~127	105~130	合金钢	206~216	210~220
金	77	79	碳钢	169~206	200~210
银	69~80	70~82	康铜	160	163

① 弹性模量值尚与材料结构、化学成分、加工方法关系密切。实际材料可能与表列数值不尽相同。

附录 G 部分固体的线膨胀系数

固体材料	适用温度或温度范围	$\alpha / \times 10^{-6} K^{-1}$	固体材料	适用温度或温度范围	$\alpha / \times 10^{-6} K^{-1}$
铝	0~100	23.8	锌	0~100	32
铜	0~100	17.1	铂	0~100	9.1
铁	0~100	12.2	钨	0~100	4.5
金	0~100	14.3	石英玻璃	20~200	0.56
银	0~100	19.6	窗玻璃	20~200	9.5
钢(0.05%碳)	0~100	12.0	花岗石	20	6~9
康铜	0~100	15.2	瓷器	20~270	3.4~4.1
铅	0~100	29.2			

附录 H 部分材料制品的热导率

名称	密度 /(kg/m³)	热导率 /[J/(s·m·K)]	名称	密度 /(kg/m³)	热导率 /[J/(s·m·K)]
空气(0℃)		2.4×10^{-2}	重石灰岩	2000	1.16
氢气(0℃)		1.4×10^{-1}	矿渣砖	1400	5.8×10^{-1}
铝		2.0×10^{2}	砂(湿度<1%)	1600	8.1×10^{-1}
铜		3.9×10^{2}	胶合板	600	1.7×10^{-1}
钢		4.6×10	软木板	180	5.6×10^{-2}
钢筋混凝土	2400	1.55	沥青油毡	600	1.7×10
碎石混凝土	2000	1.16	石棉板	300	4.7×10^{-2}
粉煤灰矿渣混凝土	1930	0.70	聚氯乙烯(泡沫塑料)	18.0	3.0×10^{-2}
大理石、花岗岩、玄武石	2800	3.49	聚氨脂	32.4	2.0×10^{-2}
砂石、石英岩	2400	2.03			

附录 I 部分固体和液体的比热容

物质	适用温度/°C	比热容/[kJ/(kg·K)]	物质	适用温度/°C	比热容/[kJ/(kg·K)]
铁(钢)		0.46	甲醇	0	2.43
铜		0.39		20	2.47
铝		0.88	乙醚	20	2.34
铅		0.13	水	0	4.220
银		0.23		20	4.182
水银	20	0.14	汽油	10	1.42
玻璃		0.84		50	2.09
砂石		0.92	变压器油	0~100	1.88
乙醇	0	2.30	氟利昂—12	20	0.84
	20	2.47			

附录 J 部分液体同空气接触面的表面张力系数

液体	温度/°C	表面张力系数 $\sigma/(10^{-3}\text{N/m})$	液体	温度/°C	表面张力系数 $\sigma/(10^{-3}\text{N/m})$
航空汽油	10	21	甘油	20	63
石油	20	30	水银	20	513
煤油	20	24	甲醇	20	22.6
松节油	20	28.8		0	24.5
水	20	72.75	乙醇	20	22.0
肥皂液体	20	40		0	24.1
				60	18.4
氟利昂—12	9.0	36.4	橄榄油	20	32
蓖麻油	20		苯	15	29

附录 K 部分液体的动力黏度

液体	温度/°C	$\eta/(10^{-4}\text{Pa·s})$	液体	温度/°C	$\eta/(10^{-4}\text{Pa·s})$
汽油	0	1788	甘油	-20	134×10^6
	18	530		0	121×10^5
甲醇	0	817		20	1499×10^3
	20	584		100	12945
乙醇	-20	2780	蜂蜜	20	650×10^4
	0	1780		80	100×10^3
	20	1190	鱼肝油	20	45600
乙醚	0	296		80	4600
	20	243	水银	-20	1855
变压器油	20	19800		0	1685
蓖麻油	10	242×10^4		20	1544
葵花子油	20	50000		100	1224

附录 L　水的动力黏度和同空气接触面的表面张力系数

温度/℃	表面张力系数/($\times 10^{-3}$N/m)	动力黏度 η /($\times 10^{-4}$Pa·s)	动力黏度 η /($\times 10^{-4}$kg·s·m^{-2})	温度/℃	表面张力系数/($\times 10^{-3}$N/m)	动力黏度 η /($\times 10^{-4}$Pa·s)	动力黏度 η /($\times 10^{-4}$kg·s·m^{-2})
0	75.62	1787.8	182.3	19	72.89		
5	74.90			20	72.75	1004.2	102.4
6	74.76			22	72.44		
8	74.48			24	72.12		
10	74.20	1305.3	133.0	25	71.96		
11	74.07			30	71.15	801.2	81.7
12	73.92			40	69.55	653.1	66.6
13	73.78			50	67.90	549.2	56.0
14	73.64			60	66.17	469.7	47.9
15	73.48			70	64.41	406.0	41.4
16	73.34			80	62.60	355.0	36.2
17	73.20			90	60.74	314.8	32.1
18	73.05			100	58.84	282.5	28.8

附录 M　部分金属合金的电阻率及温度系数

金属或合金	电阻率/(10^{-6}Ω·m)	温度系数/(1/℃)	金属或合金	电阻率/(10^{-6}Ω·m)	温度系数/(1/℃)
铝	0.028	42×10^{-4}	锡	0.12	44×10^{-4}
铜	0.0172	43×10^{-4}	水银	0.958	10×10^{-4}
银	0.016	40×10^{-4}	伍德合金	0.52	37×10^{-4}
金	0.024	40×10^{-4}			
铁	0.098	60×10^{-4}	钢		
铅	0.205	37×10^{-4}	(碳 0.10% ~ 0.15%)	0.10 ~ 0.14	6×10^{-3}
铂	0.105	39×10^{-4}	康铜	0.47 ~ 0.51	$-0.4 \times 10^{-4} \sim 0.1 \times 10^{-4}$
钨	0.055	48×10^{-4}	铜锰镍合金	0.34 ~ 1.00	$0.3 \times 10^{-4} \sim 0.2 \times 10^{-4}$
锌	0.059	42×10^{-4}	镍铬合金	0.98 ~ 1.10	$0.3 \times 10^{-4} \sim 4 \times 10^{-4}$

注：电阻率与金属中杂质有关，表列数据为 20℃时平均值。

附录 N　部分电介质的相对介电常数

电介质	相对介电常数 ε_r	电介质	相对介电常数 ε_r
真空	1	乙醇（无水）	25.7
空气（1个大气压）	1.0005	石蜡	2.0 ~ 2.3
氢（1个大气压）	1.00027	硫磺	4.2
氧（1个大气压）	1.00053	云母	6 ~ 8
氮（1个大气压）	1.00053	硬橡胶	4.3
二氧化碳（1个大气压）	1.00098	绝缘陶瓷	560 ~ 6.5
氦（1个大气压）	1.00070	玻璃	4 ~ 11
纯水（1个大气压）	81.5	聚氯乙烯	3.1 ~ 3.5

附录O 部分金属、合金与铂（化学纯）构成热电偶的热电动势

金属或合金	热电动势 /(V·℃$^{-1}$)	使用的最高温度/℃ 连续使用	使用的最高温度/℃ 短暂使用
钨	$+7.9 \times 10^{-5}$	2000	2500
铜（导线用）	$+7.5 \times 10^{-6}$	350	500
镍	-15×10^{-6}	1000	1100
铁	$+18.7 \times 10^{-6}$	600	800
银	$+7.2 \times 10^{-6}$	600	700
康铜（60% Cu + 40% Ni）	-35×10^{-6}	600	800
康铜（56% Cu + 44% Ni）	-40×10^{-6}	600	800
镍铝（95% Ni + 5% Al）	-13.8×10^{-6}	1000	1250
镍铬（80% Ni + 5% Al）	$+25 \times 10^{-6}$	1000	1100
镍铬（90% Ni + 10% Cr）	$+27.1 \times 10^{-6}$	1000	1250
铂铱（90% Pr + 10% Ir）	$+13 \times 10^{-6}$	1000	1200
铂铑（90% Pt + 10% Rh）	$+64 \times 10^{-5}$	1300	1600

注：1. 表中"+"和"-"表示热电动势正负，即热电动势为正时，热电偶冷端（0℃）电流由金属（或合金）流向铂。
2. 任意组配热电偶电动势，可按与铂组配电动势的差值计算，如铜—康铜热电偶热电动势为 40.75 - (-3.5) = 44.25mV。

附录P 常温下某些物质相对于空气的折射率

物质 \ 光波长	H_α 线 (656.3nm)	D 线 (589.3nm)	H_β (486.1nm)
水（18℃）	1.3314	1.3332	1.3373
乙醇（18℃）	1.3609	1.3625	1.3665
二硫化碳（18℃）	1.6199	1.6291	1.6541
冕玻璃（轻）	1.5127	1.5253	1.5214
燧石玻璃（轻）	1.6038	1.6085	1.6200
燧石玻璃（重）	1.7434	1.7515	1.7723
方解石（非常光）	1.4846	1.4864	1.4908
方解石（寻常光）	1.6545	1.6585	1.6679
水晶（非常光）	1.5509	1.5535	1.5589
水晶（寻常光）	1.5418	1.5442	1.5496

附录Q 常用光源的谱线波长

（单位：nm）

1. H
   - 656.28 红
   - 484.13 绿蓝
   - 434.05 蓝
   - 410.17 蓝紫
   - 397.01 蓝紫

2. He
   - 706.52 红
   - 667.82 红
   - 587.56（D_3）黄
   - 501.51 绿
   - 492.19 绿蓝

（续）

2. He 471.31 蓝 447.15 蓝 402.62 蓝紫 388.87 蓝紫 3. Ne 650.65 640.23 橙 638.30 橙 626.65 橙 621.73 橙 614.31 橙 588.91 黄 585.25 黄	4. Na 589.995（D_1）黄 588.992（D_2）黄 5. He—Ne 激光 632.8 6. Hg 623.44 橙 579.07 黄 576.96 黄 546.07 绿 491.60 绿蓝 435.83 蓝 407.78 蓝紫 404.66 蓝

参 考 文 献

[1] 吕斯骅. 基础物理实验 [M]. 北京：北京大学出版社，2002.
[2] 耿完桢. 大学物理实验 [M]. 哈尔滨：哈尔滨工业大学出版社，1998.
[3] 曾金根. 大学物理实验 [M]. 上海：同济大学出版社，2001.
[4] 赵家凤. 大学物理实验 [M]. 北京：科学出版社，2003.
[5] 张旭峰. 大学物理实验 [M]. 北京：机械工业出版社，2003.
[6] 何迪和. 物理实验 [M]. 太原：山西科学技术出版社，1998.
[7] 华中工学院，天津大学，上海交通大学. 物理实验 [M]. 北京：高等教育出版社，1981.
[8] 丁慎训. 物理实验教程 [M]. 北京：清华大学出版社，2000.